庆祝改革开放四十周年

情擎一湾天

张子和　主编

人民日报出版社

图书在版编目（CIP）数据

情擎一湾天 / 张子和主编．
—北京：人民日报出版社，2018.11
ISBN 978-7-5115-5723-0

Ⅰ．①情… Ⅱ．①张… Ⅲ．①海洋经济－经济建设－经验－宁波 Ⅳ．①P74

中国版本图书馆CIP数据核字（2018）第246768号

书　　名：情擎一湾天
主　　编：张子和

出 版 人：董　伟
责任编辑：谢广灼
专题策划：吴望星　程敏东
封面设计：秦志超
版式设计：刘龄蔓

出版发行：人民日报出版社
社　　址：北京金台西路2号
邮政编码：100733
网　　址：www.peopledailypress.com
经　　销：新华书店
印　　刷：北京市朝阳印刷厂

开　　本：710mm×1000mm　1/16
字　　数：326千字
印　　张：20
印　　次：2019年2月第1版　2019年2月第1次印刷

书　　号：ISBN 978-7-5115-5723-0
定　　价：68.00元

编委会

顾　　问：冯全宏
主　　编：张子和
编委会主任：杨贤水
副 主 编：吴望星　王春亚　殷航俊　程敏东
编　　委：沈海松　亓德顺　付　裕　龚晓虎　汪巧妮
　　　　　郑浩东　金铮韬　张丹旭　邢春晖　沈丽萍

Contents
目　录

序　篇

中国经济增长十年展望　由高速向高质量转变 / 002
　　全国政协经济委员会副主任、中国发展基金会副理事长　刘世锦

不忘初心　牢记使命　奋力开启新时代加快建设海洋强国的新征程 / 009
　　自然资源部党组成员、国家海洋局局长　王宏

领导论谈

在保护中开发　在开发中保护
助推生态文明建设和经济高质量发展 / 016
　　自然资源部自然资源开发利用司司长　郑凌志

全力推进自然资源法治建设 / 019
　　自然资源部法规司司长　魏莉华

规范有序发展PPP模式的九点建议 / 022
　　国家发展改革委投资司副司长　韩志峰

水环境综合整治　围海战略新升级 / 025
　　浙江省发展改革委投资处副处长　王国翔

勇立潮头

倍道兼程　奋发追赶　倍速前进　奋勇跨越
为建设现代化健康美丽新城区而努力奋斗 / 032
　　　中共宁波市奉化区委书记　高浩孟
倍速发展　打赢"五大攻坚战" / 045
　　　宁波市奉化区区长　张文斌
绿色发展，打造区域高质量经济发展新引擎
——专访浙江省宁波市奉化区政协副主席、宁波滨海旅游休闲区
　　党委书记　胡荣 / 051
　　　人民日报记者　李长虹
先谋后动　全力推进奉化阳光海湾建设 / 062
　　　人民日报记者　李长虹
顺势而为，紧紧把握时代的"大主题"才能做好"大文章"
——专访围海集团董事长冯全宏 / 077
　　　人民日报记者　李长虹

专家论述

推动"四个转变"　实现"向海图强" / 108
　　　国家海洋局海洋发展战略研究所党委书记、纪委书记兼副所长　贾宇
滨海旅游，休闲度假时代的蓝海 / 112
　　　国家文化和旅游部中国旅游研究院总统计师、研究员　唐晓云
推进海洋经济转型升级的九个方向 / 120
　　　国务院发展研究中心资源与环境政策研究所副所长、研究员　李佐军
长江经济带生态优先、绿色发展：从理念到实践 / 122
　　　国家发展改革委能源研究所副研究员、副处长　苏铭

海涂围垦对浙江省社会经济影响浅析 / 131
  浙江省水利发展规划研究中心教授级高工　潘桂娥

象山港避风锚地海堤软土地基的沉降特性 / 141
  宁波滨海旅游休闲区管委会　亓德顺
  浙江省围海建设集团股份有限公司　殷航俊

构建围海"经济识别区" / 156
  财经作家 江厦智库秘书长　魏玉祺

关于围海业务国际化的几点思考 / 160
  中银国际证券总经理　郑伟

滨海胜地

区域功能 / 164　　　　锚地建设 / 171
生态发展 / 176　　　　协同发展 / 189

围海历程

围海工程 / 195　　　　民生所需 / 197
历史机缘 / 202　　　　转型升级 / 205
科技围海 / 227　　　　绿色围海 / 237
砥砺奋进 / 240

编者后记

七载心血注海湾 / 250
  宁波市奉化区政府公管中心主任　沈海松

情系海洋　保护中求发展 / 253
　　　宁波市奉化区发展改革局调研员　吴望星
围海人：以海为魂　与海共生 / 257
　　　白向东
项目成果组 / 261
编辑组推荐语 / 265
补　记 / 266

发展规划

同心、同向、同力　共创、共赢、共长
——围海集团 2016—2020 年发展规划 / 268

Contents
图版目录 ▶

宁波滨海旅游休闲区功能分区规划图 / 279

宁波滨海旅游休闲区功能板块示意 / 279

题词：蓝色经济　百年围海 / 280

围海三十四载　激情燃烧的岁月 / 282

第 1 章：起锚胡陈港 / 284

第 2 章：摸着石头过河 / 286

第 3 章：打破铁饭碗 / 288

第 4 章：隔断脐血谋自强 / 290

第 5 章：叩开资本市场的大门 / 292

如今围海 / 296

百年围海 / 298

宁波滨海旅游休闲区（风貌）/ 300

漩门堵港蓄淡工程 / 302

舟山东港海堤 / 302

洞头状元岙海堤工程 / 303

温岭东海塘石板殿港堵坝工程 / 304

平湖乍浦港区围垦工程 / 304

东海大桥海堤 / 305

温州半岛灵霓海堤 / 305

泉州外走马埭围海工程 / 305

特色文旅板块 / 306

经典 PPP 项目 / 308

序　篇

中国经济增长十年展望 由高速向高质量转变

全国政协经济委员会副主任、中国发展基金会副理事长 刘世锦

十九大以后,社会又出现了对大干快上的期待。关键是干什么、上什么。中国经济的高速增长阶段已经过去了,不能认为只有把速度推高了才叫有所作为,才有成就感。十九大报告提出高质量发展,提出攻关期,提出三大攻坚战,这些事情比简单地提高速度难度更大,更需要有所作为,做成了也会有更大的成就感。当前最重要的是做实做优而非人为做高中国经济,具体来说,就是要降风险、挤泡沫、增动能、稳效益,提高增长稳定性和可持续性。

降风险,主要是降低地方债务风险和其他方面的财政金融风险;挤泡沫,包括挤去一线城市房地产泡沫和大宗商品泡沫;增动能,重点是提升实体经济转型升级、创新发展的动能;稳效益需要特别强调,2017年下半年以来,企业效益明显回升,但集中在上游行业,分布不平衡。应当争取企业盈利在行业间形成较为平衡和稳定的分布,这样也可以为企业降杠杆提供有利条件。

不要人为推高增长速度,把发展的基础做得实一些,不论对短期防范风险,还是中长期增强动能,都是必要和积极的。实现2020年两个翻番目标,今后三年每年增长6.3%就够了。此后,中速增长平台的重心可能调整到5%~6%,或者是5%左右。这个速度实际也是不低的。讲速度要有参照系,要和增长阶段挂钩。在以往的高速增长阶段，潜在增长率10%左右，7%就是低速度；到了中速增长阶段，潜在增长率5%左右，实际增长5%~6%，也可称为高速度。当年日本在这个增长阶段，增速也就是4%左右。

汇率也是反映增长数量和质量关系的重要指标。如果人为推高增长速度，但增长质量不行，如效率低、风险大，本币汇率就会下行，按现价美元计算的人均收入增速减缓，甚至负增长。相反，如果增长质量高，速度低一点，但汇率上升，按现价美元计算的人均收入增长反而要快一些。

由高速增长阶段转向中速增长阶段，与转向高质量发展阶段，具有内在的逻辑一致性。高速到中速，是从速度角度看的。在增长阶段转变的过程中，不仅速度在改变，结构、动力、制度、政策等都在相应改变，系统性地进入一种新的状态。我们以前曾提出过"速度下台阶，质量上台阶"，指的就是这个意思。发展阶段的这种转变，并非像有些人认为的难度降低了，不够刺激了。事实上，我们当下只是向高质量发展转变，还不能说已经进入了这个阶段。转变本身就是一个异乎寻常的挑战。十九大报告提出的三大重要变革，即质量变革、效率变革、动力变革，就显示了挑战的难度。成功地推进这一转变，首先需要深入分析转入高质量发展阶段的重要背景性因素。

在产业结构维度上，包括制造业在内的工业比重下降，服务业比重相应上升，是这一时期最具规律性的变动。服务业是一个品类复杂的集合体。近年来中国服务业比重上升，一些结构特征值得关注。批发零售是服务业中"最老"的一个行业，近年来依然快速增长，多少与人们的常识背离。一方面得益于网购的迅速崛起，另一方面，如果与发达经济相比，批发零售乃是短板最大的行业之一。这一行业继续保持较快增长，应当是市场交易规模持续扩大的必然结果。

与此相反，中国金融业比重超过发达国家也出人意料。近期中国金融业占GDP（国内生产总值）比重超过8%，高于美英等金融业发达国家。如果不认为金融业在中国具备特殊竞争力，以致在产业素质上超过美英等国，那么，合理的推论应是中国金融业存在着严重的自我循环、泡沫和进入屏障。观察与数据显然支持这样的判断。金融业下一步在中国的发展，应当是通过改革、开放、创新、调整结构，并在一定程度上降低比重。

中国服务业今后发展的重心，是包括研发、设计、信息服务、物流、咨询等在内的生产性服务业，包括医疗卫生、教育、文化、体育、娱乐等在内的社会和个人服务业。这两个重心分别对应了制造业升级与居民消费结构升级。这些行业具有较高的知识密集度；更多的需要面对面服务，对从业者积极性、创造性的要求超过工业化时代；通过资源优化配置，有可能产生较高生产率。服务业通常被认为是生产率低的领域，知识密集型服务业的兴起或许能在一定程度上改变格局。

与生产性服务业直接相关的是制造业。相当多的生产性服务业，是制造业原有业务通过外包等形式追求专业化分工和规模收益发展起来的。生产性服务业的发展状态，很大程度上决定了制造业的升级水平。制造业的服务化，部分服务业的制造化，都从不同方向揭示了相同的内在关联，在新信息技术革命的环境下尤为如此。中国已经成为制造业大国，坚持发展制造业导向不动摇，有条件形成一大批具有长期稳定国际竞争力的制造业行业和企业。这样，与德国相似，中国制造业比重将会高于标准模式，在全球分工体系上独具优势。在这一制造业体系中，相当大部分可能表现为知识密集型制造业与服务业的深度融合，这正是现代化经济体系中实体经济发展追求的目标。

高质量发展的第二个背景性因素，是以互联网、大数据、人工智能为特征的新信息技术革命加快推进。在常规发展路径上，先行国家创造的技术、经验等，可以使中国以追赶者的身份继续前行。然而，新信息技术革命的出现，把中国相当多领域直接推到了全球创新前沿，从而展现了更为多元，因而更为复杂、机遇与挑战相互交错的图景。在新信息技术革命的场景中，如果说互联网是通道类的基础设施，大数据是原材料，人工智能则类似于具有加工能力的机器设备。随着人工智能深度学习潜能的拓展，这场技术革命的深远影响可能是我们当下尚难以估量的。

与以往历次技术革命中差距过大不同，这次中国与先行者的差距并不大，有些方面已能并驾齐驱，抑或局部领先。中国已经有了一批走在创新前列的企业、技术和商业模式。不仅如此，中国在这一轮技术革命中具备若干显著优势，比如市场规模、产业配套等。中国拥有世界上人数最多且消费结构正在升级的市场，诸多原创于国外的技术，在中国转化为有竞争力的商业模式。中国形成了世界上少有的较完整的产业体系，市场导向的产业集聚则使产业配套优势具有稳定和持久性。有关的例证是，美国硅谷的创业者也要到深圳华强北寻找配套零部件。

经济与创新前沿接触面的扩大,将促成一些新景观,如终端需求的追赶型与生产技术前沿性并存,消费内容的追赶型与消费手段前沿性并存等。中国的移动支付在国际上领先,但所交易的产品和服务的品质并非如此。消费、生产、流通的不平衡,对不同技术和商业模式具有更强的包容性。在新的场景下,中国的创业者、生产者和消费者有了更多的选择和机会。当然,技术超前的影响是复杂的,比如,新技术在有助于减少贫困的同时,是否会以另一种方式加大收入分配鸿沟,也是一个有待观察和评估的问题。

高质量发展的第三个背景性因素是大都市圈的加快成长。中国正处在城市化进程之中,近两三年的一个重要结构性变化,是包括人口特别是年轻人在内的资源加快向大都市圈集聚。据有关数据统计,2015年人口流入最多的城市是深圳、北京和上海,而它们是珠三角、长三角、京津冀三大都市圈的核心城市。集聚改进资源配置效率,激励创新,增加收入,带来更多的就业创业机会,而这些效应正是集聚发生并加快的原因所在。

中国大都市圈加快发展,同样符合国际范围显示的这个阶段城市化发展规律。欧洲、美国、日本以及其他经济体,大都市圈集中了大部分人口、资源、产出和创新。以发达国家大都市圈的经济密度衡量,中国大都市圈的聚集程度还有很大差距。如果中国的城市化进程能够正常推进,将会出现若干3000万、5000万乃至更多人口的大都市圈。

由此带来的另一个结果是对大都市圈住房需求的上升。用传统的一、二、三线城市区分房价水平已不适用,房价水平的差异更多体现在大都市圈以内和之外。在大都市圈以内,一些小城镇的房价也令人侧目,而在大都市圈之外,城市化进程迟缓的一些地区,即使作为当地的"一线城市"的省会城市房价也上不去。然而,近年来大都市圈房价异乎寻常地上升,更多地要由供给侧体制性、政策性因素来解释,包括城市建设用地的地方政府垄断,以土地谋发展的城市发展模式;住宅用地比重长期严重偏低;农村集体建设用地和宅基地不能正常进入市场;租赁住房,特别是长期租住住房供给不足;房地产税作为现代城市发展的基本制度建设尚未推开,等等。这些都是下一步城市化进程中供给侧结构性改革面临的挑战。

高质量发展的第四个背景性因素,是全球化进程面临的冲击、调整和新的机会。全球化是"二战"以来世界经济增长最重要的驱动力之一，不仅带来了增长动力，在逻辑上对所有国家都带来好处。当市场和要素配置在更大范围扩展的时候，原来在一国范围内过得不错的某些产业竞争力下降，工作岗位转移到了其他国家，要素和收入出现再分配。人们对全球化带来的好处习以为常，而那些好处较少得到者或相对受损者不满的声音却响亮起来了。部分西方政客利用机会，力图把对全球化的不满转化为政治资源。美国特朗普上台和欧洲一些国家反全球化政治势力抬头，一度增加了人们对全球化前景的担忧。

近期形势变化表明，对全球化进程采取倒退、走回头路办法的空间并不大，对反全球化政治势力不宜高估。另一方面，在这样一个历史节点上，对全球化进程进行反思和调整，也是必要和可能的。加强教育培训、社会保障，提供新的就业创业机会；避免脱实向虚，保持并加强有竞争优势的实体经济；调整收入分配结构，促进机会公平，等等，都应成为调整中的重要议题，进而为下一步全球化的重整再出发打好基础。

中国是全球化的受益者，更是贡献者。在逆全球化之风来袭之时，中国与世界的关系出现重要调整。随着劳动力等要素低成本优势的逐步减弱，出口在中国经济增长中份额下降；资本输出加快，在规模上已经超过引进的外资，中国企业和产业在融入全球分工网络过程中，通过要素重组，力图重新定义自身在全球价值链上的位置。另一方面，全球化进程中的调整和阵痛也对中国带来冲击。除了贸易保护外，美国等发达国家的减税、重振制造业、新技术突破等，都对中国的结构调整和升级形成竞争压力。当然，如果应对得当，也会成为中国再调整、再平衡、提高竞争力的契机。

高质量发展的第五个背景性因素，是绿色发展由理念到行动，有可能成为与传统工业化增长模式相竞争并获胜的另一种发展模式。中国经济减速的一个直接原因，是在某些领域环境承受能力已经突破底线。

在上述多种背景性因素的交织影响下，与其他经济体相比，中国转入高质量发展将面临更多、更为复杂的问题和挑战。这部分地与发展阶段性特征相关，部分地与我们所处的经济社会历史结构，特别是改革开放以来已经解决和尚未解决的矛盾问题相关。

中国能否成功转入高质量发展阶段并持续推进，最重要的是形成与之相适应的体制政策环境。深化改革任重道远，需要从长计议，形成正确的目标、机制、战略和策略。当前和今后一个时期，可优先推动如下一些领域的改革，使之取得实质性进展。

第一，加快打破行政性垄断，着力降低土地、能源、通信、物流、融资五大基础性成本。根据有关研究，这五大基础性成本中国比美国等发达国家高出一到两倍。目前中国人均收入不到1万美元，而美国超过5万美元，基础性成本如此之高，令人困惑和深思。其原因，除了资源禀赋外，主要还是相关领域不同程度地存在着行政性垄断，竞争不足，效率不高。之所以称其为"基础性成本"，是因为它们覆盖到生产生活的方方面面，不仅直接影响实体经济特别是制造业的竞争力，也影响到服务业，影响到民生和整个国民经济。实现高质量发展要从降成本开始，这一关过不了，高质量发展无从谈起。行政性垄断行业的改革已经讲了许多年，应当有标志性的大动作，以彰显改革的勇气和决心，提振全社会推动改革的信心。这将是一项最大的降成本的供给侧结构性改革，对发展实体经济、提高国民经济效率至关重要。

第二，把减税与税改结合推进。中国的企业税率在国际上看并不算很高，但加上各种收费，企业税费综合负担就相当重了。美国特朗普减税后，国内减税的呼声再起。但在现有税制且财政收支压力大的情况下，实际上能够减的空间并不大。我国税制改革的方向，应以间接税为主逐步转向直接税为主。减税与税改结合起来，才能有效推进。一方面，应当把房地产税、环境税等征起来，消费税作为地方税的一部分，相应降低企业生产环节的税费。部分国有资本用于充实社保基金，相应降低企业上缴"五险一金"等的负担。

第三，以管理资本为切入点深化国资国企改革。国有经济必须实现战略性调整，从传统的企业体制退出，从传统的实物形态中退出，从过剩的、缺少竞争力的产业退出。发挥国有资本规模大、直接体现国家和各级政府意志、对政府要求执行力强等独特优势，更多地集中到服务于国家发展战略的领域，包括提供公共产品和服务，如社保基金、保障性住房等；战略性大型项目，如大飞机等；创新基础设施，如国家实验室等；国防建设、生态保护等。

第四，农村土地改革不能再拖下去了。必须加快农村土地制度改革，真正落实十八届三中全会就已经提出的要求，农村集体建设用地与国有土地同价同权、同等入市，农民宅基地也要创造条件流转起来。全面推动人员、资金、土地等生产要素在城乡之间的市场化配置。把中国城市化下半程的土地红利更多地分给农民，真正保护和增进农民利益，扩大最具潜力的中等收入群体。

第五，加快知识密集型服务业的开放。以往开放的重点是吸引物质资本、比较成熟技术和管理方法等，下一步开放重点则应转向聚集提升人力资本，提升在全球科学前沿和技术前沿的创新能力。在创新活跃地区，可设立若干个高水平教育研发特区，在招生、人员聘用、项目管理、资金筹措、知识产权、国籍身份等方面实行特殊体制和政策，给出较大的自主选择、试错空间，目标是汇聚全球顶尖人才，形成既适合中国国情，又吸收国际上先进做法，最大限度调动人们在科学发现和技术创新前沿创造力的环境。另一方面，要以对外开放倒逼对内开放，放宽高水平教育研发和其他知识密集型服务业的准入，把优质人力资本更多地吸引到这些领域，促进知识密集型服务业成为经济转型升级的重要动能。

由高速增长转入高质量发展并非自然而然，而是逆水行舟，不进则退。深化改革要有紧迫感，尤其要有历史责任感。从现代化的历史进程看，中国仍处在追赶期。到21世纪中叶前，与发达国家相比，即使我们在某些领域能够赶上或领先，但总体上还是处在追赶期。这个定位非常重要，对此一定要有清醒认识。我们在发展，别人也在发展，一些新兴经济体增长过快，老牌发达国家也在寻求新的竞争优势。所以，我们没有理由自满自傲，仍然需要谦虚谨慎，需要认真学习，需要继续开放，需要实质性地深化改革，这样才能与时俱进地推动中国的现代化进程。

不忘初心　牢记使命
奋力开启新时代加快建设海洋强国的新征程

自然资源部党组成员、国家海洋局局长　王宏

党的十九大作出中国特色社会主义进入了新时代等一系列重大政治论断，明确了我国新的发展历史方位。学习宣传贯彻习近平新时代中国特色社会主义思想，认真落实党的十九大提出的各项决策部署，加快建设海洋强国，是当前和今后一个时期海洋工作的重大政治任务，各级海洋相关部门必须准确把握新时代要求，自觉用十九大精神武装头脑、指导实践，切实肩负起新时代推动海洋事业发展的使命和责任。

一、深入学习领会习近平新时代中国特色社会主义思想，提高建设海洋强国的政治站位

习近平新时代中国特色社会主义思想深刻回答了新时代坚持和发展中国特色社会主义的一系列重大理论和实践问题，深刻揭示了新时代中国特色社会主义的本质特征、发展规律和建设路径，为我们在新时代坚持和发展中国特色社会主义提供了强大的思想武器和行动指南。特别是党的十八大以来，习近平总书记统揽国内国际两个大局，把握时代发展大势，围绕建设海洋强国作出了一系列重要论述和重要指示，形成了习近平海洋强国战略思想，为我们在新时代发展海洋事业、建设海洋强国指明了方向。

一是，深刻阐释了海洋对于国家的战略意义，启迪了新时代的中国海权思维。习近平总书记指出，海洋在国家经济发展格局和对外开放中的作用更加重要，在维护国家主权、安全、发展利益中的地位更加突出，在国家生态文明建设中的角色更加显著，在国际政治、经济、军事、科技竞争中的战略地位也明显上升。这对我们改变"重陆轻海"的传统观念，超越"就海洋论海洋"的原有思维，自觉在党和国家事业发展、实现中华民族伟大复兴的历史进程中谋划推进海洋工作，给出了重要指引。

二是，明确指出了"建设海洋强国是中国特色社会主义事业的重要组成部分"，强化了海洋工作的使命担当。习近平总书记指出，实施建设海洋强国这一重大部署，对推动经济持续健康发展，对维护国家主权、安全、发展利益，对全面建成小康社会，进而实现中华民族伟大复兴都具有重大而深远的意义。这为我们按照统筹推进"五位一体"总体布局和协调推进"四个全面"战略布局的总要求，以时不我待、只争朝夕的精神，加快建设海洋强国，注入了蓬勃动力。

三是，着重强调了建设海洋强国的主要方面，确立了海洋工作的主攻方向。习近平总书记指出，要提高海洋资源开发能力，着力推动海洋经济向质量效益型转变；要保护海洋生态环境，着力推动海洋开发方式向循环利用型转变；要发展海洋科学技术，着力推动海洋科技向创新引领型转变；要维护国家海洋权益，着力推动海洋维权向统筹兼顾型转变。这不仅清晰地勾画出海洋强国建设的"四梁八柱"，更为我们把准目标、抓牢关键地全力推动海洋事业发展，指明了战略重点。

四是，系统提出了建设海洋强国的基本途径，提供了海洋工作的行动指南。习近平总书记指出，坚持走依海富国、以海强国、人海和谐、合作共赢的发展道路，通过和平、发展、合作、共赢方式，实现建设海洋强国的目标；要加强海洋产业规划和指导，优化海洋产业结构，提高海洋经济增长质量，培育壮大海洋战略性新兴产业；要把海洋生态文明建设纳入海洋开发总布局之中，坚持开发和保护并重、污染防治和生态修复并举，科学合理开发利用海洋资源，维护海洋自然再生产能力；要搞好海洋科技创新总体规划，坚持有所为有所不为，重点在深水、绿色、安全的海洋高技术领域取得突破；要统筹维稳和维权两个大局，坚持维护国家主权、安全、发展利益相统一，维护海洋权益和提升综合国力相匹配。这既为海洋强国建设主要领域和关键环节的工作明确了基本原则，又为我们开展具体实践提供了有效方法和途径。

习近平海洋强国战略思想包含一系列战略性、前瞻性、创造性的观点，具有鲜明的时代特色、理论特色、实践特色，是习近平新时代中国特色社会主义思想的有机组成部分，是海洋系统一切工作的根本遵循，是推动海洋事业发展、加快建设海洋强国的指路明灯。

二、科学认知我国发展新的历史方位，统筹做好建设海洋强国的阶段安排

新时代我国海洋工作所面临的新形势、新要求集中体现在三个方面

一是，改革开放近40年来，我国形成的高度依赖海洋的开放型经济形态和"优进优出，两头在海"的经济格局将长期存在并不断深化，海洋成为建设现代化经济体系的重要空间。

二是，在统筹推进"五位一体"总体布局、将生态文明建设摆在突出位置的战略背景下，美丽海洋是美丽中国的重要内容。

三是，在着力推动"一带一路"倡议实施的进程中，在维护国家权益、参与全球治理、承担大国责任的行动上，海洋是我国日益走近世界舞台中央的重要主题。

到2020年

紧扣海洋发展中的不平衡、不充分问题，抓重点、补短板、强弱项，着力提升海洋经济增长质量，海洋生产总值达到10万亿元，带动涉海就业人数达到3800万；积极推动海洋生态环境质量持续向好，实现近岸海域优良水质占比超过85%，再完成2000公顷的海域、海岸带整治修复；进一步夯实蓝色伙伴关系作为国际海洋合作的基础，唱响中国全球海洋治理理念主旋律；国家"十三五"规划和各专项规划确定的海洋工作任务和重大工程项目全面完成，海洋综合管理水平、海洋业务支撑能力以及海洋科技实力有效提升。

到 2035 年

在海洋装备、海洋生物、滨海旅游、海水利用、海洋新能源、海洋交通运输等产业领域,形成若干个世界级海洋产业集群,推动一批涉海企业全球布局,牢牢占据全球海洋产业价值链的高端,力争实现我国海洋经济总量占国内生产总值的比重达到 15% 左右;海洋生态环境明显改观,具有自然生态系统功能的大陆岸线占比达到 50%,水清、岸绿、滩净、湾美、物丰的美丽海洋建设目标基本实现;海洋科技实力显著提升,重要领域和关键环节的自主技术实现突破,全球海洋科学考察和立体观监测能力达到世界先进水平,为遍布各大洋的国家利益提供高质量的海洋公共服务保障;参与全球海洋治理能力显著提升,与世界主要海洋国家和重要经济政治共同体全面建立蓝色伙伴关系,在国际海洋事务的规则制定和纠纷处理方面,发挥重要影响力;全社会海洋意识显著提升,海洋文化教育水平明显提高,"全民懂海、人人爱海"局面基本形成,海洋人才特别是高精尖人才的数量和质量均达到世界领先水平。

到本世纪中叶

建成与国家经济社会发展相协调,和国家安全权益维护要求相适应的现代化海洋强国。海洋经济发达,海洋生态环境优美,海洋科技先进,海洋文化繁荣,海上力量强大,海洋维权有力,大洋深海和极地利益不断拓展,蓝色伙伴关系发展成果惠及全球。

三、全面贯彻党的十九大战略部署,准确把握新时代海洋工作的总体思路

新时代海洋工作的总体思路

进一步明确海洋工作"服务于国民经济和社会发展,服务于国家安全和权益维护"的定位。

进一步聚焦促进海洋经济发展,坚持新发展理念,提高海洋经济管理能力,加强海洋科技创新,深化海洋领域供给侧结构性改革,培育海洋战略性新兴产业,不断夯实建设海洋强国的物质和能力基础,为建设现代化经济体系打造新亮点、培育新动能。

进一步聚焦海洋生态文明建设,坚持人与海洋和谐共生新理念,提升海洋开发质量，实行最严格的海洋生态环境保护制度，实施陆海统筹的近岸海域综合治理，提供更多更好的海洋生态产品，早日实现美丽海洋的建设目标，满足人民对碧海蓝天、洁净沙滩、放心海产品的需要。

进一步聚焦深度参与全球海洋治理，践行构建人类命运共同体的发展理念，扩大同各国海洋利益交汇点，积极推动21世纪海上丝绸之路建设，构建蓝色伙伴关系，推进海洋领域务实合作，将海洋打造为同世界交流合作的大平台。

继续完善经济富海、依法治海、生态管海、维权护海和能力强海五大体系

一是夯实海洋经济工作体系。把握和引领海洋经济发展新常态，不断完善以海洋经济宏观调控和服务经济社会发展为核心，以管理决策和服务公众为主线，以规划指导、政策调节、引导预期为重点，以监测评估、政策工具和有效机制为手段的海洋经济管理体系。进一步强化国家和地方海洋经济管理职能和能力，统筹海洋经济发展示范区、示范城市建设，引导多元资本支持海洋经济发展，实现国家、海区、省、市、县海洋经济监测与评估的业务化，打造海洋经济信息服务平台，推动海洋经济管理成为国家宏观调控重要组成部分。

二是筑牢依法行政体系。强化法治在加快推进海洋强国建设中的权威地位，努力形成以科学立法为基础，以规范用法为导向，以督察和监督为保障，以全民守法为目标的依法治海格局，营造良好海洋法治环境和氛围。科学制定和实施海洋立法规划，加强重点领域立法，完善海洋法律法规体系和配套制度建设，鼓励并支持地方海洋法规建设。规范海洋行政权力运行，完善事前、事中、事后监管和问责追责机制，严格规范公正文明执法。强化海洋行政权力监督，完善内部监督和专项监督机制，进一步发挥海洋督察的常态化监督作用。

三是完善基于生态系统的海洋综合管理体系。牢固树立和践行"绿水青山就是金山银山"的发展理念，坚持陆海统筹、区域联动，以海洋生态系统为基础，以环境保护和资源节约利用为主线，以海洋生态文明制度体系和能力建设为重点、重大生态工程为抓手，构建完善的海洋综合管理体系，将海洋生态文明建设的理念和行动贯穿于海洋事业发展的全过程和各方面。发挥海洋空间规划的基础性作用，严守海洋生态保护红线，严控自然岸线改变，严格实施围填海管控，推进海岸带空间用途管制，加大海洋、海岛生态保护和整治修复力度，强化海洋自然资源资产管理与生态监管的体系融合和能力建设。

四是巩固海洋权益和利益维护体系。 将全球海洋治理纳入全方位对外开放格局和新型国际关系构建中，统筹国内海洋综合管理与国际海洋治理、海洋安全与海洋发展、我国自身发展与人类共同发展等三大关系。以保障海洋安全和维护拓展海洋利益为出发点，围绕构建蓝色伙伴关系，与沿海国家开展全方位、多领域、深层次的双边、多边合作，不断增强蓝色经济、海洋生态环境保护、应对气候变化、深海大洋极地等领域的议题设置、规则制定和理念创新能力，推动全球海洋治理体系向更加公平公正方向发展。加强战略运筹，强化法理运用，妥善处置各方向各领域海洋权益争端，确保海上态势总体平稳可控。

五是强化海洋业务支撑体系。 坚持需求引领、创新驱动、人才保障，以信息化为基础，以优化现有资源为手段，以强化能力建设为重点，构建以海洋基础研究、调查观测监测、管理支撑和公益服务为主体的海洋业务体系。优化业务职能分工，形成定位清晰、各司其职、优势互补的业务体系布局。完善业务管理机制，形成统筹衔接、资源集约、高效顺畅的业务运行模式。提高管理支撑能力，为海洋管理提供准确管用、实时高效的决策支持。优化业务服务内容，为社会提供针对性强、关心关注程度高的海洋公益服务。同时充分发挥沿海地方、共建高校和涉海科研单位的作用，形成支撑和保障海洋工作的强大合力。

领导论谈

2013年7月30日，十八届中共中央政治局就建设海洋强国举行集体学习。习近平总书记指出，21世纪，人类进入了大规模开发利用海洋的时期。推进海洋强国建设，必须提高海洋资源开发能力，保护海洋生态环境，发展海洋科学技术，维护国家海洋权益。

2015年10月，党的十八届五中全会通过《中共中央关于制定国民经济和社会发展第十三个五年规划的建议》，提出"拓展蓝色经济空间。坚持海陆统筹，壮大海洋经济"。

党的十九大报告中明确要求"坚持陆海统筹，加快建设海洋强国"，为建设海洋强国再一次吹响了号角。

在保护中开发 在开发中保护
助推生态文明建设和经济高质量发展

自然资源部自然资源开发利用司司长 郑凌志

习近平总书记指出:"生态环境问题,归根到底是资源过度开发、粗放利用、奢侈浪费造成的。资源开发利用既要支撑当代人过上幸福生活,也要为子孙后代留下生存根基。要解决这个问题,就必须在转变资源利用方式、提高资源利用效率上下功夫。"

自然资源是生态产品的来源,也是经济社会发展的物质基础。自然资源开发利用必须坚持"节约优先,保护优先,自然恢复为主"的方针,协调处理好绿水青山和金山银山的关系,做到在保护中开发,在开发中保护,这是实现可持续发展的内在要求,也是推进现代化建设的重大原则。

当前自然资源开发利用仍有诸多难题亟待破解,主要包括:

自然资源开发利用与生态环境保护之间的矛盾突出。长期以来形成的片面追求经济增长的倾向还没有完全扭转,重金山银山、轻绿水青山的问题还比较突出。不同门类自然资源条块分割管理时期,对区域自然资源开发利用缺乏整体性、系统性考虑。在自然资源部履行"两统一"职责的大背景下,需要对各类自然资源的开发利用制度和政策进行系统梳理,深入研究在有偿使用、标准准入、交易规则、市场监管等方面构建起生态保护优先、绿色开发利用的理念和思路。

自然资源市场化配置程度总体不高。 自然资源资产产权制度不完善，部分门类自然资源有偿使用制度不健全，需要继续深化产权制度改革，会同有关部门深入研究推进自然资源有偿使用制度改革的思路和路径，建立市场配置规则，提高资源配置效率。集体经营性建设用地与国有建设用地实现同地同权、同价，城乡统一的建设用地市场还没有完全确立。

自然资源粗放利用现象仍然存在。 在国土空间规划、自然资源开发利用、生态保护修复三者之间，自然资源开发利用处于承上启下的位置，资源利用效率关系经济发展质量，关系生态损害程度大小。面对我国人多地少的基本国情和资源环境约束增强的趋势，实现经济社会永续发展的根本出路在于节约集约利用自然资源。当前自然资源开发利用的总量、强度控制机制，开发利用的标准、评价评估考核制度尚不完善，需要查漏补缺，深入研究健全完善自然资源节约集约利用政策、制度、机制，促进生态文明建设。

面对这些难题，需要我们深入学习和准确领会习近平新时代中国特色社会主义思想特别是生态文明思想，结合自然资源开发利用管理实践形成的成熟经验，加强研究，积极探索，推动改革，尽快破题。

自然资源开发利用的总体思路是：贯彻节约资源和保护环境基本国策，落实"节约优先、保护优先、自然恢复为主"的方针，按照在保护中开发，在开发中保护的要求，发挥市场在资源配置中的决定性作用和更好地发挥政府作用，以统筹自然资源的合理开发利用为引领，以自然资源市场监管、自然资源节约集约利用为主线，深化改革，创新机制，促进自然资源的有效保护、合理利用和高效配置，为推进生态文明建设和经济高质量发展提供有力保障。

新时代自然资源开发利用工作需要抓好以下重点任务：

构建自然资源开发利用统筹协调机制。 从"山水林田湖草是一个生命共同体"的生态系统整体性着眼，构建"统筹牵头、协同配合、系统开发、政策衔接、规范有序"的自然资源开发利用统筹协调机制。重点抓好"六个统筹"：推动《国务院关于全民所有自然资源资产有偿使用制度改革的指导意见》的落实，抓好自然资源有偿使用制度建设的统筹；根据国土空间规划不同分区，研究建立自然资源开发利用负面清单、准入评价制度，抓好自然资源开发利用准入的统筹；建立完善自然资源开发利用技术标准体系，完善重点行业用地标准，抓好自然资源开发利用标准的统筹；做好不同门类自然资源开发利用之间的政策衔接，促进陆海统筹开发利用、山水林田湖草一体开发利用，抓好自然资源开发利用政策衔接的统筹；以国有建设用地市场体系为基础，推动自然资源交易规则、市场监测、动态监管、信用评价、监测平台的逐步统一，抓好自然资源开发利用市场监管的统筹；推动建立自然资源政府公示价格和更新体系，实施区域自然资源节约集约利用评价考核，抓好自然资源开发利用评价考核制度的统筹。

构建统一的自然资源市场监管机制。以供给侧结构性改革为主线，统筹推进自然资源市场化配置，构建"产权清晰、规则一致、信用完善、平台统一、监管有力"的自然资源市场监管体制。着力推动"三个统一"：规范各类自然资源的交易方式、交易行为、交易价格，推动建立统一的自然资源市场交易规则；完善自然资源市场交易成交结果、价格、数量信息发布制度，推动建立统一的自然资源市场交易平台；完善自然资源市场动态监测监管信息平台建设，建立自然资源市场信用体系和失信联合惩戒机制，推动建立统一的自然资源市场监管制度。着力推动"两个健全"，包括：健全完善自然资源分等定级价格评估制度，完善反映市场供求关系、资源稀缺程度、环境损害成本的自然资源价格形成机制，建立自然资源评估体系标准和数据发布平台，严格评估队伍管理；健全完善自然资源市场调控机制，协调自然资源开发利用与财政、货币、产业、区域等政策的关系，完善房地产市场土地供应制度和政策，统筹研究制定自然资源市场调控政策。

构建自然资源节约集约利用机制。以"严控总量、优化结构、提高效率、评价考核"为基本路径，推动自然资源全过程节约管理，大幅降低资源消耗强度，积极促进经济发展质量变革、效率变革、动力变革。重点包括：推动实施符合经济高质量发展要求的自然资源开发利用双控制度，确保实现"十三五"单位国内生产总值建设用地使用面积下降目标。转变自然资源利用方式，引导开展自然资源节约集约利用示范区建设，推广节约资源的新技术新模式，推动实施建设用地"增存挂钩"制度，破解批而未供土地和闲置土地处置难点问题。完善城镇乡村低效用地再开发制度，服务于新型城镇化和乡村振兴战略实施。建立地区自然资源开发利用考核评价制度，完善建设用地项目节地评价体系、区域评价体系等。

全力推进自然资源法治建设

自然资源部法规司司长　魏莉华

中国特色社会主义进入新时代，人民群众对民主、法治、公平、正义、安全、环境的需求日益迫切。自然资源管理事关国家生态文明建设，事关人民群众重大财产权益。必须全力推进自然资源法治建设，规范行政权力行使，确保自然资源管理始终在法治轨道上运行，努力使人民群众在每一项法律制度、每一个执法决定、每一宗复议案件中都感受到公平正义，这应当是自然资源法治工作最大的价值追求。

全面依法治国是国家治理领域一场广泛而深刻的革命，作为一名法治工作者，有责任和使命激流勇进，积极投身这场革命，用我们的点滴力量推进整个国家的法治化进程。因为法治不仅是不同社会制度的共识，也是我们党执政体系和执政能力现代化的体现。中国的法治进程，不仅是法律法规落实在纸面的过程，更是公平正义刻印在人心的过程。

全力推进自然资源法治建设作为重中之重，统筹立法、普法、行政复议行政应诉、放管服改革等各项工作，切实发挥好法治对自然资源改革的引领和保障作用。

一、加快构建自然资源法律制度体系。

推进生态文明建设,管理自然资源,必须立规矩、讲规矩、守规矩。要按照可持续发展和建设生态文明的要求,结合十三届全国人大常委会立法规划,对未来3~5年的自然资源立法工作进行整体谋划和系统部署,分清轻重缓急,突出重点,加快推进重点立法项目的立改废,用完善的立法来引领自然资源改革。

二、严格规范行政权力运行。

自然资源管理涉及当事人重大财产权益,必须把规范行政权力运行作为重中之重,坚持用制度管权、管事、管人。要完善规范性文件制定程序,落实合法性审查和集体讨论决定制度;要完善重大行政决策程序制度,明确决策主体、事项范围,规范决策流程,强化决策法定程序的刚性约束;要按照决策权、执行权、监督权既相互制约又相互协调的原则,完善各方面监督制度,切实把权力关进制度的笼子,确保自然资源系统按照法定权限和程序行使权力。

三、继续深化"放管服"改革。

坚持政企分开、政资分开、政事分开、政社分开,理顺政府与市场、政府与社会的关系,切实转变自然资源管理职能,最大程度减少对生产经营活动的许可,最大限度缩小投资项目审批、核准的范围,最大幅度减少对各类机构及其活动的认定,全面履行好保护资源、节约利用、用途管制和维护权益的职能。

四、高效化解自然资源争议。

近年来,自然资源领域矛盾纠纷高发多发,必须下大力气从源头上化解。要健全完善行政复议案件审理机制,提高行政复议办案质量,增强行政复议的专业性、透明度和公信力,以实质性化解矛盾纠纷作为行政复议的最大价值追求。要树立以人民为中心的理念，切实改进工作作风和工作方法，高度重视人民群众的合理诉求，保障人民群众的合法权益，努力让人民群众在每一起行政复议案件中都感受到公平正义。

五、全面提升自然资源系统工作人员法治思维和法治能力。

要牢固树立宪法法律至上、法律面前人人平等、权由法定、权依法使等基本法治理念，恪守合法行政、合理行政、程序正当、高效便民、诚实守信、权责统一等依法行政基本要求，做尊法学法守法用法的模范，不断提升法治思维和法治能力，确保在法治轨道上全面推进自然资源管理各项工作。

法治兴则国兴，法治强则国强。党的十八大以来，以习近平同志为核心的党中央对法治的重视程度前所未有，把全面依法治国纳入"四个全面"战略布局。"全面建设社会主义现代化国家的新征程上，要更好地发挥法治固根本、稳预期、利长远的保障作用。对于法治工作者来说，这是个大有可为的新时代。"自然资源部承担着推进国家生态文明建设的重要职责，法规司将认真贯彻习近平总书记关于"用最严格制度最严密法治保护生态环境"的要求，牢牢把握社会公平正义这一法治价值追求，切实肩负起推进国家法治化进程的重要职责，完善立法，规范执法，促进普法，化解争议，确保自然资源管理始终在法治轨道运行，实现自然资源管理的法治化。

规范有序发展 PPP 模式的九点建议

国家发展改革委投资司副司长　韩志峰

PPP 是要吸引社会资本参与公共项目，因此必须要有合理的投资回报，否则的话社会资本将缺乏参与 PPP 项目的动力和热情。但是 PPP 项目的投资回报不宜过高，如果回报过高，就意味着或是政府或是社会公众——归根到底是社会公众为这个项目付出了过高的成本。

如何规范有序地去推进 PPP 模式？需要全面理解准确把握 PPP 模式的本质，切实加强 PPP 参与方的行为规范，不断提升 PPP 项目的管理水平。

第一个方面，充分认识 PPP 项目的公共性。PPP 模式的本质是通过公私合作，为社会公众提供更好的公共产品和公共服务，因此项目的公共性是 PPP 模式最基本、最核心的要求。按照 PPP 项目的公共性要求，就要准确界定 PPP 模式的使用范围，不能将一些市场化、商业化的项目纳入 PPP 的推进范畴。

与此同时，在采用 PPP 模式提供公共产品和公共服务的时候，要切实符合当地的经济社会发展需要，符合社会公众的客观需求，既不能滞后也不宜过度超前，要加强项目的必要性和可行性论证，合理确定项目的建设内容、投资规模等。

第二个方面，积极发挥 PPP 项目的创新性。PPP 模式改变了完全依赖公共部门、公共机构提供公共产品的方式,在公共领域引入了私人部门和市场机制。这本身就是一种创新。此外,在 PPP 模式的发展过程当中也在不断地创新和完善,因此,创新是 PPP 模式永保活力的所在。要提高运营效率,降低运营成本,进而来提升公共产品和公共服务的供给数量和供给效率,这样才能实现 PPP 模式的真正目的。当然创新有多个含义、多个角度、多个方面,既包括技术创新、管理创新,也包括运营创新、商业模式创新等等多个方面。

第三个方面,要合理把握 PPP 模式的商业性。PPP 是要吸引社会资本参与公共项目,因此必须要有合理的投资回报,否则的话社会资本将缺乏参与 PPP 项目的动力和热情。所以在把握 PPP 项目的公共性的同时,也不能忽略 PPP 项目的商业性。但是 PPP 项目的投资回报不宜过高,如果回报过高,就意味着或是政府,或是社会公众,其实归根到底是社会公众为这个项目付出了过高的成本。

怎么样提高 PPP 项目的合理回报呢?可以多措并举,适当延长 PPP 项目的运营年限,充分挖掘项目本身的商业价值,鼓励社会资本创新管理模式,提高运营效率,正确选择项目的融资模式,降低融资成本,提高资金效率等等。

第四个方面,要客观看待 PPP 模式的重要性。PPP 模式是一种国际上通行的基础设施投融资方式,在中国有 30 多年的发展历史,对促进基础设施建设,提高公共产品供给效率发挥了积极的作用。因此尽管在过去的一段时间,在它的发展当中出现的这样那样的问题,但不能因为发展过程当中出现的问题而全盘否定 PPP 模式。

另外,PPP 模式在西方国家基础设施项目当中占比并不高,即使是在英国,PFI 项目在公共部门的投资比例也只有 11%。当前中国在基础设施补短板方面还有大量的事情要做,需要充分发挥 PPP 模式的积极作用,PPP 项目的数量和占比可能会高于西方国家,因此规范有序发展 PPP 模式势在必行。

第五个方面,加强 PPP 项目主要参与方的自律性。从政府方来讲,要加强项目的科学决策,要合理确定项目的范围、建设内容,不要过度超前,要充分考虑地方的财政承受能力,同时特别是签订合同之后,要严格履行 PPP 项目的合同。从社会资本方来讲,要认真建设运营好 PPP 项目,在参与 PPP 项目的时候,一定要尊重 PPP 本身的逻辑,不能按照单纯的市场化、商业化的项目来运作 PPP 项目,杜绝赚快钱、热钱的急功近利的行为,防止过度扩张给自身带来的各种风险，切实保证项目的质量和企业的运营安全。此外，中介机构也是很重要的一个方面。中介机构要客观认识PPP模式，理性策划PPP项目，严谨编制PPP项目的论证材料。

第六个方面，要坚守PPP项目的契约性。契约精神是PPP模式的核心和根基，缺少了契约的约束，这个合作模式将无从谈起。要在平等协商、依法合规的基础上，订立规范高效的项目合同，在合同当中尽可能明确各方的权责利，明确合作各方解决分歧的原则和方式。合同签订之后，要严格按照合同办事，必须严格执行违约应承担的相应责任。

第七个方面，保持政策的精准适度性。政策边界要适度，既然是公私合作，公共部门在其中发挥重要的作用，但也不要忘记，还要充分发挥市场配置资源的决定性作用，充分发挥社会资本的积极性和主观能动性。政策推行要适度，要理性推进PPP模式，心要热，要有热情，但头脑要冷静，不宜过快过大。政策调整要适度，对PPP模式发展过程当中出现的问题应该及时规范，在规范的时候，既要遵守法律法规和国家的相关政策，也要充分符合市场规律和PPP项目本身的客观特点，避免出现不必要的波动和影响。

第八个方面，严格把握PPP项目的合规性。合规是PPP项目的红线和底线。这个合规涉及多个方面，既要符合投资建设程序，认真履行各项审核批准手续，做到依法合规，也要符合财政管理要求，严禁利用PPP模式违法违规，还要符合金融监管要求，避免期限错配，要防范金融风险。

第九个方面，加强PPP管理的协同性。PPP项目管理涉及多个部门，经过这几年的发展，各方充分认识到，只有各个部门按照职责分工，加强沟通协调，互相合作，形成政策合力，才能真正做好PPP的管理工作。中央和地方政府也要加强协同，具体的PPP项目属于地方事务，中央主要决定PPP的大政策、大方针，地方政府要因地制宜推进当地的PPP工作。按照国务院的要求，国家发展改革委、财政部正在配合司法部抓紧起草PPP条例，争取尽快出台，从而为PPP的规范有序发展保驾护航。

水环境综合整治　围海战略新升级

浙江省发展改革委投资处副处长　王国翔

一、围海去哪儿？——围海的战略取向

1. 浙江省的"四大国家战略"
（1）浙江海洋经济发展示范区；
（2）设立舟山群岛新区；
（3）开展义乌国际贸易综合改革试点；
（4）设立温州市金融综合改革试验区。

2. 省委、省政府"五措并举"
（1）坚定不移地走产业升级之路。经济转型升级，产业是关键。
（2）统筹推进新型城市化和新农村建设。
（3）加快构建开放型经济发展新格局。探索跨国经营新途径。
（4）切实保障和改善民生。
（5）着力营造有利于改革发展的良好环境。

3. 浙江省"五水共治"
"五水共治"（治污水、防洪水、排涝水、保供水、抓节水）是浙江省委、

省政府贯彻落实党的十八大、十八届三中全会精神，推进新一轮改革发展，再创浙江发展新优势，倒逼转型升级，建设美丽浙江、创造美好生活而做出的重大战略决策。

4. 十八届三中、四中全会精神

（1）三中全会的全面深化改革。

经济体制改革；政治体制改革；文化体制改革；社会体制改革；生态文明体制改革；党的建设制度改革。与十八大"五位一体"（经济建设、政治建设、文化建设、社会建设、生态文明建设）一脉相承。

（2）四中全会的全面推进依法治国

五个体系，三个依法，三个法治。形成完备的法律规范体系、高效的法治实施体系、严密的法治监督体系、有力的法治保障体系，形成完善的党内法规体系，坚持依法治国、依法执政、依法行政共同推进，坚持法治国家、法治政府、法治社会一体建设。

5. 长江经济带

国务院《关于依托黄金水道推动长江经济带发展的指导意见》，部署将长江经济带建设成为具有全球影响力的内河经济带、东中西互动合作的协调发展带、沿海沿江沿边全面推进的对内对外开放带和生态文明建设的先行示范带。

6. "一带一路"倡议

11月4日，中央财经领导小组要求加快推进。"义新欧"国际货运班列今年1月首发。

7. 其他重点关注

（1）史上最严《环境保护法》施行。《环境保护按日连续处罚暂行办法》《实施环境保护查封、扣押暂行办法》《环境保护限制生产、停产整治暂行办法》《企业事业单位环境信息公开暂行办法》陆续出台。

（2）2011年初，国土资源部、国家海洋局联合下发《关于加强围填海造地管理有关问题的通知》（国土资发〔2010〕219号），对围填海造地管理的有关事项进行明确规定。国土部针对不合理的产业和空间布局所进行的围填海及一些用海活动对生态环境造成一定程度的影响，要求严格围填海造地的管理与监督，特别是对部分湾口小、海水自净能力弱的海湾，要坚决禁止围填海活动。

（3）创新重点领域投融资机制。

一是，进一步引入社会资本参与水电、核电等项目，建设跨区输电通道、区域主干电网、分布式电源并网等工程和电动汽车充换电设施。

二是，支持基础电信企业引入民间战略投资者，引导民间资本投资宽带接入网络建设运营，参与卫星导航地面应用系统等国家民用空间设施建设，研制、发射和运营商业遥感卫星。

三是，加快实施引进民间资本的铁路项目，鼓励社会资本参与港口、内河航运设施及枢纽机场、干线机场等建设，投资城镇供水供热、污水垃圾处理、公共交通等。市政基础设施可交由社会资本运营管理。

四是，支持农民合作社、家庭农场等投资生态建设项目。鼓励民间资本投资运营农业、水利工程，与国有、集体投资享有同等政策待遇。推行环境污染第三方治理，推进政府向社会购买环境监测服务。

五是，落实支持政策，吸引社会资本对教育、医疗、养老、体育健身和文化设施等加大投资。

同时，要大力创新融资方式，积极推广政府与社会资本合作（PPP）模式，使社会投资和政府投资相辅相成。优化政府投资方向，通过投资补助、基金注资、担保补贴、贷款贴息等，优先支持引入社会资本的项目。

探索利用工程供水、供热、发电、污水垃圾处理等预期收益质押贷款。发挥政策性金融作用，为重大工程提供长期稳定、低成本资金支持。

发展股权和创业投资基金，鼓励民间资本发起设立产业投资基金，政府可通过认购基金份额等方式给予支持。支持重点领域建设项目开展股权和债券融资。

（4）国务院常务会议，决定削减前置审批、推行投资项目网上核准，释放投资潜力、发展活力。

五个"一律"：企业自主经营事项，一律不再作为前置条件；法规未明确为前置条件的，一律不再前置审批；法规有明确规定的前置条件，除确有必要保留的外，通过修法一律取消；核准机关能通过征求部门意见解决的，一律不再进行前置审批；除特殊需要并有法规依据的外，一律不得设定强制性中介服务和指定中介机构。对确需保留的前置审批及中介服务，要制定目录，并向社会公布。

（4）国家已决定全面实施《水污染防治行动计划》，这是继《大气污染防治行动计划》之后的又一重大行动。投资规模达2万亿之巨。

二、舌尖上的围海——围海的战略重点

1. 舟山群岛新区

浙江省重大国家战略之一。三大战略定位：浙江海洋经济发展的先导区；海洋综合开发试验区；长江三角洲地区经济发展的重要增长极。

五大发展目标，概括为"四岛一城"：中国大宗商品储运中转加工交易中心，即国际物流枢纽岛；东部地区重要的海上开放门户，即对外开放门户岛；中国海洋海岛科学保护开发示范区，即国际生态休闲岛；中国重要的现代海洋产业基地，即海洋产业集聚岛；中国陆海统筹发展先行区，即海上花园城。

2. "五水共治"

治污水、防洪水、排涝水、保供水、抓节水：面临重大机遇。"五水共治"，三种境界。

第一种境界，"向水里投钱"

就是直面水困境、水瓶颈、水灾害，短兵相接，重拳出击，铁腕治水，以治水的投入，换取水环境的改善。主要通过截污纳管、污水处理、强库固堤、扩通强排、开源引调、循环节水等一系列工程措施和技术措施，握指成拳，五水发力，建成一批、推进一批、谋划一批战略性、全局性、关键性的重大项目。初步估算，浙江省每年用于治水的投入在1500～1800亿元。仅河道清淤一项，嘉兴地区河底污泥普遍达1～2米深，工作量之巨可想而知。河底清淤上岸的污泥不能随意堆放，不能产生二次污染。

国家关于十三五的谋划是"三个重大"：重大政策、重大项目、重大工程。"五水共治"目前作为其中一个工程进行谋划。

"十三五"期间，继续全面推进"五水共治"工程。主要包括以下内容：

（1）治污水。重点实施工业污染治理，农业、渔业面源污染治理，城镇、农村生活污水处理和管网建设，海域污染防治。投资规模约1000亿元。

（2）防洪水。重点实施"强库""固堤"工程。投资规模约600亿元。

（3）排涝水。重点实施"固河堤""疏河道""新开河""畅管网""除涝

点""强设施"等工程。投资规模约 1000 亿元。

（4）保供水。重点实施"水源保护""开源""引调""提升"工程。投资规模约 900 亿元。

（5）抓节水。重点实施"雨水示范""屋顶收集""改造器具""一户一表""节水载体创建""农业节水改造""工业节水改造"工程。投资规模约 500 亿元。

第二种境界，"在转型上发力"

治水出题目，转型做文章。问题在水中，根子在岸上。在治水上发力，在转型上受益；在转型上发力，在治水上省力。通过"五水共治"倒逼生活方式、生产方式，以及发展方式的转变和转型。"五水共治"真正的攻坚战不只在治水，而在坚定不移地淘汰高污染、高消耗、高排放的落后产能、落后技术、落后产品。要根据区域水环境承载能力和资源禀赋，把流域作为生态系统，深入研究、精心谋划生态经济、空间格局、产业布局，扩大智慧经济、信息经济等战略性新兴产业、高技术产业。治水犹如却病疗伤，转型好似强身健体。从某种程度上讲，强身健体比却病疗伤更为紧要，用于强身健体的投入同样十分重要。

三、转折中的围海——围海的战略转型

第三种境界，"从水里吸金"

把水环境改善转化为现实生产力；把产业转型升级转化为现实生产力；把水资源优化管理转化为现实生产力。治水不再都是"扔钱"的买卖。实现"向水里投钱"到"从水里吸金"的嬗变，需要战略筹谋、超前运幄，更需要治水津梁。吸金术之一，充分发掘水环境价值，吸的是"环境金"。吸金术之二，大力发展治水产业，吸的是"产业金"。治水产业，领域广阔，潜力巨大，前景灿烂。浙江率先部署"五水共治"，其他省市、国外其他地区，也都将认识到水资源作为战略性资源的极端重要性，也终将实施类似的"多水联治"。因此，在污水防治、节水供水、防洪排涝各领域的设备制造、关键技术、运维服务都具有巨大的需求空间。特别是在工业 4.0 时代，与信息化深度融合、智能化全面对接后，在研发研制新设备、新材料、新工艺、新服务方面还将迸发

出无限商机。利用物联网技术实现节水和减排，利用传感器产品加强水资源监测、排污监控、洪涝预警、清洁生产、水环境治理等，都具有广阔的现实需求和应用前景。

省级层面重视在规划、项目、资金、土地、财税、产业等方面相向而行，给予引导、扶持和培育，鼓励吸收、引进、消化国外先进成熟技术。支持排放大户实现"久病成良医，出诊能行医"的华丽转身，推动浙江在治水产业上抢占先机、占据制高，今后走出省门、国门，输出设备、技术、服务，前景豁然开朗。形成整治一个领域、改善一方环境、带动一批产业的可持续发展的良好局面。

吸金术之三，积极培育水权交易，吸的是"市场金"。通过水权交易，实现水资源配置高效化，降低管理成本，提高利用效率。

"五水共治"，三种境界。对围海而言，有机遇，也有启示。转型发展，永恒的命题，永远在路上。认识新常态，步入升级版。

勇立潮头

习近平总书记在党的十九大报告中强调：加快生态文明体制改革，建设美丽中国。我们要建设的现代化是人与自然和谐共生的现代化，既要创造更多物质财富和精神财富以满足人民日益增长的美好生活需要，也要提供更多优质生态产品以满足人民日益增长的优美生态环境需要。必须坚持节约优先、保护优先、自然恢复为主的方针，形成节约资源和保护环境的空间格局、产业结构、生产方式、生活方式，还自然以宁静、和谐、美丽。

倍道兼程　奋发追赶　倍速前进　奋勇跨越
为建设现代化健康美丽新城区而努力奋斗

中共宁波市奉化区委书记　高浩孟

2016年底，中国共产党宁波市奉化区第一次代表大会，是在奉化撤市设区继往开来的历史起点，决战决胜高水平全面建成小康社会的关键阶段召开的一次十分重要的会议。大会的主要任务是：回顾总结过去五年的发展历程，研究确定未来五年的目标任务，选举产生中共宁波市奉化区第一届委员会和第一届纪律检查委员会，团结带领全区广大党员和干部群众，倍道兼程奋发追赶、倍速前进奋勇跨越，为建设现代化健康美丽新城区而努力奋斗！

一、扎实推进"三大建设"，奠定新城区发展坚实基础。过去五年，是奉化发展史上很不平凡的五年，是经济社会发展取得重大成就的五年。五年来，在中共宁波市委正确领导下，我们团结带领各级党组织和广大党员干部群众，扎实推进实力城市、品质城市、文化强市三大建设，胜利完成了市十三次党代会确定的目标任务，为新城区新局面奠定了坚实的基础。

五年来，我们持续打好转型升级组合拳，综合实力明显提升。经济保持平稳较快增长，预计地区生产总值从260.4亿元增长到487亿元，财政总收入从40.2亿元增长到62.6亿元，规上工业总产值从363亿元增长到550亿元，固定资产投资从103.4亿元增长到204亿元，城乡居民人均可支配收入分别从

32893元、15645元增长到45400元、26100元。发展后劲明显增强，宁南贸易物流区、滨海新区等平台开发取得新进展，比亚迪新能源汽车、万达中心等一批重大产业项目落户，五年共引进亿元以上项目75个。

五年来，我们坚持以人为本统筹城乡建设，城市品质持续提升。城市功能更加完备，危房解危、旧城改造进展顺利，完成116项民生实事工程。城市环境更加优美，荣膺省美丽乡村创建先进市、省"三改一拆"先进市，蝉联省"五水共治"大禹鼎。社会民生更加和谐，覆盖城乡的社会保障体系基本建成，基本公共服务水平不断提高，成功创建国家义务教育发展基本均衡市和国家首批农产品质量安全市，荣膺全国法治宣传教育先进市。

五年来，我们突出文化引领，文化事业亮点纷呈。中国特色社会主义和中国梦宣传教育广泛开展，群众性精神文明建设富有成效，成功创建省示范文明城市。雪窦名山建设加快推进，影响力持续提升，佛教五大名山地位基本确立，荣获"中国弥勒文化之乡"。里约奥运会、残奥会、世锦赛奉化健儿摘铜夺金，"桃花盛开的地方"城市品牌进一步打响，文化整体实力和竞争力持续增强。

五年来，我们全面深化改革，发展活力日趋增强。重点领域和关键环节改革取得重要进展，资源要素配置市场化、财政专项资金绩效预算管理等经济体制改革成效突出，"四张清单一张网"改革有序推进，"一口式"审批模式深化拓展，行政服务大厅获评全国十佳。行政执法和基层民主自治改革深入推进，"三方制衡、全环闭合"行政执法改革经验全省推广。

五年来，我们致力管党治党，党的建设不断加强。党的群众路线教育实践活动、"三严三实"专题教育和"两学一做"学习教育成效显著。人大、政协工作与时俱进，爱国统一战线发展壮大，群团组织作用积极发挥，军民融合深入发展。党员干部理论武装持续加强，教育管理从严从实，"固本强基"工程取得明显成效。党风廉政建设向纵深推进，正风肃纪持续发力，"大问责制""一案双查"和巡察制度全面推行，干部作风进一步好转。

五年来的发展成就，是市委正确领导的结果，是奉化历届党委政府扎实工作、接续奋斗的结果，是各级党组织、广大党员干部和人民群众团结一心、奋力拼搏的结果。回顾五年历程，我们深切体会到：只有全面、深入、持久地推进改革创新，努力破除制约发展的体制机制障碍，才能开辟新的发展路径；只有保持勤勉务实的作风、破难担当的精神，多做打基础、利长远的大事、要事、实事，才能把发展的蓝图落到实处；只有坚持以人为本、民生至上，把百姓冷暖装在心中，才能厚植发展基础；只有坚定不移地推进全面从严治党，充分发挥党组织领导核心作用和广大党员先锋模范作用，才能带领全区人民不断创造新的更大业绩。

在充分肯定成绩的同时，我们更应清醒地看到，奉化的发展还面临不少困难和挑战。一是城市发展能级不高，基础设施仍然薄弱，对高端产业、优质资源、高素质人口的吸引力、集聚力不强，城市功能品质亟待提升；二是经济总量仍然偏小，企业创新发展能力不强，产业核心竞争力不足，新型工业化还需大力推进；三是居民持续增收压力较大，公共服务、社会保障与群众需求还有较大差距；四是部分干部的发展理念、担当意识、专业知识、执行能力与新形势新任务不相适应，管党治党还需进一步从严从实。在今后的工作中，我们要切实增强忧患意识、紧迫意识，下大力气解决好这些问题。

二、振奋精神坚定信心，勇于担当新城区新使命。今后五年是我区高水平全面建成小康社会的决胜时期，是奠定城区地位的关键阶段。我们既有继续经济总量追赶的艰巨任务，又要完成由县向城转型的崭新课题，更要回应群众同城生活的美好期待；既要推动现代化健康美丽新城区建设，又要为宁波建设国际港口名城、东方文明之都做出奉化贡献，还要为全省建成全面小康社会标杆省份提供奉化实践。担当这一历史使命，是新一届区委必须承担的政治责任，既是对我们的重大挑战，也面临着难得的重大机遇。我国经济步入新常态，为我区追赶跨越提供了新区间；浙江和宁波发展的新方位，使我们处在了转型升级新跑道的同一起跑线；撤市设区给奉化发展注入了新功能，打造佛教名山为扩大影响力创造了新空间。时不常有，机不可失。错过一个时机，可能失去一个时代。全区上下务必振奋精神、坚定信心，抢抓机遇、争分夺秒，切实担当起我们这一代人的担当，奋力推动奉化发展进入新境界。

今后五年工作的指导思想是：高举中国特色社会主义伟大旗帜，以邓小平理论、"三个代表"重要思想、科学发展观为指导，深入贯彻习近平总书记系列重要讲话精神和治国理政新理念新思想新战略，统筹推进"五位一体"总体布局和协调推进"四个全面"战略布局，积极践行五大发展理念，以"追赶跨越"为主线，全面实施"五倍速五提升"战略决策，基本完成由县域管理向城市治理、县域经济向城市经济两大转型，高水平全面建成小康社会，奋力建设现代化健康美丽新城区。

按照这一指导思想，今后五年的总体目标是后来居上、最美最好。后来居上，就要提升实力、争先进位，进入全省全市中等偏上排位，到2021年地区生产总值超700亿元，人均地区生产总值超15万元，财政总收入超100亿元。最美最好，就要建设美丽奉化、创造美好生活，实现旅游产业占生产总值比重超15%，空气质量优良率超85%，城乡居民收入分别达到67000元和38000元。实现这一目标，必须拿出超常规的力度，采取超常规的措施，精准施策、加速发力，全力实施"五倍速五提升"战略决策。

倍速推进经济增长，着力提升质量和效益。打造与新城区相匹配的经济实力，是当前和今后一个时期的首要任务。我们要紧扣发展这个第一要务，正确处理好存量与增量、内生与外引、供给侧与需求端的关系，牢固树立好中求快、能快则快的理念，坚持招大引强与培大扶强同步推进，科技创新与产业转型同步实施，全力实现经济总量、均量位次双前移，速度质量双提升。

倍速推进基础设施建设，着力提升城乡品质。完善的基础设施是城市最基本的功能，独特的城乡品质是展示新城区新形象的必然要求。要加快构建枢纽型、功能性、网络化的基础设施体系，增强集聚辐射功能和承载能力。要放大依山面海、江南水乡的自然优势，注入特有文化因子，把奉化建设成为宁波人的梦想家园、向往之地。

倍速推进公共服务管理同城化，着力提升群众生活水平。让奉化群众享受到宁波市民的均等民生福祉，是撤市设区的根本目的。要坚持为民宗旨，不忘初心，把群众利益摆到最高位置，努力以城区的标准，完善公共服务和保障体系，以城市的理念，完善社会治理体系，切实做到民生工程优先安排、民生服务优先发展，不断增强全区人民的获得感和自豪感。

倍速推进雪窦名山建设，着力提升文化软实力。厚实而有特色的区域文化，是奉化的鲜明标识。无论如何变化，文化的魂不能丢，文化的根基不能松。要紧紧抓住雪窦名山建设的有利时机，放大五大佛教名山的带动效应，汇聚优秀传统文化的正能量，丰富"开明开拓、和谐和乐"的城市精神，打造与新城区相匹配的文化高地。

倍速推进改革创新，着力提升内生动力。唯改革者进，唯创新者强，唯改革创新者胜。只有用改革创新的办法突破瓶颈制约、释放发展潜能，才能推动发展争先进位、赶超跨越。要大力倡导敢想敢干、先行先试的创新精神，培树敢为人先、宽容失败的创新氛围，打造与新城区相匹配的创新环境，全面激发奉化人民的创业创新创造激情，为奉化长远发展提供永续动力。

三、凝心聚力大干苦干，奋力开创新城区新局面。今后五年，要实现确定的目标，必须紧紧围绕"五倍速五提升"战略决策，重点抓好以下八方面工作：

（一）做大做强实体经济，增强区域发展新实力。做大做强实体经济，是实现赶超跨越的硬任务，是各项事业发展的硬基础。必须坚持做大总量与转型升级两手并重，提速度、优质量、增效益，全力打造奉化经济升级版。

强化工业主体地位。下大力补强工业规模小、竞争力弱的短板，全力扩大增量、提升存量，增强"5+5"特色产业的规模优势和竞争优势。启动传统产业振兴工程，一业一策制定服务体系和政策措施，完善产业链，共享技术链，提升价值链。以大项目为龙头，以滨海新区为主阵地，加快新兴产业集聚发展。完善强龙工程扶持政策，支持企业兼并重组、挂牌上市，力争培育一大批年产值5亿元以上的企业。注重提高成长型科技企业培育工程的实效性，支持摩米创新工场、北大创业训练营发展。发挥政府创新引导资金对社会资本撬动作用，增强中小科创企业的技术和金融支持。

推动服务业特色发展。把服务业作为县域经济向城市经济转型的重中之重，依托大平台和优势资源，加快建设宁南智慧物流、滨海休闲度假等一批特色服务业集聚区。实施全域旅游战略，加快佛教名山重点项目建设，联动实施溪口古镇提升行动，促进溪口旅游高端发展。深化"旅游+"行动，全面提质发展乡村旅游，巩固提升奉化旅游在全市的龙头地位。

积极发展都市农业。以调整农业结构、带动农民增收为核心，突出"两镇五区"建设，培育农业农村发展新动能，促进一二三产业融合发展。

大力发展休闲农业、观光农业，创新营销模式，做响国家农产品质量安全品牌。健全"三位一体"农民合作经济组织体系，促进土地流转，创新农业金融服务，培育新型农业经营主体，扩大规模经营。

扩大投资消费空间。实施"十大百亿工程"，强化项目谋划储备，加快项目建设进度。优化投资结构，发挥产业基金和专项基金带动作用，完善PPP项目合作模式，促进民间投资快速增长。积极拓展新的消费增长点，加大特色街区和商业功能区建设，调整专业市场布局结构，扩大农村淘宝规模。

（二）统筹城乡规划建设，彰显美丽奉化新形象。以城带乡、统筹城乡，是打造新城区新形象的必由之路。必须坚持以人为本的新型城市化，高起点规划、高标准建设，努力把奉化打造成为"山清水秀、天蓝地净、城美人和"的新城区。

优化空间功能布局。强化规划引领，推动区域布局向适合现代城市发展需要的块状组团结构转变，加快构建"一体两翼、北连南优"的空间形态。中心城区以完善功能、提升品质为重点，推进公共设施均衡布局，加快商贸文化创意、健身休闲文化、电子商务创业、综合交通枢纽、教育医疗、历史文化等功能区块建设，打造美丽城区样板。西翼以佛教名山和溪口民国小镇建设为核心，打造生态文化旅游产业集聚的小城市。东翼以沿海三镇联动发展为主线，打造中国绿色增长示范区。北部以宁南贸易物流区为龙头，以轨道站为节点，加快产业项目落地，完善配套服务设施，打造宁波南部新城。南部以美丽经济为特质，打造尚田生态型田园城区和大堰最美乡愁小镇。

提升城市发展品质。完成中山路商业街、南山路精品街和一江两岸运动休闲带建设，打造高品质的商贸中心和文化中心。推进城市大型公园绿地和社区公园建设，建成仁湖公园二期、龙潭湿地公园，打造"二山二园二廊"等城市风景线，建设花园城区。强势推进治危拆违攻坚行动，继续加大危旧房和城中村改造力度，启动城里厢梳理式改造，基本解决危旧房，优化人居环境。稳步推进海绵城市和地下综合管廊建设，加强地下空间开发利用。加快机场高架南延、城际铁路、203省道、宝化路和四明路东延、中塔路和体育场路拓宽、溪口至火车站旅游专线等重大交通道路项目建设，构建顺畅便捷城市路网和对外交通网。建设市政、交通、应急等城市管理数字化平台，推动"智慧城管"向乡镇延伸。加快撤村建居步伐，强化街道、社区管理服务职能，培育发展社区自治组织和社会组织，完善便民服务网络，提升城市管理服务水平。

推进美丽镇村建设。实施城乡环境综合整治攻坚战，创建美丽镇区和示范街区，建设美丽乡村。鼓励镇（街道）实施一批功能性项目，突出镇区出入口、主干道、庭院绿化和景观化改造，进一步提升城镇品质内涵。发挥资源特色优势，创建一批休闲宜游、生态宜居的特色村庄。注重串点成线，加强主题策划，营造特色韵味，完成5条美丽风景线建设。加快剡江东江堤防整治、平原低洼区防洪排涝等重大水利设施建设，提升流域防洪、城市防涝能力。

（三）全面改善社会民生，提高群众生活新品质。群众利益是最高的利益。必须坚持把民生作为决策首选、工作首要、支出首位，积极顺应群众期待，逐步实现同城同待遇。

千方百计增加城乡居民收入。拓宽城乡居民增收渠道，完善就业服务体系，进一步增加工资性收入、提高经营性收入、扩大财产性收入、巩固转移性收入。完善帮扶助困机制，继续推进下山移民，全面提升低收入人群的收入水平和生活质量，决不把贫困带入全面小康。

健全普惠均衡公共服务体系。优化城乡教育资源配置，实施奉化中学、实验小学等迁建工程，完成浙江医药高等专科学校主校区建设，引进国内名校合作办学，大力发展幼儿教育，加快优秀教师队伍建设，提高农村学校办学条件，建成省教育基本现代化区。优化配置医疗卫生资源，启动中医院迁建工程，建设街道社区卫生服务中心和社区卫生服务站，切实解决边远山村农民看病难问题。深化医药卫生体制改革，健全分级诊疗制度和现代医院管理制度，构建现代医疗卫生服务体系。广泛开展全民健身运动，积极发展体育事业，推行"公园＋体育"模式，增加运动场地。

完善城乡一体社会保障体系。全面实施城乡居民基本养老保险、基本医疗保险与宁波制度接轨，大幅度提高城乡居民社保参保率。健全社会保障待遇正常调整机制，逐步提高低保标准、社会福利资金补助标准。加快构建多元化养老服务和救助体系，推广商业保险，发展慈善事业，高度关注贫困边缘人群和山区留守老人基本生活保障。

（四）推动文化繁荣发展，展现人文奉化新魅力。文化自信是新城区发展的精神支撑。必须坚持物质富裕与精神富有两手抓，全面增强城市软实力和影响力。

提升社会文明程度。坚持不懈加强社会主义核心价值观建设，广泛开展"奉化好人"等评选表彰，推动志愿服务常态化，提升公民道德素养。以全国文明城市为标准，常态化开展基层文明创建，推进移风易俗，消除陋习顽症，实现城乡文明程度的整体提升。继承和创新地方优秀传统文化，用好用活丰富的人文资源，充分展现奉化历史文化的独特魅力。

完善公共文化服务体系。扎实推进省公共文化服务体系示范区创建，加快文化广场、体育中心、档案馆等重点文化项目建设，提高农村文化礼堂建设水平，逐步实现公共文化设施网络全覆盖。

推动文化惠民项目与群众文化需求有效对接，大力推行"基层文化使者""种文化"等活动，广泛组织开展群众性文化体育活动，推进基本公共文化服务标准化。建立政府、市场、社会良性互动、共同参与的公共文化产品生产和供给体制机制，大力实施文化精品工程，不断满足人民群众日益增长的文化生活需求。

培育发展文化产业。加大政策支持，引导社会资本以多种形式投资文化产业，着力形成多层次文化产品和要素市场。培育新型文化业态，充分发挥"布龙""布袋"等资源优势，实施"文化+"工程，促进文化与旅游、金融、体育等有机融合，推动影视、文创等产业发展。加快引进一批重大文化产业项目，推进两岸城曦文化生态园、城里厢历史文化街区等项目建设，培育骨干文化企业和文化品牌，建成一批宁波市级以上文化产业园区和文化示范基地。加强文化人才队伍建设，培育一批文化拔尖人才和领军人物。

（五）加强生态文明建设，促进环境质量新提升。生态环境是奉化的最大优势，是留给子孙后代最宝贵的财富。必须牢固树立绿色发展理念，不惜一切代价保护好绿水青山。

强化源头防控。深化生态文明体制改革，落实主体功能区规划，完善多元化生态保护机制，牢牢守住生态红线。控制开发强度，提高资源利用效率，严守环保准入门槛，对不符合环境要求的项目坚决"一票否决"。落实最严格的污染排放标准，加大控源截污力度，加快循环经济区、污水零直排区建设。积极创建国家生态文明建设示范区，全面推进垃圾分类，在全社会形成绿色消费、低碳生活的习惯。

坚持铁拳整治。环境污染是人民群众最痛恨的问题。必须坚持对各类环境违法行为零容忍，强化依法督察问责，加大惩处力度，让环境违法者付出沉重代价。实施最严格生态环境保护制度，全面落实生态环境保护党政同责，健全突发环境事件责任追究机制，对造成资源环境生态严重破坏的实行终身追责。全面加强水、大气、土壤污染防治和重点片区环境整治，继续推进"五水共治""三改一拆"等专项行动，切实解决影响群众健康的突出环境问题，让老百姓呼吸到更清新的空气，看到更多的蓝天白云。

推进生态修复。统筹实施山水林田湖生态保护和修复工程，构建生态廊道和生物多样性保护网络，提升自然生态稳定性和生态服务功能。开展破损山体、江河水库和近岸海域生态修复，持续推进退花还林、退宅还耕。加快葛岙水库建设，打通断头河，全面疏通平原河网。积极创建森林城市，大力开展植树造林，构建沿山沿海沿江沿路生态大走廊，筑牢生态安全屏障。

（六）深入推进社会治理，营造平安和谐新氛围。和谐稳定是发展之基，事关百姓安康。必须顺应城区治理新要求，探索系统治理、综合治理、源头治理的新路径，全面提升社会治理现代化水平。

完善基层治理体系。把基层治理放到更加突出的位置，推广民约村治治理模式，加快镇（街道）"四个平台"建设，促进社会治理"两网融合"。坚持培育和管理并重，发挥各类社会组织在社会管理中的作用。推动政府购买服务，形成项目化推进、社会化服务、信息化管理的治理格局。大力培养高素质社会工作人才，保护和调动基层干部的积极性，切实增强基层服务功能和自治活力。

健全综合治理体系。坚持社会稳定风险评估制度，完善社会矛盾纠纷多元化解机制，健全利益表达、协调和保护机制，引导群众依法行使权利、表达诉求、解决纠纷。推进立体化社会治安防控体系建设，进一步增强反恐维稳、治安防控、应急处突能力，着力提升公共安全感。深化信访制度改革，推进法治信访、责任信访、阳光信访。健全公共安全监管体系，加强重点领域、薄弱环节安全隐患整治，坚决遏制重特大事故发生，确保人民群众安居乐业。

构建社会诚信体系。强化信用激励和约束，着力构建政府、社会协同的守信联合激励和失信联合惩戒机制，打造诚信奉化。深化政务公开，扩大范围、创新方法，进一步增强政府行政透明度，不断提高政府公信力。加强商务诚信建设，强化企业社会责任，营造诚信市场环境。完善全社会信用基础数据平台，推进社会信用体系建设。

（七）全面深化改革开放，激发创业创造新动能。创新精神、开放视野，是城市发展的活力之源。坚持向创新要动力，向开放要空间，全面营造体制机制新优势，全面增强内生增长力和外延带动力。

更加突出创新驱动。强化企业创新主体地位，实施创新型企业梯队培育工程,加大科技型企业、高新技术企业和创新型初创企业培育,鼓励企业开展产学研合作。完善公共服务体系,提高千人产业园建设水平,加快甬台众创小镇建设,新建智能经济产业园,争取国家级大型研究院落户,提高创新资源的集聚能力和转化效率。深入实施人才强市战略,推进"奉籍英才回归""名师名医名家"培育等重点人才开发计划,探索多元引才方式。加大引才力度,优化人才创业创新环境,让奉化成为天下"凤凰"争相栖息之地。

更加突出改革推动。推进供给侧结构性改革,贯彻落实"三去一降一补"重点任务,降低企业生产和商务成本,助力实体经济发展。持续提高"放管服"实效,加快政府职能转变,创新政府监管和服务方式,进一步提升审批效率,深化"四张清单一张网",切实改善投资环境。深入推进农村"三权"改革,有效盘活农村资源资产。深化户籍制度改革,支持农村人口市民化。统筹推进教育、医药卫生、社会保障、生态文明等领域改革。

更加突出开放带动。大力推动外贸发展方式转变,培育引进一批有竞争力的外贸大企业,鼓励工业企业发展服务贸易。实施招商引资"一号工程",改革招商体制,整合招商资源,创新招商方式,着力扩大招商落地实效。主动参与宁波港口经济圈建设,加强与宁波各园区协作发展,打造孵化成果产业化基地。发挥对台窗口及港澳等异地商会优势,加强交流交往,依托海峡两岸交流基地,建立常态化的论坛、文化节庆、民间团体互访等载体,促进经济文化交流。落实省市山海协作、对口帮扶工作部署,构建全方位多层次开放合作新格局。

(八)大力加强民主法治,凝聚共谋发展新合力。奉法者强则国强。必须坚持党的领导、人民当家做主、依法治区有机统一,在法治轨道上统筹社会力量,着力营造合力攻坚、共推跨越的良好氛围。

加强民主政治建设。充分发挥党委领导核心作用,不断增强"统揽全局、协调各方"的能力和水平。支持人大及其常委会依法行使职权,使监督、人事任免、决定重大事项更好地体现党的主张和人民的意愿,更好地维护民利、团结群众。支持政协政治协商、民主监督、参政议政,在充分协商和监督议政中凝聚广泛共识。加强同各民主党派、工商联和无党派人士的合作,全面贯彻党的民族宗教政策,做好为侨服务工作。尊重人民主体地位,健全民主议事、村务公开等民主管理制度,保障群众的知情权、参与权、选举权和监督权。加强党管武装和双拥共建工作，推动军民深度融合发展。强化党对工会、共青团、妇联、残联、科协等人民团体的领导，加强老干部、老龄和关心下一代等工作，凝聚最广泛的群众，调动最广泛的力量，赢得最广泛的支持。

全面推进依法治区。正确处理党规与法律的关系，自觉在法律的框架内开展党的活动。支持建设法治政府，强化行政权力清单管理，依法治理经济和社会事务，实现政府活动全面纳入法治轨道。

加强对司法工作的领导，落实司法改革任务，规范执法司法行为，加强执法司法公开，切实解决群众反映强烈、影响公平公正的突出问题。实施法治惠民工程，完善覆盖城乡的公共法律服务体系，发挥法治在经济社会发展中的引领和规范作用。深入开展"七五"普法，增强全社会特别是公职人员尊法、学法、守法、用法观念，形成良好的法治氛围和法治习惯。

四、深化全面从严治党，为新城区新发展提供坚强保障。履行新使命，实现新目标，必须充分发挥党在奉化各项事业中的领导核心作用。要始终坚持党要管党、从严治党的政治责任，全面加强党的建设，从严锻造一支具有良好政治习惯的奉化铁军，共同担起推进追赶跨越的时代使命。

切实强化理论武装。把加强思想教育作为严肃党内政治生活的首要任务，筑牢信仰之基，补足精神之钙，把稳思想之舵。要坚持不懈抓好理论武装工作，持之以恒开展理想信念教育，不断增强政治意识、大局意识、核心意识、看齐意识。着力抓好党委（党组）中心组学习，加强马克思主义理论特别是习近平总书记系列重要讲话精神学习，创新学习方法，起好示范引领作用。充分发挥党校、干部网上学院和远程教育等阵地作用，开展大规模精准化教育培训。大力弘扬理论联系实际的学风，做到学而信、学而用、学而行，增强党性修养，增强贯彻中央和省市委重大决策部署的政治自觉。牢牢掌握意识形态工作领导权，推动传统媒体与新媒体融合发展，强化舆情引导，弘扬正能量。

从严加强队伍建设。坚持正确用人导向，大力选拔新城区建设有担当、全面深化改革有作为、履行主体责任有实效的"狮子型"干部，重视用好"老黄牛式"干部，建设组织放心、群众满意、干部服气的干部队伍。注重干部配备梯次，健全党外干部、女干部、年轻干部培养使用机制。注重实践锤炼，突出需求导向和问题导向，实施"三色"培训工程，把优秀正职放到关键领域、重要岗位，选派优秀后备干部到基层一线、重大项目墩苗历练，推进新进机关公务员沉到基层锻炼。落实从严治吏，深化"负面清单"管理，完善落实领导干部重要事项月度定期报告制度，严格干部管理的主体责任、直接责任、配合责任。推进"中梗阻"专项整治，推行机关中层干部绩效大联评，实施中层干部大轮岗。强化提醒预防，注重把握干部思想动态，实施"黄、橙、红"三色预警机制，最大限度防止干部小错酿成大错。严格落实《中国共产党问责条例》，聚焦贯彻党的路线方针政策、尊崇党章、讲纪律守规矩、推进执行区委区政府中心工作等重点领域强化问责，使失责必问成为常态。健全容错免责机制，关心关爱干部，为担当者担当、为干事者撑腰，激励干部想为、能为、敢为，营造干事创业的良好氛围。

夯实党的基层基础。突出政治属性与服务功能有机统一，推动基层组织全面进步、全面过硬。深化基层党建工作述职评议，强化党建审计和绩效对账，层层落实党建责任。严格党的组织生活，坚持"三会一课"、民主生活会、组织生活会、谈心谈话制度，切实增强党员意识和组织观念。深化"整乡推进、整区提升"行动，推进区域党建联合体建设，做好非公企业、众创空间、社会组织等领域的党组织建设。通过"选、育、管、治、爱"，实施"领雁提升"计划，深化"竞标选才、履职承诺"，鼓励"能人回归"，下派"第一书记"，选好、用好、管好村（社区）党组织书记。

坚持集中轮训，从严抓好党员发展和教育管理工作，健全完善党员言行"底线""红线"，加大不合格党员处置力度。深化"党建进组、服务入户"，提升党员领导干部"返乡走亲"实效，推进在职机关党员进社区志愿服务。

持续开展正风肃纪。驰而不息抓好中央八项规定精神的落实，加强对重点领域、关键环节、重要时间节点的监督检查，以强有力的正风肃纪坚决防止"四风"反弹。大力弘扬联系群众的作风，坚决反对"当官做老爷"；大力弘扬担当实干的作风，坚决反对上推下卸；大力弘扬立说立行的作风，坚决反对慵懒散漫；大力弘扬艰苦奋斗的作风，坚决反对大手大脚；大力弘扬"亲""清"交往的作风，坚决反对团团伙伙，让群众看到干部的新形象新作风。

落实廉政建设责任。从严从紧抓制度，严格落实党内监督条例，加强"两个责任"清单化管理，深入实施"四专三书一报告"制度，推进区、镇（街道）、村（社区）三级联动，固化履责痕迹，确保主体责任、监督责任层层落实、层层发力。严格执行廉洁自律准则,绷紧廉洁从政之弦,切实加强警示教育,弘扬廉洁之风,注重抓好领导干部家庭家风建设。与时俱进推进反腐倡廉制度建设,建立健全权力运行全过程廉洁风险防控机制,完成监察体制改革,完善巡察制度。始终保持惩治腐败高压态势,严肃查办违法违纪案件,坚决查处发生在群众身边的腐败问题,决不放纵任何腐败现象,决不姑息任何腐败分子,以干部廉洁清风,带出全社会的朗朗正风。

后来居上,最美最好,是奉化全区上下共同的目标;建成现代化健康美丽新城区,是全体奉化人民共同的愿景。把美好的蓝图变成现实,关键在党,关键在区委领导班子。奉化区委全体成员,特别是区委常委会将始终坚持心中有党、心中有民、心中有责、心中有戒,切实加强自身建设,充分发挥领导核心作用;将以上率下、率先垂范,带头忠诚干事、担当干事、廉洁干事、为民干事,带领全区干部群众大干苦干拼命干,干出一番新业绩,干出一片新天地!

站在新的历史起点,我们豪情万丈;面对新的伟大征程,我们充满信心。我们将更加紧密地团结在以习近平同志为核心的党中央周围,在宁波市委的坚强领导下,开拓进取,扎实工作,奋发图强,共同开创奉化更加美好的明天!

倍速发展　打赢"五大攻坚战"

宁波市奉化区区长　张文斌

2017年，是奉化发展史上极不平凡的一年。

一年来，区政府坚决贯彻落实中央、省市和区委决策部署，紧紧抓住撤市设区的历史性机遇，按照市委"一年一个样，三年大变样，五年奉献一个新奉化"的要求，全面落实"五倍速五提升"战略决策，打赢了"五大攻坚战"，较好完成了区一届人大一次会议确定的各项目标任务。

这是倍速发展后来居上的一年，全年实现地区生产总值549.9亿元，其中区属地区生产总值407.8亿元，增长9.9%，增速全市第一；区属规上工业增加值99.5亿元，增长10.8%，增速全市第三；商品销售总额359.6亿元，增长19.3%，增速全市第三；货物出口总额188.7亿元，增长15.1%，增速全市第五；财政总收入71亿元，增长13%，其中一般公共预算收入42.9亿元，增长12.2%，增速全市第二；固定资产投资219.2亿元，增长8.5%，增速全市第四。

这是城市品牌高声唱响的一年，奉化元素10次登上《新闻联播》，雪窦山"中国佛教五大名山""弥勒根本道场"被央视、人民日报等权威媒体宣传推介；成功创建全国首个出口气动元件质量安全示范区、全国主要农作物生产全程机械化示范区，荣获"中国天然氧吧"和省级森林城市称号，省首批全域旅游示范区创建通过专家初审。

这是最美最好获得满满的一年，围绕五年实现同城同待遇目标，116个与群众联系最紧密的社会民生同城化项目已完成78个；市区两级民生实事项目基本完成，成功创建国家慢性病综合防控示范区和省教育基本现代化区；城镇和农村居民人均可支配收入分别达到48910元和28008元，增长7.8%和8.2%。这一年，全区人民对美好生活的向往更加充满信心，社会各界对奉化新区的建设更加充满期待。

一、全力抢抓历史机遇，同城步伐持续加快。城乡规划同城描绘。深度对接宁波新一轮总规编制和2049发展战略研究，八大前期专项研究全面开展，城市总规修编完善，"多规融合一张图"基本形成。莼湖、尚田、江口三个镇（街道）行政区划调整方案提交上级审批，溪口雪窦山风景区管委会体制机制进一步完善。基础设施同城共建。宁波市第一医院完成立项和土地征收，203省道奉化段、城市转型示范区道路工程和中交未来城科普中心开工建设，葛岙水库、金甬铁路、城轨3号线、机场快速路南延工程加速推进，金海路站主体结构封顶，省医药高专主校区竣工验收。已开通奉化至宁波中心城区公交线路11条，公交卡实现互联互通。产业平台同城布局。宁波滨海旅游休闲区获批成立，"时光宁波"文旅小镇、宁波滨海健康旅游小镇、宁波湾滨海华侨城文旅项目落地开工。宁南贸易物流区列入义甬舟开放大通道重要节点，苏宁电商运营中心、红易物流中心主体完工，国美电商运营基地、深国际综合物流港一期、宁波农副产品物流中心等加速推进。滨海新能源汽车产业园入围市首批特色产业园培育和市战略性新兴产业专业园创建名单。

二、全力加快经济发展，三次产业持续优化。工业经济积极向好。加强企业梯队培育，建立90家"小升规"企业、154家"专精特新"企业培育库，51家强龙工业企业产值增长16.2%，亚德客列入国家单项冠军培育企业。新增规上工业企业95家，销售亿元以上企业21家、5亿元以上企业6家，宁波股交中心挂牌企业26家。产业结构不断优化，纺织服装、气动元件、汽车及摩托车零配件等传统产业改造提升，新装备、电子信息等新兴产业发展壮大，装备制造业、高新技术产业、战略性新兴产业增加值分别增长16%、19.5%和19.3%，新产品产值增长27.5%。现代服务业加速增长。实现服务业增加值190.4亿元，增长12.6%；社会消费品零售总额162亿元，增长10.7%。旅游业发展"黄金十条"制定实施,"百村景区化"建设启动,旅游人次和综合收入分别增长15.9%和25.7%。新经济新业态蓬勃发展,全国首个共享经济小镇落户溪口,跨境电商产业园开园运营,海上鲜荣获省首届电商创业大赛一等奖,全区网络零售额增长35%。绿色都市农业转型发展。新建成市级现代农业园区3个,溪口雷笋荣获国家农产品地理标志认定,奉化水蜜桃创成省级区域公共农业品牌,实现农林牧渔业增加值31.7亿元,增长2.4%。

三、全力推动项目攻坚,赶超后劲持续增强。项目攻坚战全面打响。全省重大项目集中开工,宁波分会场活动首次在奉举行,总投资719亿元的"16+1"重大项目在撤市设区一周年之际集中开工。印象奉化、东江剡江堤防整治工程一期、溪口北环线主体完工,万达广场、两高连接线等有序推进,溪口恒大生态旅游小镇、民国风情街、沿海旅游专线开工建设。平台攻坚战推进有力。经济开发区综合实力首进全省十强,比亚迪新能源汽车、德朗能锂电池、众兴新材料相继投产,滨海小微企业产业园一期建成投用,新能源汽车关键零部件集中区(强基精密制造产业园)一期、京威动力电池、置信工业城开工建设,正道清洁能源汽车完成土地招拍挂,智能装备(气动)科技园、"丝路扬帆"小镇、降温薄膜、泽生生物医药等项目完成签约。雪窦名山"一核一带两组团"初步形成,浙江佛学院建成招生,弥勒圣坛建设加快。招商攻坚战成果显著。优质客商纷至沓来,招引项目量质齐升,全年新引进1000万元以上项目299个、增长56.5%,其中亿元以上项目55个、10亿元以上项目10个;实际利用外资1.8亿美元、增长260%;浙商回归资金到位76亿元、增长35.7%,市外境内资金到位103.9亿元、增长34%,分别完成全年目标的253.3%和155%。

四、全力深化改革创新,内生动力持续激活。供给侧结构性改革精准发力。一揽子降本减负政策落地落实,累计减免企业负担5.7亿元,兑付扶持资金2.8亿元,惠及企业6500余家。要素配置市场化改革深化实施,整治淘汰"四无""低小散"企业105家。风险防范体系不断健全,打击恶意逃废金融债务积极有效,银行业不良贷款率下降至1.78%,金融机构本外币存贷款余额分别增长11%和10.3%。房地产市场健康发展,商品房销售面积增长23.8%。重点领域改革推进有力。"最多跑一次"和"放管服"改革扎实开展,梳理和规范"最多跑一次"事项1068项,占总数的95.5%,平均办结时间缩短50%。"一窗受理、集成服务"全面推行,企业投资项目审批进一步简化优化。国资国企改革步伐加快，城投、交投、水投集团及区投、水务、新农投、保安服务公司等组建成立，镇、街道国企资产统筹运营。土地资源有效整合，全市首个坡地村镇试点开展，消化批而未供土地2472亩，低效用地再开发1589亩，垦造耕地2231亩。创新驱动释放活力。坚持人才强区，出台人才新政18条，引进凤麓英才计划项目22个，全年新增各类人才3800名，其中"省千计划"2名、宁波"3315计划"3名。甬台众创小镇建设加快，千人创业园、北大创业训练营、赛伯乐奉化创社、浙工大智慧经济研究院成效初显，宁波工程学院奉化研究院挂牌运行，国家气动产品质量监督检验中心荣获国家科学技术进步二等奖，新增省高成长科技型中小企业20家、市创新型初创企业81家。

五、全力优化均衡发展，城乡面貌持续改善。 城市功能逐步提升。交通路网更加通畅，中山东路建成通车，长汀路即将贯通，中塔路、汇诚南路建设加快，宝化路东延、南山路改造前期完成，新增公共停车位2400余个、新能源公交车181辆。棚户区、城中村改造力度持续加大，新启动成片危旧房改造40.3万平方米，完成14.2万平方米，长汀村和南山、梁王区块实现拆迁清零，中塔区块一期、东苑小区、湖桥村改造百分百签约。绿化、美化、亮化工程同步实施，城区绿化、夜景照明提升工程和大成路、西河路景观提升工程全面完工，中山公园、体育场公园式改造稳步推进。美丽镇村彰显魅力。小城镇环境综合整治及六大专项行动全域推进，161个三年计划治理项目已开工140个、完工54个，"六乱"现象大幅改善。美丽乡村分类培育，"海韵渔歌""连山堰情"等风景线展现新颜，新增省3A级景区村庄7个，金峨村获评全国文明村，桐照村获评中国最美渔村，青云村入选全国美丽乡村示范村。土地承包确权登记颁证有序推进，"三位一体"农合联组织体系建设走在全市前列。生态环境持续向好。认真做好中央环保督察和国家海洋督察整改，提前3个月完成全域剿劣任务。新建污水管网40.5千米，完成治水治污项目157个，首批6个镇、街道污水零直排区创建全部完成，循环经济园区完成规划。完成"三改"200万平方米、拆违240万平方米，成功创建省基本无违建区。象山港保护利用和四明山生态修复取得阶段性成效，禁止开发区域2万余亩退花还林全面完成，PM2.5年均浓度下降18%。

六、全力改善民生保障，幸福指数持续提升。 民生投入不断加大。公共财政用于社会民生支出54.1亿元，增长9.7%，占财政总支出的79%。新增普惠性幼儿园21家，萧王庙卫生院建成投用，区中医院、奉化中学、实验小学、诺德安达学校开工建设，城市文化中心项目顺利推进。文体事业不断发展。成功举办弥勒文化节、桃文化节和首届市民文化艺术节，下王渡遗址入选省年度考古重要发现，武岭小学获评全省首个"中国关心下一代教育示范基地"。区民宗局荣获全国宗教工作集体三等功。第二届海峡两岸山地桃花马拉松登陆央视，羽超联赛浙江赛区落户奉化。全运会再创佳绩，奉籍运动员荣获5金，总成绩名列全市第一。文化产业加快发展，两岸城曦文创生态园完成规划，规上文化创意产业增加值增长18%左右。社会保障不断完善。鼓励创业帮扶就业，发放就业援助补贴3744万元，实施技能培训7000余人次，新增创业实体8832家、城镇就业12888人，城镇登记失业率控制在1.65%的较低水平，"奉化无欠薪"行动成为全省首批试点。城乡社保精准扩面，城镇居民医保和新农合并轨运行，跨省异地就医医疗费实现直接结算。新建区域性居家养老服务中心2家、居家养老服务站26个。全面实施困难残疾人生活补贴和重度残疾人护理补贴制度，惠及残疾人1.2万人次。社会治理不断优化。法治平安建设全面加强，各类案（事）件、刑事案数量分别下降3.2%和17.8%，信访总量下降8%，破解稳控历史遗留问题146个，圆满完成党的十九大、第五届世界互联网大会等重大会议期间维稳安保工作。基层社会综合治理"一中心四平台一网格"基本建成，村社区换届顺利完成。安全生产责任体系、食品药品安全监管、消防隐患治理进一步强化，公共安全形势稳定向好。

这一年，区政府深入学习贯彻落实党的十九大精神，扎实推进"两学一做"学习教育常态化、制度化。开展"大脚板走一线，小分队破难题"和干部作风大整治、中层干部大轮岗，出台重大行政决策程序规定，召开政府常务会议24次，主动公开政府信息1.3万条，政府系统依法行政、高效施政、为民理政、从严治政的能力和水平得到有效提升。同时，自觉接受区人大及其常委会的法律监督、工作监督和区政协的民主监督，坚持重大事项向区人大报告、向区政协通报，注重发挥各民主党派、工商联、无党派人士和人民团体的参政议政作用，共办复人大代表议案建议208件、政协提案274件。

此外，区政府积极支持工会、共青团、妇联、科协、文联、残联、红十字会等群众团体和社会组织开展工作，国防动员、人民防空、双拥双建、国家安全、海防打私、审计、统计、史志、档案、气象、保密、外事、新闻出版、广播电视、对台事务、侨务、检验检疫、结对帮扶等工作进一步加强，关心下一代、妇女儿童、老龄、慈善等事业不断提升。

我们正阔步走在新时代的大道上，豪情满怀；我们正处于跨越赶超的关键时期，信心百倍。"幸福都是奋斗出来的"，让我们高举习近平新时代中国特色社会主义思想伟大旗帜，齐心协力，奋发图强，为高质量推进现代化健康美丽新城区建设，实现"后来居上、最美最好"目标而努力奋斗！

绿色发展,打造区域高质量经济发展新引擎

——专访浙江省宁波市奉化区政协副主席、
宁波滨海旅游休闲区党委书记　胡荣

人民日报记者　李长虹

宁波市奉化区地处长三角南翼,东海之滨,是著名的弥勒圣地、蒋氏故里。近年来,先后被评为国家卫生城市、中国优秀旅游城市、最佳生态文化旅游城市、首批国家农产品质量安全市、浙江省生态市和浙江省环保模范城市。

生态环境优美,旅游资源丰富。奉化区是全国休闲农业与乡村旅游示范县。奉化撤市设区,加快融入宁波城市经济体系,全面实施"五倍速五提升"战略决策,立足大招商、大开放、大平台,着力推动经济总量、城乡品质、民生水平、文化实力、内生动力跨越提升,加快建设经济繁荣、功能齐全、环境优美、文明和谐、富有活力、辐射带动力强的现代化健康美丽新城区,在更高水平上全面建成小康社会。

2017年是奉化"撤市建区"历史元年。奉化区按照"四个全面"战略布局和"五大发展理念"要求,围绕"后来居上、最美最好"发展目标,全面落实"五倍速五提升"战略决策,全力以赴抓落实、合力攻坚破难题,取得可喜的工作成效。

奉化区改革创新工作全面提速,先后设立宁波滨海旅游休闲区等经济发展

平台。在浙江省和宁波市重点工程的"阳光海湾"基础上设立的"宁波滨海旅游休闲区",在规划建设、推动发展上已彰显功效。

为此,我们采访了宁波市奉化区政协副主席、宁波滨海旅游休闲区管委会书记胡荣。

抓住机遇,打造高质量经济发展新引擎

胡荣主席介绍,宁波滨海旅游休闲区位于宁波市奉化区东南部,宁波湾(象山湾)北岸,与宁海县、象山县隔湾相望。区域总面积383平方千米,辖莼湖、裘村、松岙三镇,包含96平方千米海域和61千米海岸线。

胡荣主席说:宁波滨海旅游休闲区对于宁波具有重要的战略意义,有利于补齐宁波城市品质、国际化发展和生态环境短板,全面提升城市综合竞争力,为宁波的转型升级提供有力保障,助力宁波建设"国际港口名城"、打造"东方文明之都",顺利跻身全国大城市"第一方队"。

宁波滨海旅游休闲区以"海洋特色的国家旅游休闲区"为总体发展愿景,致力于打造"长三角地区最年轻的休闲度假港湾""国家级体育旅游示范基地"和"国际绿色交流与合作示范区",将宁波湾塑造成为知名的"运动之海、休闲之湾"。紧抓奉化撤市设区和宁波创建首个"中国制造2025"试点示范城市两大重要历史机遇,以"绿色"和"创新"为核心发展理念,以旅游引领三产融合,以科技引领绿色智造,在思路谋划上独具匠心、实践路径上独辟蹊径、发展方式上独树一帜,推动奉化由县域经济向都市经济的战略升级。"弄潮儿向涛头立",宁波滨海旅游休闲区标志着宁波经济发展的"新方位",将成为宁波一片发展的热土,未来必将大有可为,脱颖而出,拔得头筹。

胡荣主席强调宁波滨海旅游休闲区抓住了发展机遇,因时而需,因势而立。主要体现以下四方面:

一是绿色发展成为主题。党中央将生态文明建设与经济建设、政治建设、文化建设、社会建设并列为"五位一体"总体布局,《国民经济和社会发展第十三个五年规划》将绿色作为五大发展理念之一,《中共中央国务院关于加快推进生态文明建设的意见》强调把生态文明建设放在国家战略的突出位置,多

途径支持绿色产业和生态保护。只有按照绿色发展理念，树立大局观、长远观、整体观，坚持保护优先，坚持节约资源和保护环境的基本国策，把生态文明建设融入经济建设、政治建设、文化建设、社会建设各方面和全过程，才能实现可持续发展。目前，本区争取到了联合国开发计划署的首个绿色发展试点，而且在以绿色生态为主题的中欧城镇化合作方面也大有前景。

二是撤市设区带来利好。撤市设区是对宁波城市生产力布局、资源要素配置进行的一次大重构、大重组，有利于提升宁波城市发展能级和极核功能，滨海旅游休闲区的战略地位得到极大提升，基础设施投资和公共服务建设得以加速。从《宁波市城市总体规划》（2006—2020）（2015年修订）的市域空间结构图中可以看出，原有的宁波核心发展圈层是由三江片、镇海片、北仑片三大片区和慈城、九龙湖、东部滨海、东钱湖四个组团组成，撤市设区后，奉化城区将真正实现与宁波市区的同城化发展，滨海休闲区组团也将会被纳入宁波核心发展圈层。

三是区位交通条件改善。本区有多项交通利好，与上海和宁波市区的交通联系度将大大增强。首先，去往上海的交通将更加便捷，杭州湾将增加一座跨海通道即杭州跨海大桥东复线，建成后去往车程将由3小时缩短为2小时。其次，去往宁波市区的交通条件也将大为改善，包括规划新增两条高速（宁波—舟山港沈海高速连接线和机场高速即朝阳—西坞连接线延长线）、一条国道（G228）、一条省道（S203）和一条城际铁路（宁波—象山三门湾城际）。

四是体育旅游逐渐兴起。近年来体育产业发展迅猛，随着各类相关促进政策的落地，我国体育产业发展将步入"黄金十年"，成为名副其实的"朝阳产业"，对国民经济的贡献将稳步提升。目前国内体育产业构成中，体育用品制造业占有比例远超过体育服务业和体育赛事，而美国体育产业构成中体育服务业占有比例是体育用品制造业的两倍，这反映了中国的体育服务业发展有较大的增长空间。在体育服务业中，体育旅游产业正在以每年14%的速度增长，成为旅游市场中增长最快的业态，而我国体育旅游产业的年均增速更是高达30%～40%。在居民收入增长、体育参与度提高、体育赛事组织管理逐渐完善的共同推动下，国内体育旅游市场有望步入黄金发展期。成熟的体育旅游将不仅仅是一项赛事或是旅游产品，而是一个品牌，最终完全能发展为与所在地气质相符，对地区形象和经济收入实现全面带动的大"IP"（知识产权）。

浙江省的体育旅游产业整体处于后发阶段。在江浙皖三省中，浙江被纳入"中国体育旅游精品项目名录"的数量最少。江苏和安徽体育旅游发展相对超前，其中，合肥的环巢湖国家旅游休闲区，定位为"国际休闲运动旅游"示范区，重点发展健康、体育运动等产业，而芜湖龙山汽车露营地也开启了一种新兴旅游模式。

核心价值，提升经济向高质量发展

现代社会经济发展是一个价值多元化的经济时代，也是一个相互依赖、联系紧密、需要一元价值和核心价值的经济时代。

宁波滨海旅游休闲区的核心价值主要体现在哪儿呢？胡主席从区域价值、资源要素、人文底蕴、生态环境四方面做了介绍：

一是区域价值突出。宁波滨海旅游休闲区是长三角少有的滨海旅游资源，也是宁波仅存的滨海旅游岸线"处女地"。从整个长三角来看，江苏的海岸线旅游价值不高，上海的海岸线主要被工业占用，浙江适合旅游的海岸线集中在各个海湾，本区所在的宁波湾（象山湾）北岸岸线就是海湾里没有被城市建设和工业占用的少数岸线之一。从整个宁波的海岸线来看，本区也是宁波仅存的待开发滨海旅游资源，石浦港和松兰山是发展较为成熟的滨海旅游区，其他滨海岸线均已被开发或者规划为产业集聚区、综合型滨海新城。

二是资源要素复合。拥有山海城田、依山傍海的优美环境，资源复合价值较高。其中，陆域背山面海，坐北朝南，滨海田园，丛山复岭，最高山岭496米，有6万亩耕地、24万亩林地、大片茶田和徒步道、风车公路。海域风平浪静，水清面蓝，青山抱海，岸线向阳，犹如"海上西湖、浙江三亚"；拥有96平方千米海域，有渔、港、涂、岛各种形态；拥有61千米的适宜生态和生活的优质海岸线，岸线的稳定性、避风条件和潮汐状况都较好；拥有较好的岸前水深条件，可以靠泊和通行较大吨位的船舶。

三是人文底蕴深厚。主要体现在历史悠久的四大文化——海洋文化、长寿文化、民国文化和佛教文化，包含丰富的老镇老街、古村古道等物质文化遗存和多样化的民俗活动等非物质文化遗存。

物质文化遗存包括两个中国知名村落：中国第一渔村桐照村，中国长寿村南岙村；3个历史文化名村：马头村、甲岙村和吴江村；160处古建筑：桐照陈君庙、马头酒坊阊门等；17处古遗址：长岭烽火台遗址、石城、省元塘遗址等；60处近现代重要史迹及代表性建筑：如陈宗棠旧居、庄崧甫墓等；4处古墓葬：如万斯同墓、舒滋墓等。

非物质文化遗存包括奉化走书、吹打腰鼓、奉化布龙等民间表演，渔村农民画、木雕、泥塑等民间美术，稻桶制作、酿酒技艺等民间手工技艺，晒鳗鲞、抲红钳蟹、古法造船等海洋渔业，蕴含的技艺、传说是宝贵的精神和知识财富。

四是生态环境良好。主要体现在水、空气、森林和生物四方面。水富含硒，土壤中的硒含量是全国平均水平的5倍；空气负氧离子高，含量是国家标准的12倍；森林覆盖率高，植被覆盖率达到80%以上；生物富有多样性，是典型的海湾湿地生态系统，有一个湿地公园即横江湿地公园，两个自然保护区即南沙岛鸟类自然保护区和缸爿山海滨木槿自然保护区，是灰鹭、白鹭、黑脸琵鹭、雁鸭类、黑嘴鸥等候鸟迁徙越冬栖息地，也是猕猴等多种生物生活的地方。

我们综合以上四个核心价值，将宁波滨海旅游休闲区的各类发展条件与长三角其他现有、规划的各类滨海旅游休闲区进行横向比较，欣喜地看到宁波滨海旅游休闲区具有较强的综合竞争力。

远大愿景，建设区域高质量经济发展圈

宁波市奉化区是全国"全域旅游"试点示范区。

《国民旅游休闲纲要（2013—2020）》《浙江省旅游业发展"十三五"规划》《宁波市国民经济和社会发展第十三个五年规划》《宁波市"十三五"旅游业发展规划》《宁波市奉化区国家全域旅游示范区创建工作实施方案（2016—2017）》等文件都充分地强调了旅游业的重要作用。

如何进一步发挥旅游休闲业在转方式、调结构、惠民生中的作用，实现旅游休闲业与其他产业高度融合，推动旅游休闲产业向深度和广度空间拓展。据

了解，奉化区深入实施"旅游全域化"和"旅游目的地"两大战略，以"旅游智慧化"和"旅游品质化"为重要支撑，通过区域资源有机整合、产业融合发展、社会共建共享，全力推进"景点旅游"向"全域旅游"转变。

胡荣主席强调宁波滨海旅游休闲区发展总愿景是"海洋特色的国家级旅游休闲区"。

胡荣主席说：宁波滨海旅游休闲区以海洋资源为核心，统筹开发山、海、城、田构成的复合资源，呼应国家顶层设计，创建全国首个以海洋为特色的国家级旅游休闲区。

胡荣主席介绍，宁波滨海旅游休闲区以宁波整个城市发展的大局出发，在空间上按照"大花园、大景区"的目标定位拓展，把山海资源优势变成生产优势、竞争优势、发展优势，真正地融入宁波核心发展圈。明确滨海旅游休闲区的功能定位，提升旅游产品的附加值、奉化滨海的影响力、休闲区的美誉度，以生态文明和生活品质的改变提升宁波整个城市的品质、魅力和综合竞争力，重塑城市的魅力。紧紧呼应奉化区"一体两翼、轴带发展、山海联动、组团形态"的空间布局结构，充分发挥文化旅游和休闲度假的优势，把奉化滨海最美最好的一面展示给大家，成为奉化举足轻重的重要一翼。

胡荣主席介绍，充分放大海洋特色，将开放、包容的海洋精神以及海湾平静、休闲的特点体现在滨海旅游休闲区的各个层面的建设中。紧紧围绕复合资源价值，重点发展以体育休闲、海洋休闲、养生度假为主的旅游休闲产业，兼顾以智能制造、新能源为主的绿色智造产业，优化山海相连的空间布局，策划年轻化、个性化的旅游产品，加强网络化系统化的生态保障，打造一个富有蓬勃朝气的"乐活滨海"。除了外在物质层面的建设，同时还加强文化内核的打造，如天妃文化，内外兼修，将建设成为国家级海湾公园的示范区，塑造一部展示宁波健康美丽形象的"山海经"。

胡荣主席介绍，宁波滨海旅游休闲区将成为长三角地区"最年轻"的休闲度假港湾。紧紧围绕新奇、活力、趣味、创意等关键词，通过引入个性化的"年轻经济"，引领潮流，先声夺人，从不断涌现出的滨海旅游度假区中突出重围。"最年轻"寓意着这既是一块亟待开发的处女地，是可增长的潜力无限的区域，而且是能够满足年轻群体的消费需求，能体现国家最新的发展现代服务业政策理念的地区。新媒体、新经济时代造势更借势，与不断涌现的新媒体传播载体一起，创造富有活力的新体制、新产品、新市场和新形势。区别于长三角地区、宁波湾（象山湾）其他的滨海休闲度假区域，宁波滨海旅游休闲区以长三角地区具有高消费能力的年轻人、中产阶级家庭为核心目标客群，用互联网思维推动旅游休闲业的转型探索，通过私人订制、大数据分析等方式，引入社群活动、高端度假酒店、国际青少年度假品牌等休闲度假内容，追求高标准、高品质的设施和服务，并依据市场加快产品更新换代的速度，致力于打造长三角地区年轻人休闲度假的新标杆。

胡荣主席介绍，宁波滨海旅游休闲区将成为国家级体育旅游示范基地。紧紧围绕乐活、健康、品位、悠游等关键词，响应《国务院办公厅关于加快发展健身休闲产业的指导意见》和《国家旅游局、国家体育总局关于大力发展体育旅游的指导意见》中"发挥重大体育旅游项目的引领带动作用，发展一批体育旅游示范基地"的呼吁，积极申报"国家级体育旅游示范基地"。因地制宜，合理布局，充分利用滨海、山地、森林、湿地等独特的自然资源，打造具有"山""海"特色的健身休闲集聚区，提供具有竞争力和挑战性的体育旅游产品，提高服务的效率、整体信息化程度、经营者整体实力和能力，推动体育旅游产业实现爆发式增长和良性循环。

胡荣主席介绍，宁波滨海旅游休闲区将成为国际绿色交流与合作示范区。紧紧围绕生态、低碳、智慧、人文等关键词，打造中欧城镇化合作示范区，积极申报中欧绿色和智慧城市奖项。其中，中欧城镇化合作示范区将助力本区拓展与欧洲在绿色、智慧、人文、海洋四个领域的合作空间，推动低碳生态、海绵城市、绿色建筑、海洋经济、智慧城市、绿色环保、绿色交通、体育旅游八大方向的发展；中欧绿色和智慧城市奖将助力本区在伙伴关系、投资促进、技术援助、国际考察、媒体传播、荣誉颁发六大方面与欧洲予以对接。其中，宁波滨海旅游休闲区将全面推进以厕所革命为首的绿色基础设施大改造，扮靓休闲区全域的"面子"和"里子"，全面保障旅游的品质和居民的生活质量。

绿色发展，引领区域高质量发展经济体系

据了解，多个相关规划均对宁波滨海旅游休闲区所在区域提出了发展定位，如《宁波市城市总体规划（2006—2020）》（2015年修订）对宁波湾（象山湾）的定位是：全国海洋生态文明示范区、长江三角洲地区重要的休闲度假港湾、浙江省海洋新兴产业基地、宁波现代都市重要功能区。《宁波都市区规划纲要》对莼湖—裘村—松岙组团的定位是：以滨海观光、休闲度假等体验经济为主导职能，兼顾发展清洁无烟的生态产业，着力塑造宜居、充满经济活力的滨海型生态城镇群。《宁波市奉化区总体规划（2005—2020）（2016年修订）》提出奉化区规划形成"一体两翼、轴带发展、山海联动、组团形态"的空间布局结构，其中滨海板块是两翼中的重要一翼，突出文化旅游和休闲度假功能，是奉化发展的特色区域，重点在于统筹滨海新区、阳光海湾和沿海三镇融合发展，大力发展新能源、新健康产业及休闲度假、海洋新兴产业，争创国家海湾公园示范区。《象山港区域保护和利用规划纲要》对宁波湾（象山湾）区域的定位是：全国海洋生态文明示范区，长三角地区重要的休闲度假港湾，浙江省海洋新兴产业基地，宁波现代化都市的重要功能区；国家生态海湾、国家级海湾公园、国家海洋生态文明特区。

对接这些相关规划，结合当前发展形势，宁波滨海旅游休闲区如何在精准化和独特化的定位上确立发展策略，胡主席从产业、格局、产品、路径、理念、机制等方面，做了全面介绍。

塑造融合互促的产业体系。以绿色、健康、创新为主导理念，构建旅游休闲和绿色科技两大产业支撑体系，两大体系融合互促形成滨海绿色发展合力。其中，旅游休闲立足本地资源特征，锁定年轻人细分市场，以体育休闲为核心，以农业、渔业相关旅游为特色、以文化创意和度假地产为补充，打造中国最年轻的活力海滨。绿色科技相关产业与旅游休闲紧密对接，其中，智能制造以智能运动装备和精密制造为突破，新能源以整车制造和绿色交通服务为着力点，资源加工以农林渔生态资源高品质利用为特色，电商物流以新型渔业流通、户外用品消费综合体和跨境电商为切入点，创客研发以生态环境和文创氛围塑造为根基，最终形成绿色一产、低碳二产、创意三产融合互促的产业生态圈。

形成指状生长的空间格局。推动滨海旅游休闲区空间发展模式由现状"零散分布"向"点轴集聚"转变,按照"山海相连,指状生长"的布局理念,全力构建"一带串三核,五轴贯全域"的空间结构。策划滨海旅游核心发展区、产城融合文化创意区、森林养生休闲度假区、国际合作绿色示范区四大功能片区,实施主题驱动、统筹开发的策略。强化阳光海湾作为核心项目的旗舰引领作用,完善核心区现代化、高品质的服务功能,塑造多样化的空间形态,促进人气与资源集聚、活力提升。通过构建网络化、分层次的综合交通体系,强化基础设施配套,逐步建成以点带面、纵横贯通、全域开放的发展新格局。

打造丰富多元的旅游产品。基于宁波滨海旅游休闲区旅游资源优势以及游客的需求,提出宁波滨海旅游休闲区的品牌定位是"山海田园画廊,活力休闲港湾"。品牌的宣传口号为"观山悦水寻东海之魂,踏浪竞帆享年轻之趣"。目标是将宁波滨海旅游休闲区打造成为"长三角海上国民休闲运动中心"。为宣传旅游品牌,应制定多种营销手段,包括"眼球经济"营销、"IP"营销、"大事件"营销、"互联网+"智慧营销等方式,提高旅游品牌的知名度和美誉度。同时,通过主题分类、功能板块划分、旗舰项目筛选打造等措施,凝聚合力,形成主题鲜明、功能明确、核心引领的项目开发模式。根据景点带给人的不同体验,通过故事线串接,分为三类七条主题游线。最后,以滨海旅游休闲区的文化和资源特色为依托,策划主题鲜明、四季全时的节事活动体系。

构建旅游导向的城镇化路径。基于滨海旅游休闲区自身禀赋,结合新型城镇化要求,探索一条以旅游为导向的特色城镇化道路。以旅游休闲和绿色产业为核心,推进一、二、三产业融合发展,通过提升当地经济发展水平和就业吸纳能力,促使城镇发展与产业发展形成深度融合、良性互动的良好局面。通过旅游城镇化发展,促进就业增加、收入增加、城乡整体水平提高,通盘解决"人"的问题,让当地人富起来、外来人进得来,落户人留得住。同时,不断提升活力、优化环境,吸引更多游客前来消费、更多投资人前来投资,为滨海旅游休闲区未来发展创造更多机遇。

贯彻低碳绿色的生态理念。结合宁波滨海旅游休闲区的生态本底条件,构建区域生态安全格局。将具有极高、较高生态敏感性的大面积林地、水源涵养区、水土保持区、森林公园划为生态版块。沿主要道路、河流形成生态廊道。滨海景观大道形成沿海生态缓冲带。通过网络状的生态廊道以及沿海生态缓冲带将主要生态斑块进行串联，形成多层次的复合型区域生态网络体系，结合生态版块，打造山地及滨海景观廊道，带动周边村庄生态休闲旅游发展。同时，针对宁波滨海旅游休闲区自然环境及城乡存在的生态环境问题及资源本底条件，提出保护生态海岸带、山体及海岛，建设海绵城市，打造洁美乡村等绿色发展策略，从而为休闲区城市发展及旅游项目打造创造良好的环境。

建设开放共享的智慧城市。通过新技术和互联网技术的应用，提高滨海旅游休闲区的品质，为居民和各类游客提供更便捷的服务。基于多样化的传播途径，整合信息，降低信息不对称，为旅游者提供多种选择。通过文化培育和空间营造，结合线上互动与线下体验，丰富奉化旅游的文化内涵。通过高水平的运营管理，实现本地资源与旅游资源的高效利用，打造舒适便捷、开放共享的旅游目的地。重点围绕智慧游览、智慧社区、智慧文创和智慧交通打造旗舰项目，探索全新的旅游和城镇化发展模式。

创新灵活弹性的体制机制。从拓展资金筹措渠道，建立全域统筹管理模式，探索政企深度合作的复合型开发运营模式、增强基层能力建设、创新土地利用方式和加强规划实施保障六方面，建立创新、绿色、协同、高效的体制机制，不断激发奉化滨海三镇的发展潜力，拓展发展空间，增强发展动力和活力，促进滨海三镇协调共进、政府市场协同发力、重大项目稳步推进，最终实现绿色可持续的区域一体化发展。

而今迈步从头越，高质量发展正当时。胡主席表示，宁波滨海旅游休闲区的建设目标是：联合国绿色发展中国试点、中国东海旅居第一福地。

胡主席介绍，宁波滨海旅游休闲区为实现建设目标，正在实施按照"绿色发展"的要求，突出"健康美丽"的特征，以"开放、创新、国际化"为动力，以打响"宁波湾·奉化玩"品牌为载体，坚持"产业、文化、旅游、宜居"的高度融合，坚持资源配置统筹整合的高效集约，构建"运动之海、休闲之湾、共建共享、全域景区"的发展格局，打造长三角最有影响力的滨海休闲产业经济区的战略。

胡主席强调，宁波滨海旅游休闲区未来五年主要行动是：培树"两大地标"、推进"三维开发"。

　　据介绍，培树"两大地标"就是开创"宁波湾海上嘉年华"和"天妃（湖）福文化节"两大旅游休闲活动品牌，全力培树"宁波湾"和"天妃湖"两大文化地标，吹响"东海福地、心灵港湾"的集结号。推进"三维开发"：坚持"规划统筹、资源统筹、配套统筹、服务统筹"，海陆空联动、文商旅互动，全力推进"海上引领性开发、路上利用性开发、山上保护性开发"的三维开发，实现全域联动、全域生态、全域旅游、全域共享。

　　文明生态，品质生活，养护生命，宁波滨海旅游休闲区将成就这"三生之地"。宁波湾，将让人：一见钟情，一生"锁"爱！

先谋后动　全力推进奉化阳光海湾建设

人民日报记者　李长虹

青山绿水。风平浪静。

宁波滨海旅游休闲区内一条长三千六百多米、宽一百多米的厚实坚固的海堤，宛若长龙安卧在海滩，铸就了一道抗御台风的"生命之堤"；海堤中间开立的港道闸门，如同一扇生命的"护神门"，让数百条船安全地进港躲避台风。海堤的一边是几座小岛，树木青翠茂盛，生机勃勃，湖水湛蓝，波光涟漪；一边是大海浩瀚，波涛跌宕，海天相连。

2018年6月13日，国家农村农业部工作组巡视宁波滨海旅游休闲区，漫步海堤时，由衷赞美："这是国内目前最美的海堤。"

谋：突破瓶颈　造新引擎

宁波市奉化区原来是"市"，2017年调整为宁波市的"区"。奉化区委、区政府主动对接宁波沿湾发展战略，坚持"绿色发展"和"健康美丽"的建设要求，在2017年设立宁波滨海旅游休闲区，明确建设"宁波湾滨海大花园"为战略目标。

区域经济发展，是社会经济发展的重要基础。宁波滨海旅游休闲区是在原"阳光海湾"的基础上设立、开发、建设、发展、提升，作为奉化区高品质经济增长的新引擎。

奉化地处宁波的南部，东临象山港。以它为界，宁波被划分成南北两块。北面是经济发达的宁波主城区和余姚、慈溪，南面是加快发展的宁海、象山。奉化处于"十月围城"中，而奉化所要做的，就是如何"突出重围"。

奉化因其不可复制的山水人文资源，以及公认的知名度，在发展上有其独特的优势。改革开放以来无论在经济、文化，还是社会发展方面都取得了长足的进步。发展到了一定阶段，当原有的利好因素都已发挥得差不多了，就难以带来更多的支撑，就必须寻找新的增长点，走出新的发展之路。然而接下来该怎么走呢？

海洋经济时代来临，为奉化突出重围带来机遇。奉化占尽了象山港最佳生态、地理、资源优势。当年奉化市委、市政府以前瞻的战略眼光选择向海洋突围，充分利用、开发、发展海洋生态休闲的先行优势。

奉化在区位上处在"十月围城"中。记者了解到奉化在宁波各县（市）中是最临近宁波主城区的。但紧挨着中心城区也有弊端，奉化商业发展水平虽然在县级市中已处于较高水平，但还是有大批奉化人会开着车到中心城区消费。至于工业税收及楼宇经济，宁波中心城区本就有更发达的商务资源，南部商务区、东部新城、江北湾头商务区、新星商务区，每一个都是实力强劲，尤其对希望从二产转向三产的企业很具吸引力。参照其他城市的发展经验，要谋求快速发展，必须结合奉化本地独特优势，去寻找宁波大城市市场薄弱环节，补宁波的短板，把奉化本地优势做足做透，如三亚、丽江、平遥、威尼斯、迪拜等。而奉化市，则悄悄把眼光转向了海洋，在那里寻找突破当下的"十月围城"。

据悉，当年确定的"阳光海湾"项目，是浙江省、宁波市重点项目，也是浙江省休闲度假重大开发区块，多次获得省市主要领导的高度肯定。那么，奉化为什么将目光聚焦到象山港湾北岸的"阳光海湾"。

"阳光海湾"是个新名字。在地图上，它东起奉化区裘村镇马鞍山，西至奉化区莼湖镇鸿峙村；北至沿海中线，南至象山港主航道，包括凤凰山岛、悬山岛、南沙山岛和大片滩涂，当初规划面积达21.7平方千米。仅按照占地面积，是浙江省休闲旅游单体最大的投资建设项目，当年确定拟投资高达500亿元。

"阳光海湾"充分利用区域内的海上岛屿、生态海岸、滩涂湿地及自然山景、渔乡特色等自然生态景观资源，依托滨海水岸优势、生态优势和景观优势，打造集体育休闲、运动体验、康体养生、旅游度假、生态居住、商业及文化娱乐、会议会展等功能于一体的高端休闲旅游度假区。

当年的奉化市委、市政府目光已经超越了地理局限，希望把这个滨海的未来之城打造为"中国的巴厘岛"，满足长三角地区、全国乃至亚洲地区的休闲度假需求。

当年的奉化市委、市政府审时度势，长远谋划，把"阳光海湾"作为未来可持续发展的重要战略空间，按照宁波市《象山港保护和利用的总体规划》，结合当地的资源状况和发展格局，编制了以建设宁波市"滨海客厅"为目标，科学打造"阳光海湾"的保护和利用规划。

2010年1月14日，阳光海湾项目正式奠基，这标志着"阳光海湾"进入实质性启动。其意义在于：

首先，盘活象山港湾北部经济。阳光海湾项目建设好，在象山港的北岸将崛起一座以生态休闲、滨海度假、海岛旅游为特色的中国著名曲岸休闲海湾、度假胜地和引领宁波、辐射长三角、享誉国内外的集旅游、居住、商业于一体的国际级滨海度假城。在杭州湾跨海大桥、舟山连岛大桥、象山港公路大桥等"大桥经济效应"的带动下，五湖四海的游客将会聚于此休闲、观光、度假。

"阳光海湾"的开发建设，将有力地促进奉化旅游"金三角"格局的形成，延伸奉化旅游文化产业的内涵，成为奉化"东进"战略产业发展的重要组成部分，成为宁波市象山港区域旅游启动发展的立足点、示范区。

其次，产业升级的关键引擎。阳光海湾项目不是一个房地产工程，而是由奉化市政府主导的休闲度假项目，是致力打造"国内外著名旅游城市"的"巨大引擎"。

"阳光海湾"以其巨大的体量、超前的规划、准确的定位、严谨的施工和管理，以及建成后有关部门科学合理的运营，而拥有惊人的辐射力，吸引长三角地区的居民前来消费，充分利用浙东丰富的海景资源，一举改变浙东地区休闲度假经济相对落后的局面。

再次，旅游转型中提升。奉化拥有525个旅游单体资源，占全宁波市旅游资源的27.7%，旅游资源堪称高品位、高密度。近几年来，奉化建成全球最高的坐姿铜制弥勒大佛，开发了三隐潭（一期）、商量岗等一批精品项目，为旅游业的快速发展奠定了坚实基础。

滨海旅游是世界旅游发展的一个主要趋势，沿海岸发展成为世界主要城市群发展的主要方向，而海岸生活则代表着国际化的居住方式和潮流。世界经济发展的一个明显轨迹，就是由内陆走向海洋，由海洋走向世界、走向强盛。滨海是人类居住的自然向往，而海岸生活则代表了国际化的居住方式和潮流。

愿景美好，特色突出。宁波城市发展较为成熟，但滨海旅游多趋向观光体验，发展不够充分。目前周边项目的发展以中低档次为主，大多度假功能单一，陷入重复竞争之中。在国际滨海旅游发展效应下，阳光海湾依托长三角巨大的旅游客源市场，具备长足发展的动力，同时又处于宁波旅游发展格局中的滨海旅游圈东部沿海休闲度假发展轴线上，具备得天独厚的基础发展条件。

阳光海湾占尽最佳海景资源。充分利用山海自然人文资源，将打造国际化水准的高端旅游度假区，成为以生态休闲、滨海度假、海岛旅游为特色的中国著名的曲岸休闲海湾和顶级休闲胜地。

背山面海。阳光海湾在地理位置上处于象山港的尾端，在整个象山港区域是山海景观结合最为有机的部分。它的北端拥有重峦叠翠的山峰，南端拥有8千米绵长的海岸线，面朝平静美丽的海湾。

海涂资源。阳光海湾拥有大面积海涂资源，对于发展海涂美容、海涂休闲、海涂浴等项目具有强大的旅游资源支撑。

海岛美景。阳光海湾拥有悬山岛、凤凰山岛、鸟岛三座海岛，同时周边有多座远近不同的天然海岛，岛上有奇树异珍，有多种鸟类繁衍生殖，岛上还有猴子等动物。独特的海岛资源将为游客留下难忘的视觉景观享受。

海产资源。港湾内浮游动物现有167余种，潮间带生物190余种，是国家级意义的"大鱼池"。海鲜产品主要有网箱养殖的珍贵鱼种——美国红鱼、大黄鱼、石斑鱼等，外加放养的奉蚶、蛏子、蚶，青蟹、对虾等名贵海鲜。同时网箱养殖带也是堪称浙江一绝的风景带，参观、游览、亲身经历渔家营作的苦与甜，也是海上旅游一大乐趣。

阳光海湾开发利用与生态保护并举。山景、海景是阳光海岸区域最宝贵的景观资源，通过景观通道和景观轴线的设置，形成景观渗透，使得每一个地块或依山、或傍海，每一个地块都成为山景或海景地块。

景观渗透，坐拥山海。阳光海湾根据不同区域条件设置小镇水城景观、海面浮岛景观、运动景观、山海景观、山地景观等不同景观区域，营造不同景观特征，形成丰富的景观风貌。

阳光海湾避风锚地。为进一步提高阳光海湾项目品质，打造清水平台、保持水位、全气候开展海上休闲运动环境。根据浙江省领导提出的"高起点规划、高品质建设和高水平保障"的指示要求，通过全市上下通力合作，克难攻坚，象山港避风锚地工作进展顺利，工程基本竣工。

俗话说靠山吃山，靠海吃海。宁波海洋经济的历史几乎和宁波城的历史一样悠久，宁波人和海洋有着千年姻缘，奉化阳光海湾将为这段姻缘增添更多的旖旎色彩，可以说阳光海湾其实也是宁波海洋经济的特色产业。我们从两大方面来看：

首先，阳光海湾将提升宁波海洋经济战略。宁波市拥有1562千米海岸线，海洋资源极为丰富。近几年来，"海洋经济"这个词越来越多地出现在宁波市政府工作报告和未来规划纲要中，以及有关宁波城市发展的专题论文中。

阳光海湾与梅山港互补发展。宁波要发展海洋经济，仅依赖北仑港和若干零星的旅游点显然不够，梅山岛的开发建设是一个重要棋子，其定位是"亚太地区和我国沿海以集装箱运输和转口贸易为重点的国际中转枢纽区；长三角地区以现代物流供应链和产业价值链为重点的产业升级重要支撑区；浙江省以电子信息、固体化工产品、贵金属材料等为重点的国际采购和配送集聚区；宁波建设现代化国际港口城市的引领区。"也就是说，梅山岛的开发是依托宁波原有的港口资源和工业优势，对港口经济的进一步深化和提高。

海洋经济不仅仅包括港口经济，还包括休闲娱乐和旅游产业等第三产业。换个角度说，港口经济相当依赖于外需，而滨海休闲旅游产业则更多的是拉动内需，是宁波的海洋经济进一步实现可持续发展的关键组成。而这一块，恰是宁波海洋经济发展的短板。

宁波的海洋经济很强大，但发展不平衡。如果能将海洋经济中的第三产业一块大幅度跟上，那么显然将为宁波找到一个非常可观的经济爆发点，也可完善宁波海洋经济的组成结构。在这一背景下，阳光海湾的建设意义就显得格外突出，也和整个宁波的海洋发展战略紧密吻合。

阳光海湾是象山港的重要组成。象山港是我国难得的内港，它的建设历来受到浙江省、宁波市领导的高度重视。2006年，宁波市政府批准实施的《象山港区域保护和利用规划纲要》，将象山港定位为"我国著名的生态经济型港湾和国家级海洋产业基地"。《纲要》虽然列出了一系列象山港的发展制约因素，但同时也对象山港的未来充满了希望。2007年浙江省政府批准的《宁波市海洋功能区划》，对象山港功能定位是：保证梅山岛开发，兼顾渔港建设，保障渔业资源洄游繁育。在象山港中底部，自象山港大桥至象山港底，重点规划发展海洋渔业和海洋旅游。

象山港的空间结构规划是"一环两轴两片区"。其中，"一环"为"C"型环，是以象山港南北两岸快速路系统为依托，形成环绕象山港的城镇组群发展带。"两轴"是指以象山港大桥、甬温高速复线为依托，纵贯南北的城镇组群发展纵轴和东西向的象山港水景生态功能横轴。"两片区"是指以象山港大桥为界，形成具有不同功能特征的东西两片保护区，东片作为宁波北仑港的功能延伸区域，可以适度发展物流、临港工业；西片以特色旅游、休闲度假、滩涂养殖为主，限制发展港口、工业等项目，强调原生态保护。

阳光海湾恰在象山港湾西部。象山港湾发展海洋旅游也许就是先从阳光海湾开始。它在地理位置上处于象山港的尾端，是整个象山港区域内山海景观结合最为有机的部分。它的北端拥有重峦叠翠的山峰，南端拥有8千米绵长的海岸线，面朝平静美丽的海湾，它还拥有大面积先天条件良好的海涂资源，可塑性非常大。可以成为宁波市域生态发展区的门户和象山港区域旅游发展的示范区。

宁波第一个休闲度假滨海小城。宁波历来都是闻名遐迩的临海港口城市，但偌大一个宁波却没有一个名副其实的滨海城市。一般而言的滨海城市，总要有阳光、沙滩、帆船和海边悠闲的游人，如青岛、大连、澳门、三亚、厦门。如今，宁波滨海旅游休闲区的规模和它的自然条件恰好能满足作为一个滨海城镇的所有自然和人文要素。平静的海面，适宜运动体验型旅游项目。悠长的海滩，能够发展海涂类项目。项目内的三座海岛上，不但有奇树异珍，还有猴子、海鸟等飞禽走兽，能满足旅客的体验式需求，丰盛的海洋鱼类也能一饱人们的口福。在这些自然条件的基础上，奉化政府合理规划和大力支持，宁波滨海旅游休闲区作为未来几年拓展经济发展的空间，将大大缩短宁波人拥抱海洋的距离，圆几代宁波人的海洋之梦。

其次，奉化旅游业会如虎添翼。说到宁波的旅游业，必说奉化。奉化以不到宁波十分之一的人口，却占据了近四分之一的宁波旅游产业。年均接待游客几乎是宁波平均水平的3倍，在宁波市所有县（市区）中独占鳌头。但奉化显然没有在这一成绩面前沾沾自喜，面对未来，奉化已描绘出更为宏大的旅游经济蓝图。在仅有的63千米海岸线上，勾画出迄今为止宁波海洋旅游经济最壮丽的画卷，并最终将奉化打造为海内外著名旅游城市。

奉化，宁波的天然氧吧。奉化有近70%的森林覆盖率及得天独厚的山水资源，处处山明水秀。阳光海湾，为溪口解围。说到旅游，溪口一直是个绕不过去的关键词，溪口之于奉化，恰如天一阁之于宁波，几乎是奉化旅游产业的象征。

溪口确实一直在承担着提升奉化旅游经济的重大使命，也起到了中流砥柱的作用。然而，奉化的目标是建成"海内外著名旅游城市和宁波市最佳休闲人居胜地"。要完成这个目标仅依赖溪口就显得势单力孤，必须要找到新的增长点，以减轻溪口的压力，于是就提出了"精品溪口、魅力城区、休闲海滨旅游"的旅游金三角思路，其中休闲海滨旅游的重头戏，就是"阳光海湾"。

奉化的63千米海岸线是经济发展的新引擎。奉化市拥有63千米的海岸线，和北仑、象山比较，奉化海岸线明显偏短，但其含金量却大得惊人。

宁波的海岸线多以山脉为主，而奉化的这63千米中，海滩占了相当一部分。对整个宁波，以至整个浙江来说，这都是极为珍贵的资源，可谓寸土寸金。此前，这些海滩只是用来发展渔业，而现在，它们将一跃成为奉化旅游产业的"王牌资源"。奉化市也将因为阳光海湾的崛起，使其旅游经济如虎添翼。

那么，阳光海湾的休闲经济作用又体现在哪些方面呢。长三角历来是中国旅游人口和旅游需求最旺盛的区域之一，每年涌动着数以亿计的游客群。但过于饱和的城市化，使得长三角本地的自然风景满足不了市场需求，适合休闲度假的旅游项目更屈指可数，而游山玩水又向来是人们内心向往之的旅游方式。一边是日益增长的市场需求，一边是有限资源的巨大缺口。我们再从大环境和区域来看：

首先，长三角休闲经济已趋"井喷"局势。 目前，长三角区域人均GDP已超过5000多美元，而这一收入标准恰好是进入休闲度假经济快速发展的门槛。传统旅游六要素中"吃、住、行、游、购、娱"越来越难以满足旅行者的需求，以"会、疗、享、商、学、创"为主要内容的休闲六要素越来越受到重视。具有创新性、功能性、高档次的，适合商务、家庭度假和浓郁文化氛围的休闲度假产品成为社会发展的"热馍馍"。

从交通来看，杭州湾跨海大桥和金塘大桥的建成开通，高铁的开通，使得整个长三角跨入同城时代，形成一个类似东京湾这样的超级城市组群。同城之间的休闲旅游将成为常态，也就是说休闲度假经济已经在长三角是朝阳产业，处于井喷趋势，空间广阔，前途无量。

杭州湾大桥极大缩短了宁波与长三角北翼的距离，使得长三角重心南移，宁波迅速跨入以上海为核心的长三角两小时旅游圈，为旅游业发展带来巨大的机遇。

其次，阳光海湾彰显出休闲经济活力。 在旅游业发展需求越来越强盛的发展环境中，以阳光海湾为代表的奉化象山港区域休闲度假旅游项目，越来越受到各地络绎不绝的旅游投资开发商的青睐。从杭州湾、象山港湾、三门湾以及温州湾等港湾看，既有优良的生态环境、优美的山海景观、便捷的交通，还有蜿蜒崎岖的山岙港湾和能躲避每年夏季台风影响的港湾，同时，唯有宁波象山港海水还是蓝色的。阳光海湾的枕山面南、有丰富的"海、港、渔、岛、涂"资源优势特点，是象山港区域其他地方无可比拟的风水宝地。更何况阳光海湾交通便利，北靠宁波主城区，南望象山半岛，位居宁波正中，四通八达，可以说，阳光海湾的建成将大大弥补宁波大型休闲度假项目的缺口，将成为未来旅游岛的样板，打造一流的海岛型国际旅游胜地，让众多业内人士誉为"华东巴厘岛"。

动：科学规划　严格管理

当年的奉化市委、市政府以前瞻的战略眼光确定了长远的目标，描绘了未来的蓝图。围绕着实现目标，成立了阳光海湾开发建设指挥部，通过创新机制实现开发建设新突破。据介绍，具体是建立项目生成、环境优化、项目推进和激励奖惩等五项举措来推进项目顺利开展：

首先，建立项目生成机制。那些年，奉化经济发展正处在保稳促调、转型升级的关键时期，加强招商引资，促进区块项目的形成，是扩大投资、积极培育新的经济增长点、构建现代产业体系的重要抓手和实现可持续发展的重要途径。在工作实践中，按照"设施比先进、税费相对低、服务一条龙配套、办事廉洁高效"的要求，努力探索"三抓"措施，积极建立项目生成机制，推进阳光海湾项目的开发建设。

项目形成抓理念。正确的理念是抓好工作的开端，科学发展是引领未来经济社会发展的主题，项目形成必须坚持科学发展观为指导，遵循又好又快的发展方针，在实践中牢固树立"项目出候鸟，环境出气候，候鸟跟着气候走，市场经济就是环境经济"和"投资者是上帝，引资者是功臣，干部是公仆，损害投资利益是罪人，抓项目就是抓发展"的理念，以此来引领项目的形成。

项目定位抓统筹。项目的准确定位是一个区块发展的根本，项目的生成也必须顺应经济发展的内在要求和趋势，所以项目的定位要始终围绕项目区位优势、生态优势和人文优势，坚持项目定位与优化产业布局、项目定位与调整产业结构、项目定位与优化奉化城市空间布局共赢，要统筹考虑项目定位与市委确定的高起点规划、国际化、差异化竞争的战略思路相吻合，统筹考虑项目定位与国家产业政策相衔接，统筹考虑项目定位在奉化经济社会发展的带动和引领作用，努力把项目生成转化成推动区域创新发展的重要力量。

项目招商抓模式。项目的生成，理念是基础，定位是根本，规划是龙头，招商是关键。在"招大引强"的招商原则下，积极探索"资源、渠道和平台"三位一体的招商模式在实践中的应用。一方面积极做好项目招商的前期策划工作。及早与项目规划衔接，确定目标，广泛收集资料，制订各类招商方案，建立一批项目储备库、客商储备库和资源储备库；第二方面积极与国际财团构建合理有效的联系。考察商业资源的优势、开发理念和运作模式，重点建立国内外滨海休闲旅游和滨海开发有绝对优势的企业联系，积极跟踪储备客商企业，逐步了解掌握该公司的融资实力、发展背景和对阳光海湾项目的态度，切实做到将客商的理念与我们政府对区域品质要求对接，积极把握工作的主动权；第三方面选择良好的招商模式。针对招商工作呈现出向专业招商、向系统招商、向产业倾斜招商以及向环境高地招商、向科学招商、向园区集聚招商的现状，借鉴国内外开发大区块的成功先例，选择网上招商、委托招商和中介招商等有效方式，采用多条腿走路，对未确定开发的项目，进行多渠道、多途径、多方位、有针对性向全球招商，意向项目抓签约。

其次是建立服务环境优化机制。良好的服务环境是吸引外资加快投资进程的首要条件。为了全力推动阳光海湾项目的开发建设进程，当年，市委市政府专门成立了阳光海湾开发建设指挥部，抽调了发改、规划、国土、旅游、农林、溪口旅游集团、莼湖镇等部门（乡镇）的业务骨干，组成了项目前期工作办公室、项目招商办公室、项目政策处理办公室和综合办公室，明确了各办公室的工作职责，以指挥部的方式加大对重大区块发展的服务力度，并在工作实际中，采取了以下三条措施。

强力营造项目服务的良好氛围。良好的服务环境，首先必须来自我们内心深处的爱商、亲商感情，在合作过程中，树立良好的形象，给服务的对象以共同的认知、好感和信赖。结合"创建服务型机关、促进企业发展"活动的开展，强化管理与服务的意识，主动地为意向投资客商开展免费政策咨询、决策咨询等服务活动，主动地为他们联系落户奉化的开户银行，指定专门的工作人员主动地为他们协助办理公司的注册相关手续等系列前期性工作，以此树立良好的政府服务形象，建立与意向投资客商良好的合作关系，为今后项目的开发建设打下良好的基础。

强力优化规划环节。为加快项目的开发建设进程，坚持快速、高效的奉化速度原则，简化项目规划行政审批手续，提高规划审批效率，缩短规划审批时间，强力推进项目的工作进展。宁波市有关职能部门也十分重视项目的开发建设，纷纷表态只要奉化认同的他们将全力配合，提高办事效率，这为今后阳光海湾项目的开发建设创造了一个良好的政府服务环境。

强力优化发展环境建设。一个区域的发展，离不开一个地方的综合性发展环境，项目区块的开发建设，同样需要有土地、能源、水等资源的保障建设。

在推进项目的进程中，结合土地利用规划调整的有利契机，强力推动取得开发建设子项目所需土地指标，并强力推进相关要素的建设。

第三是建立项目推进机制。活力是奋力前行、永不懈怠的精神状态，是迎难而上、勇往直前的意志力量。一个区域的发展、一个项目的推进，同样需要一个勇往直前的工作斗志和精神，面对项目建设内容多、范围广的客观现状，首先需要有一种不见结果不松手、不达目的不罢休、确保项目不落实不拖延、全程跟踪不断线、全面落实不疏漏、全速推进不退步的工作精神，在此基础上，指挥部建立四种制度，加快项目开发建设的推进落实。

工作责任制度。在实践中，指挥部实行了部门（乡镇）分管领导成员联系项目，指挥部内部中层干部负责项目实施情况的调查、信息沟通和情况通报制度。对项目实施过程中发现和需要解决的问题，指挥部及时反馈给各职能部门（乡镇），并加以协调解决。项目牵头领导按照加快重大区块发展的工作目标，通过调研、协调和现场办公等方式，抓好督促检查，有针对性解决项目推进中的各种问题。

项目例会制度。为了全面掌握工作推进进度，指挥部在坚持"在建项目抓竣工、新上项目抓进度、前期工作抓开工"原则的基础上，指挥部、部门（乡镇）每周召开一次联系人工作例会，听取项目开发建设工作进展汇报，并分析存在的困难和问题，梳理工作头绪。项目牵头领导和项目责任人加强与乡镇、部门的协调配合，积极帮助解决项目进展过程中的困难和问题。

信息简报制度。为了全面反馈项目开发建设进展情况，项目指挥部专门组织人员，分领导批示、指挥部动态、部门（乡镇）动态以及各办公室工作计划等四方面开设了项目推进工作简报，每月一期向市委市政府有关领导、指挥部组成部门（乡镇）通报。各项目联系人要上报项目实施计划，每周上报项目进展情况，详细说明项目进度、落实和存在的问题、意见建议情况，汇总以后以简报形式印发，对照检查工作的进度。

督查通报制度。指挥部会同有关部门对项目的进展情况进行跟踪督查，当前重点加强对项目报批手续的办理，对办理情况进行跟踪问效。此外加强了对项目运行情况、政策处理落实情况等关键环节的督查和检查，对项目报批手续进展缓慢的部门（乡镇），指挥部予以督办，并对不力者开展批评教育。

第四是建立激励奖惩机制。一个项目区块的成功开发，离不开一支目标明确、精明强干、士气高昂的干部队伍。为了切实把指挥部及成员单位的干部精力集中到抓项目上来，形成你追我赶的局面，指挥部通过完善三方面的激励约束机制，保证队伍整体素质的提高。

完善有效的部门（乡镇）目标管理考核机制。结合年度目标管理考核工作机制，把项目区块的开发建设内容分成系列指标，及时考核各责任主体、责任部门对项目区块重大决策、重大部署和项目落实情况，以此来督促各有关部门对项目开发建设的责任心和工作积极性。

完善干部考评机制。要以科学发展观为要求，把是否具有开拓创新能力作为衡量一个干部能力素质的重要标准，切实形成敢于开拓创新、敢于克难攻坚、敢于争先创优的良好风气，使想干事、敢干事、能干事的干部在工作实际中脱颖而出，在项目建设工作中表现突出的、政治成熟的干部积极向市委推荐，建议给予一定的荣誉和地位。

完善有效的干部激励机制。指挥部通过设立人岗相适、政绩考核和培训激励等三种方式，加强对干部的激励和培养。设立相应的岗位给各项目联系人提供施展个人才华的舞台，以项目成败考验干部、用项目成果考核干部、以项目检验作风转变、以项目考核政绩的加强对项目联系人的政绩考核，并在工作实际中引导干部注重自身素质和能力的提升，积极向组织推荐，给予各项目联系人培训上岗、挂职锻炼、提拔的机会，激发干部的内在动力。通过有效的干部激励机制，引导建设一支拉得出、打得响的，来之能战、战之能胜的创业创新干部队伍。

第五是做好招商引资和宣传推介工作。加大招商引资力度：针对阳光海湾休闲产业总体定位要求，继续完善投资有限公司、指挥部和招商局"三位一体"联合招商模式，以招商部门终身联系、职能部门恪守职责、企业服务全程跟踪、实现服务企业全覆盖，充分发挥企业主体作用，进一步招大引强，力争使招商、运营、建设三个系统达到国内最好水平。建立以效益为中心的决策体系和后期服务体系，加快项目落地速度。严把准入门槛：坚持高端化、低碳生态化和高产化发展导向，根据项目的科技水平、投入产出、环境保护、行业带动能力、土地集约利用水平及社会贡献等，建立以效益为核心的阳光海湾企业遴选综述评价制度，严把项目准入关。实施品牌战略：启动全区域的品牌形象战略，主打统一的概念和品牌，广泛系统地进行整体形象的包装、宣传与推介，提高整体形象知名度。引入国际著名的休闲度假设施开发运营品牌，提高开发与管理的水准与档次，确保旅游开发的高品位和高效益。强化宣传营销：创新营销方式，着力培育高端客户群体，加强对阳光海湾滨海休闲旅游整体形象设计、策划，注重休闲旅游营销手段的现代化和多样化，创新海外市场推广方式，坚持区域合作、区域互动方式，开展游艇产业发展论坛、休闲旅游论坛和空间利用发展研讨会等系列活动，积极实施政府形象与企业产品宣传捆绑式促销，推动阳光海湾滨海休闲旅游进入国际高端客户群体的视野。

成：奠定扎实基础　升格休闲旅游区

据悉，自2010年1月开工以来，通过统筹谋划、攻坚克难，"阳光海湾"已累计完成投资近30亿元。我们到现场欣喜地看到，在此基础上于2017年设立的"宁波滨海旅游休闲区"、阳光小镇初具规模，避风锚地项目全面完工、基础设施不断完善，成果累累。

据介绍，指挥部几届领导与工作人员、施建单位与参与人员，倾尽心血，励精图治，奋发有为，为奉化经济高质量发展做出了贡献。

强化规划设计引领。概念性规划由美国豪张思公司设计，控制性详规由上海市城市规划设计院和宁波市规划设计院联合编制。仲量行和美国卡尔森公司进行了市场定位和旅游专题策划。

提速建设创优环境。通过立功竞赛、百日攻坚等活动，加快基础设施建设。阳光小镇迎宾大道、环湖路、金海路、海湾大道二期、临湖路、纵二河、纵三河、应家新河及阳光湖等项目建设已完成，"五管三线"综合管网完成铺设，区块基础设施配套基本完善。

着力加强项目管理。加强工程投资、质量管控，制订了工程安全、施工管理、工程质量管理、投资控制管理等43个基础性管理文件，装订成管理文本，下发到各工程项目部严格执行，对所有的项目实行跟踪审计制度。建立严格的项目监理质量考核奖罚制度、跟踪审计每周两天现场跟踪制度，强化对监理单位技术力量的综合考核和管理。

稳妥推进政策处理。在莼湖、裘村两镇党委、政府的重视、支持及相关村的配合下，区域政策处理工作中土地、海域等的征收完成，其中土地征收完成1万多亩，清退网箱2万多只，海带2000亩，迁坟墓2000千座，拆迁4家厂房，兑现政策处理等资金10多亿元。

强化用地要素保障。加快建设用地、建设用海的报批工作，完成了近3000亩土地的农转用手续，本轮土地利用总体规划修编安排新增土地规划指标达1500亩。

海堤，被誉为"生命的长堤"。我们在现场看到，一条雄壮坚固的海堤，犹如长龙卧于海岸边，它就是避风锚地的海堤。

据了解，海堤东起南沙山岛，西至莼湖镇鸿峙村，南至象山港主航道，北至海岸线。锚地水域面积为1.64平方千米，可容纳590只渔船停靠。建设内容主要为海堤、水闸、船闸等。三条堤坝全长3613米，其中南堤长2766米，西堤长294米，东堤长553米，在东堤、西堤旁各建设一座水闸，每座规模为闸孔总净宽24米，闸底高程2.0米。在东堤南侧建设一座船闸，规模为80米×16米×3.6米。堤坝顶宽16米，东堤底宽100～263米，南堤底宽107～178米，西堤底宽104～126米，用海面积46.1公顷，堤坝标高为6.2～6.5米。工程防潮标准为50年一遇，概算总投资13.2亿元。

目前，海堤顺利完成。主要表现为：

一是，圆满完成景观设计和海堤设计方案。为确保项目的质量、美观，委托中国美院和潘天寿景观设计院进行竞争性海堤景观方案设计，委托代表浙江省海堤设计最高水平的浙江广川工程咨询有限公司承接海堤方案设计，委托湖州水利设计院开展水闸船闸方案设计，目前的方案先后经过上届四套班子领导和专家认同。

二是，顺利完成项目前期报批。在各级各部门的积极配合支持下，已先后完成了物理模型和数字模型论证、通航影响论证、海域使用论证、听证、环境影响论证、水土保持方案论证等工作，先后取得宁波市发改、海洋、水利、海事、交通等各部门的批复和支持。完成锚地建设所需的料场报批。

同时进一步优化项目设计方案，做到项目科学、景观合理性，节约工程投资概算。抓紧施工单位招投标前期，严格按照招投标程序，规范、有序落实工程施工单位。

再次，完成锚地建设。项目于2013年5月开工，之前通过努力完成了锚地建设的施工图，确定施工建设单位，顺利完成锚地建设范围的山林、海域和料场政策处理，以及相关联的海湾大道施工便道，落实监理、跟踪审计单位，目前项目已基本竣工，全线可上岛通车走人，节约投资 1.5 亿元。

从"阳光海湾"到"宁波滨海旅游休闲区"，历经 5 年多的风风雨雨，原奉化市委市政府和现奉化区委区政府的正确领导，前瞻规划，科学管理，各部门的大力支持、积极配合、齐心协力，指挥部全体同志一如既往地忘我工作、毫无怨言全力以赴，她如同从婴儿到亭亭玉立的少女健康成长，未来将如同"天妃"美女，向人们展现多彩多姿的迷人风貌。

新时代里，奉化区委区政府按照习总书记提出的发展理念，提出新目标新要求，结合实际情况，把宁波滨海旅游休闲区打造成生态文明、品质丰富的胜地，为推动奉化高质量发展经济做出大贡献。

顺势而为,紧紧把握时代的"大主题"才能做好"大文章"

——专访围海集团董事长冯全宏

人民日报记者　李长虹

习近平总书记指出:"改革开放是当代中国发展进步的必由之路,是实现中国梦的必由之路。我们要以庆祝改革开放40周年为契机,逢山开路,遇水架桥,将改革进行到底。"

逢山开路,遇水架桥,这是一个比喻,这是一个"将改革进行到底"的决心。改革开放以来,我国优秀企业家在市场竞争中如雨后春笋般迅速崛起,他们以坚忍不拔、锲而不舍、艰苦奋斗的创业精神,以敢为人先、敢打敢拼、不畏艰难的创新精神创造了令人瞩目的业绩,为我国经济社会发展做出了重要贡献。

一道道从海岸线延伸出去通往大海的堤坝,犹如一根根定海神针;一条条滨海大道,让沧海化为桑田,让淤滩化为肥沃,让天堑化为通途。海堤,它筑起的不仅仅是保护沿海人民生命财产安全的生命线,更是沿海地区社会经济发展的黄金线——这是冯全宏带领浙江围海公司交出的一份份满分答卷,走出的一个个踏实脚印,谱写的一首首赞歌。

壮阔改革潮,奋进新时代。我们掬捧改革浪潮中的朵朵浪花,从中反映出改革开放的波澜壮阔的历程。

大水利时代，胡陈港起步开创事业

海，那蔚蓝的海水，对于大多数人或许只单纯是风景，是远方，是诗意。但对于沿海人们来说，这个字眼承载了更多的感情，有爱，有恨，也有无奈。

过去的年代，当台风过后，当大水淹没陆地，许多村庄都是一片狼藉，家家户户的茅草屋顶几乎全部被台风掀掉，家畜的尸体到处可见；许多海塘被浪潮冲垮，树木被海水泡过像被火烧过一般，稻田被海水没过颗粒无收，土地被盐碱化后几年都缓不过来——这几乎是大多数沿海人们对海的记忆。

当然，也包括出生在宁海县长街镇连浦村的冯全宏。

冯全宏介绍，1956年和1961年的两场台风灾害，在他幼小的心灵深处刻下了深深的创伤。然而，那个年代，苦难不仅仅来自海上，还有突如其来的大火，三年自然灾害，以及意外的病魔……一切非人为的、人为的困难连踵而至，他的童年、青春的生活并不美好。但是，再苦难灰暗的人生，亦会因人性的闪光而熠熠生辉。

冯全宏上中学的第二年，"文化大革命"爆发了，这场风暴也同样席卷了这个僻壤的滨海小村。刚开始，被批斗的是"地、富、反、坏、右"分子，一些出身不好或有历史问题的人，被群众拉出来戴上高帽子批斗、游街。后来学校里正常的教学秩序也被打乱了。当时的政治运动就像是胡陈港海面上的大漩涡，没有人能够置身于漩涡之外。冯全宏也被卷了进去，两派的人都在拉他，但他坚持不参加任何一派。有人训斥他说，要么左派、要么右派，世界上没有中间派！但，冯全宏还是坚持做了一个"中间派"。既然学校已经无法上课了，他索性中断了自己的学业，回村务农参加集体劳动。

对于苦难，古代有《孟子》"故天将降大任于是人也，必先苦其心志，劳其筋骨，饿其体肤，空伐其身，行拂乱其所为，所以动心忍性，曾益其所不能"，当今有"那些无法将你打败的，终会使你更加强大"的警世名言。冯全宏也正是如此，发挥着"台州式的硬气"，坚持努力，艰苦卓绝，战胜一道道挫折与困难。

当年，15岁的冯全宏成了家里一名主要劳动力。那个时候，村不叫村，叫"大队"。一个自然村是一个小队，几个小自然村成一个大队。连浦与相邻的河里、沥头、横洞、中下塘等几个自然村联合成立了大队。参加集体劳动实行的是工分制，年终按工分多少进行分口粮和分红。15岁的冯全宏虽然还算不上一个壮劳力，但也可以挣到大半个劳动力的工分，家里的负担也变轻了许多，弟弟妹妹也可以上学读书了。

当时，村子里读书人少得可怜，一个高小生在人们的眼睛里就已经是知识分子了，何况冯全宏已经读到了中学，在乡亲们的眼中，他简直就是一个大知识分子了。由于冯全宏有文化，人也很机灵，遇事又有主见，很快就受到大队领导的赏识，开始安排他帮着领导跑一些大队里的事务。每年秋收过后，农田里的活没有了，大队就会组织社员们兴修水利，挖沟、修渠、筑堤、砌坝、加固海塘。水利是农业的命脉，更是沿海人的生命线。冯全宏由此在水利建设上找到了自己施展才能的空间和舞台。

学校里学到的知识，在这里有了实践的广阔天地。搞测量，计算土石方，计工分，哪一样他都干得有声有色。兴修水利，是他生活的一个重要组成部分，也是他生活中最充实的一部分。

据宁海县档案局（馆）文献记载："（胡陈港）堵港工程是宁海县，也是浙江省建成最大的堵港蓄淡工程。集雨面积196平方千米，设计总库容8172万立方米，正常库容6700万立方米，兴利库容4300万立方米，死库容2400万立方米。工程由宁波市水利局设计，用沙垫层新技术处理大坝软黏土地基。坝址选在前横乡团屿山附近。当年，'宁海县革委会'于1972年11月成立胡陈港堵港工程筹建领导小组，1973年10月成立胡陈港堵口工程指挥部，……大坝长1138米，东起青珠农场塘角，西至团屿塊，与第一副坝衔接。坝高16.5米，坝顶高程6米（沉降后5.88米），加防浪墙1.0米，顶宽8米，底宽130米，副坝二条，长1176米。"

工程指挥部成立后，组织了长街、沥洋区2000多民工参加工程建设。这样一支庞大的施工队伍，分别来自当地十几个公社的社员，冯全宏就是作为龙浦公社的一名普通社员加入了这支水利建设大军之中。

冯全宏介绍，当年并没有想到自己从此就会离开连浦村，也没有想能走出去多远，只知道自己将要干的是一件造福于民的大事情。

为便于施工组织管理，指挥部要求每个公社选派一名优秀人才参与工程指挥部的施工组织管理。由于冯全宏参与过水利建设，又有文化，龙浦公社就选派冯全宏作为龙浦公社的代表，成为十几名参与施工组织管理的人员之一，被分配在工程指挥部建设科分管施工建设。

冯全宏进入工程指挥部后,才真正意识到堵港工程远非以前想象的那样简单易行,才接触到他以前所没有接触到的专业知识。

冯全宏回顾在胡陈港堵港工地的那一段岁月时,用了两个字来形容:一个字是"难",一个字是"累"。

首先是施工难。胡陈港堵港工程设计虽然吸取了前几次堵港工程的经验教训,对淤泥质软黏土地基采取沙垫层处理,混合结构筑坝,但在施工中没有先例和科学数据可供借鉴,只能是摸着石头过河。作为一名施工管理人员,首先要准确理解工程设计意图和设计原理。而这些知识对他来说都是新鲜的,都是课本上所没有的。幸运的是,他进入工程指挥部建设科,能够与一些专家进行接触,他从这些专家身上学到不少实践知识。可以说,在这段岁月中,他是跟着专家学技术,跟着领导学管理。

其次是工作累。作为一名施工负责人,要求必须深入到施工第一线,与民工们同吃、同住、同劳动。只有在第一线,才能及时发现问题,才能把握施工质量和施工进度。他当时负责几个公社几千人的民工队伍的组织协调工作,每一天、每十天、每个月的工程任务都要落实下去。当年胡陈港工程采取的是民办公助的方式,以民办为主,结合国家补贴,实行投劳与投资相结合,灌区投劳,国家对主要建筑材料(如钢筋、水泥、木材、柴油等)给予补贴。这种民办公助的方式,对工程管理者有一个非常重要的考验,就是既要管好质量、进度和安全,又要控制好成本。

当时对参与建设的民工实行的是工分制,一个人一个工每天补贴几毛钱。每天晚上,民工们休息了,冯全宏却还要工作到深夜,还要汇总这一天下来哪个公社出了多少个工,工程进度是多少。一天下来,他感觉整个身体都要散了架。

在那段岁月里,冯全宏的整个身心都扑在了工程建设上。在主体大坝建设的三年间,虽然离家只不过区区几里路,但他竟然没有回过一次家。在这三年里,经他经手的事务从没有出过任何差错。

"每天脑子里都装满了工程上的事,根本没有时间考虑其他的事。"冯全宏在回顾那段岁月时,这样说,"遇到的施工难题可以说是一个接一个。"

第一个难题是对淤泥质软黏土地基的处理。据专家介绍,三门湾港湾淤泥质海岸的发育至今已经有6000多年的历史。据当年胡陈港工程地质钻探，淤泥质软黏土层厚3.7～11米，含水量为56%。如何处理淤泥质软黏土地基，这给当年堵港工程带来了技术上的复杂性。

第二个难题是深水作业。胡陈港堵港坝址选在团屿山附近，一般大潮高潮水深11米，低潮位水深也有3米多，在深水下作业制约着堵港施工，给当年堵港工程施工带来了施工上的特殊性。

第三个难题是潮差大、潮流急。三门湾潮汐为正规半日潮，潮差4～6米，从湾口到湾顶逐渐增大，平均大潮时潮量约14～18亿立方米。当年胡陈港堵港工程实测数据显示：涨潮最大潮流量为7500万立方米，落潮最大潮流量为9000万立方米，坝址附近大潮潮差7米左右，小潮潮差2.5米左右。涨潮最大垂线平均流速为每秒1.11米，港底平均流速为每秒0.76米；落潮最大垂线平均流速为每秒1.33米。潮差大、潮流急，给当年的堵港工程增加了施工上的难度。由此也可以看出钟世杰在坝址选择上的先见之明，如果当初坝址选在隘口处，潮差会更大，潮流会更急，给施工带来的难度和风险也将会更大。

第四个难题是港面宽、风浪大。胡陈港坝址港面宽有1000多米，浪高大多在1米以上。冯全宏说，在基软、易沉陷、水深、港宽、流急、潮涌、风速大的条件下进行堵港工程，想要一举成功，绝非易事。参与到胡陈港堵港工程以后，他才真正体会到，堵港工程原来有这么大的学问，而且有些东西是没有现成数据的，是要在胡陈港工程中不断积累和总结的。虽然胡陈港堵港工程取得了一次性堵口成功，但在施工中也先后发生过7次滑坡沉陷，其中较大的滑坡就有两次。第一次大滑坡后，间歇一个月，恢复加荷，经过第一次大潮考验，最大沉降量为30毫米，最大日沉降量为7毫米；第二次在另一地段滑坡后，原坝高4.5米高程一下子沉降到0高程以下，滑坡后未经间歇即行加荷，经第一个大潮考验，最大沉降量为112毫米，最大日沉降量为48毫米。这说明滑坡后未经间歇即行加荷是很不稳定的。这些数据对以后处理软基坝体都有十分重要的参考价值。

当年胡陈港堵港工程，除了这些技术上的难题，还有人为的难题。从1973年9月到1977年1月，在胡陈港主体大坝建设的3年间，正处在"文化大革命"后期，由于受"四人帮"的干扰，政治运动也接连不断地冲击到建设工地上。

冯全宏印象最深的是"反击右倾翻案风"，要揪出"党内一小撮走资派"

和走"白专道路"的技术人员。在那样一个年代，尽管人们对政治运动早已经司空见惯，但冯全宏还是感觉到这与建设工地上的情景是不和谐的。作为主管工程建设的冯全宏想出了一套应对的办法，他说："还好，当年全国学大寨，可以利用学大寨这面旗帜。"每当听说有人要来工地揪人时，他就故意提前安排这些人到工地上去了。"成千上万人的施工队伍，让我到哪里去找个人？"冯全宏对来揪人的人说，"有本事你们自己去找吧！"冯全宏说，在人流滚滚的大军中想要找一个人，就像是在胡陈港底去捞针。冯全宏就是用这种方式掩护了不少的老专家和技术人员。

冯全宏的性格，具有"台州式"的硬气，这种硬气是渗透在他骨子里的。冯全宏就是这样，一手高举着学大寨这面旗帜抓"革命"，一手在抓胡陈港的施工建设。多年后的今天，冯全宏还能如数家珍地道出当年胡陈港堵港工程所投入的人力、物力和财力。当年的施工手段在今天看来十分落后，他手里管理的设备有：拖驳船17艘，漏底船50余条，手拉车2000余辆。参加建设的人员正常情况下都在几千人，最高峰时竟有25000人参加会战。1977年1月9日这一天，共有12000余名民工参加突击堵口，中国人民解放军驻长街的海军部队也赶来支援。经过连续54小时的日夜奋战，在11日夜，主体大坝终于胜利合龙、获得一次性堵口成功。9月14日土坝闭气。

胡陈港堵港工程共完成土方153万立方米，石方193.5万立方米，投工550工作日，国家投资1034.11万元。建成后的大坝长1138米，东起青珠农场塘角，西至团屿山，与第一副坝衔接。坝高16.5米，坝顶高程6米（沉降后5.88米），加防浪墙1.0米，顶宽8米，底宽130米。副坝两条，长1176米。胡陈港水库总容积为8172万立方米，可使长街、沥洋两个区1个乡镇的11.2万亩农田百日无雨保丰收，并增加养殖水面积1.2万亩。

胡陈港堵港工程作为宁波市宁海县当时最大的水利工程，为胡陈港两岸的农业生产发挥了重要的保障作用。今天，胡陈港主体大坝上还屹立着一座纪念碑，碑文上镌刻的"海上长城"四个大字，仿佛在向人们诉说着当年建设者的故事，仿佛向人们展现着当时建设者们的风姿。这座纪念碑，也是冯全宏人生和事业上起点的里程碑，在这里，他完成了自己的人生历练。这段历练对冯全宏可以说是终生难忘，也受益终身。

而且，也许是历史的机缘，就在胡陈港堵港工程上，冯全宏这个新出茅庐的后生与钟世杰这位水利老革命（当时被任命为省水利局生产领导小组组长、负责全省水利包括围垦海涂工作）的人生轨迹交汇在了一起，尽管他们彼此陌生，在茫茫人海中素不相识，但水利事业却将他们紧紧地连在一起。也正是这种机缘，使他们在日后的事业中走到了一起，成为忘年之交。

由于在工作中出色的表现，冯全宏从胡陈港工程指挥部被调到了胡陈港工程管理处，走上了领导岗位，可以说是历史的机遇及他个人的努力将他恰到好处地推到了改革的最前沿。

大海洋时代，科技创新建设高质量工程

企业家精神的核心是创新。

冯全宏说，科技是第一生产力，科技创新是围海公司发展史上的浓墨重彩。

冯全宏不仅将一个只有十几个人的小小机具站带成一个专业化、现代化的建设施工企业，更为重要的是他所领导的一系列技术创新，最终建设形成一个新兴产业，揭开了东南沿海海堤建设的历史新篇章，成为海洋经济时代的推动者。

当年胡陈港工地上万人施工的人海大会战经历，对于冯全宏来说并没有感觉到光环的存在。相反，一车车推出来、一筐筐垒起来的大堤却重重地压在他的心头。这种传统落后的围垦施工技术不仅缺少现代化的科技手段，而且也很难适应浙江省大规模围垦建设的需要。围垦施工技术和方法必须作为一门新兴学科在现代知识体系上有一个新的突破。

在冯全宏看来，落后的围垦施工技术是制约沿海地区社会经济发展的严重阻碍。每当大灾过后，看着被台风海浪摧毁的道道残堤，冯全宏的心情都是沉甸甸的。

尽管浙江省筑塘围垦的历史悠久，并积累了不少宝贵的经验；但正如冯全宏在胡陈港工地上所体验到的一样，那种肩挑手提的生产方式和现代化围垦相距甚远。如何结合我国东南沿海地区围海工程特点，如何组织科研力量将围海专业的理论体系建立并发展起来，满足浙江围垦事业大发展的需要，通过学习引进和自主创新，走出一条科技之路，填补浙江省乃至国内机械化围海造堤

的空白，造福沿海人民，是一个重要的时代课题，也成为冯全宏心中最大的梦想。

新中国成立以后，我国东南沿海的海堤建设施工大致经历了这样三个大的发展时期：20世纪50—80年代，主要是"土方溜板打、石方小车拉"的手拉、背扛、肩挑式的传统人工作业方式；到了20世纪90年代，主要采用基础铺设土工布处理，堤身采用桥式筑堤机，配套小型施工机械的半机械化施工作业方式；从20世纪90年代到今天，逐步演变成主要采用深水塑料排水板插设技术，配套大型液压对开驳、平板驳等专用海上运输和施工作业装备的全机械化、高科技含量的现代科学施工作业方式。通过这三个发展时期可以看出，在海堤建设施工方式经历的几次大的跨越中，围海公司始终扮演了开拓者和领跑者的角色。

早在机具站走向围垦工程领域时，冯全宏就走遍了浙江东南沿海的海滩涂地，机具站所掌管的浙江省围垦机具就成为当时浙江省围垦机械化程度的代表。而在这一时期，冯全宏就开始致力于现代围垦事业，对机具站的设备进行了革新与改造，并不断研制创新制造了一些机具设备，如首先使用于普陀小郭巨促淤工程的钢制对开驳船等。

正是这些早期的围垦工程实践及其在技术设备方面的最初探索，为机具站的发展提供了最为宝贵的物质基础与精神财富。

冯全宏介绍，1973年开工建设的胡陈港堵港工程，也离不开科技方面的创新。正是通过总结和汲取车岙港筑坝几遭失败与挫折的经验教训，胡陈港筑坝才成功采用砂垫层处理软黏土地基，土石混合堆坝，采用平堵与立堵相结合的施工技术，虽经几次挫折但却实现一次堵口成功。胡陈港工程的这些实践与经验，也为日后围海工程在软基处理方面的技术进步，奠定了重要基础。

马克思曾指出："生产力中也包括科学。"并且说，"大工业把巨大的自然力和自然科学并入生产过程，必然大大提高劳动生产率"。马克思还深刻地指出："社会劳动生产力，首先是科学的力量。"

"科学技术是生产力"，这是马克思主义的基本原理。

1988年9月，邓小平同志根据当代科学技术发展的趋势和现状，提出了"科学技术是第一生产力"的论断。"科学技术是第一生产力"，既是现代科学技术发展的重要特点，也是科学技术发展的必然结果。科学技术一旦渗透和作用于生产过程中，便成为现实的、直接的生产力。

冯全宏领导的围海公司丰富的围垦工程建设实践为现代围垦学科的创新发展提供了大量鲜活的案例。其中最大的突破正是当时被认为冷门与难点的软基处理，并形成挤密砂桩、深层搅拌、强夯、袋装砂井和塑料板排水预压法、土工布加筋、爆炸挤淤法等几十种方法，其中应用最多、最广泛，也是围海公司拳头产品的则是塑料排水板技术。

其实，早在东港工程之前，围海公司就已经进行了塑料排水板处理软土地基的工艺试验，并取得了初步成功。不过，将塑料排水板软基处理技术引入围海工程结合在一起，并首先应用于东港工程深水软基处理，便成为现实的、直接的生产力。

在闵龙佑找舟山东港开发围涂工程的总经理虞央国为围海公司接下海堤大坝的主体工程后，冯全宏向闵龙佑保证："请你放心，围海公司就是拼出全部家底也要把东港工程拿下来！"

冯全宏把最好的机械设备都集中到了这里，把全部家底也都拼在了这里。尽管又赶制了一批装备，但与另外两家老牌的陆上施工单位一比，自己看着都自惭形秽。为了这个工程，冯全宏已经捉襟见肘，再也拿不出更多的钱用在装备上了。毕竟围海公司刚刚起步，家底薄，塑料排水板插设技术又是一项新技术，许多难题需要一个个逐一解决，工程进度不尽如人意。

意外的是，虽然虞央国一开始对围海公司表示了质疑，但在真正了解了当时的情况后，先期预付了300万元。冯全宏正是紧紧抓住甲方先期额外付给的钱款这个契机，一方面加强了对原有设备的革新改造，另一方面着力加强了科研项目的攻关和研制工作，加大新设备的投入，用于研发制造深水插板船，并趁热打铁，还自行研制了集取土、运送于一体的两台桁架式大容量土方筑堤机，一台高效输送桥式筑堤机，自行组织设计制造了两艘吃水浅、容量大、施工灵活的60立方米液压对开驳，一次性装备总投资高达558万元。

通过这些技术创新和设备研发，围海公司形成了从基础处理到水上施工、土方闭气等全套机械化施工的实力与装备，年完成土石方施工能力大大提升，增长了将近4倍，公司的施工能力与市场竞争力得到显著提高。技术创新为围海公司的大发展插上了腾飞的翅膀。在围海公司以后的工程实践中，也屡屡印证了"科技是第一生产力"这一科学论断，在围海公司的发展过程中，也屡屡见证了科技的力量。可以说,在面对现代围海这一选题上,冯全宏向国人交出了一份满意的答卷。

从此,冯全宏的围海公司成为我国第一支现代化、机械化、专业化的海堤施工企业。东港一期工程主体海堤大坝的按时交付验收,也使围海公司一战成名。

东港工程的成功,无疑创造了浙江省围垦工程史上的一个奇迹,也给冯全宏带来了极大的信心。在东港工程之后,冯全宏先后获悉了香港机场和深圳码湾电厂的围海工程项目。这是围海走出浙江的绝好机会,可以在更广阔的舞台上一展身手。

尽管他们尽可能充分地准备了竞标文件,但是,无论是香港项目出于当时的政治原因,还是其他层面上的原因,都使他们的这次出击无功而返。

对冯全宏来说,失败并不可怕,真正触动他心灵的则是对围海公司发展现状的深刻反省。冯全宏认为,海洋环境条件有着不同于陆地的特殊性和复杂性,因此,围海造地、海洋开发对科学技术和资金投入的依赖性很大。围海公司想要获得大发展,就必须以更加开放的胸襟虚心向发达国家学习,积极引进和消化吸收现代科技成果,依靠自主创新有效改进传统的围海工艺和设备,不断提高现代化的施工技术水平,缩小与发达国家的差距,甚至在有些领域要有超过他们的雄心壮志和创新方法。

无独有偶,为适应浙江省围垦事业改革开放的战略需求,进一步加强我国与发达国家在围垦事业上的学术交流,加快围垦事业现代化的步伐,浙江省水利厅于1991年4月联系沿海省市发起成立了中国水利学会围涂开发专业委员会,使之成为国内围涂专业学术交流的重要平台,也成为了解国外围海技术发展的重要窗口。

以围涂开发专业委员会为依托,浙江省水利厅还组建了浙江中水围海技术咨询中心,组织专家开展了多项咨询服务,对浙江围海建设发挥了积极的作用。

当时,中国围海工程无论从技术到管理,还是到经济实力,与世界上发达国家和地区相比还有很大的距离,如荷兰、日本、美国、英国、法国等,都已建起了海上人工岛,有的已形成规模很大、功能齐全的海上城市。1993年3月,浙江省水利厅带队赴荷兰、英国考察围垦等技术,对荷兰、英国两国进行围垦技术、海岸防护和围垦土地利用等的专题考察。

1993年11月14日,在福州市召开了为期5天的全国沿海省市围垦(围海)信息技术交流会暨围涂开发专业委员会年会。来自全国的61名代表就围海信息、围海技术和改革经验进行了广泛交流,分析了国内外围海工程状况、技术现状及发展趋势。冯全宏派遣公司技术骨干参加了这次年会。

这次会议上,发表了一批有价值的学术论文,如《世界围海工程进展》《荷兰、英国闸坝工程》《荷英两国围垦及海岸防护工程考察报告》《围海工程防浪研究》《海堤防护结构的演变与发展》《围海施工设备的状况及发展》等。围海公司也发表了题为《高效立体施工法在舟山东港工程中的应用》的学术论文,围海公司在东港工程上的成功实践,引起与会代表的广泛关注和浓厚兴趣,产生了极为强烈的反响。

多年来,围涂开发专业委员会在沿海省(自治区、直辖市)先后召开十多次全国性的围垦信息技术交流会,曾组织专家编写了中国第一部围海工程专著——《中国围海工程》,组织编写的《滩涂治理工程技术规范》由水利部于2008年11月10日发布,2009年2月10日起实行。

在围涂开发专业委员会成立之际,围海公司就作为副组长单位,参与了各项学术交流活动。冯全宏在总结围海公司发展经验时,将其归纳为创新二字。创新,除了体制创新、管理创新外,更重要的就是技术创新。

冯全宏说:"我们公司吃的是科技饭!市场经济运行的规律就是这样,优胜劣汰。科技创新是公司的立身之本,我们积极参与海塘建设,造福沿海人民离不开科技,我们一定要把围海工程公司建成一流的科技型施工企业!"

冯全宏一开始就将科技创新作为围海的立身之本。"人无我有,人有我精",这是冯全宏为围海公司确立的"科技兴业"战略,并依靠科技创新在东南沿海唱响了围海大品牌。

1996年年底,冯全宏专门组织成立了科技小组,在总结东港工程时期研制成功的第一条软基处理作业船使用成果的基础上,对该课题进行了全面深入的研究、创新与设计。1997年年初,该课题正式被浙江省水利厅、宁波市科委列为科研项目,同年7月完成整体技术方案,并通过可行性论证。在新型作业船的设计、制造阶段,冯全宏还专门设立了深水插板船研制小组,负责新型作业船的技术研究、技术开发和设备制造,并将该船命名为"浙围16号"软基处理作业船。这是围海公司为解决围海工程深水软基处理难题的一项重大科研成果，是自行设计研制的双体门架式海上地基处理作业船。

全国软土地基软基处理协会指出，这条船的研制成功，在海上软基处理工程施工方面是个很大的突破，在技术上具有深水作业、一船多用的先进性。

为适应日益激烈的市场竞争和大规模围海工程施工建设的需要，坚持科技兴围战略，冯全宏适时加入科研投入，在漩门二期工程中投资1000余万元，进行了深水软基处理作业船的科研及技术改造，在成功建造"浙围16号"的基础上，又先后研制成功了性能更为先进的"浙围28号""浙围17号"两条深水插板船和一艘GPS卫星定深水土工布铺设船等一批专业围海工程设备。

冯全宏的围海公司自行研制的深水插板船在国内乃至亚洲都被认为首屈一指。它在漩门二期堵坝施工中的成功实践经验，已经赢得省内外乃至国内外工程技术界的高度评价和高度关注。这些先进设备的成功制造和应用，为围海公司承接大型深水软基处理工程项目打造了独有的施工设备优势，也为我国深水软基处理大型机械化施工树立了成功典范。

在研制成功深水塑料排水板插设作业船并成功应用于东港工程和漩门二期工程后，冯全宏及时总结施工经验，组织撰写了多篇技术论文，分别发表于《中国水利》《浙江水利科技》等专业学术杂志上，并在沿海省市围海信息技术交流会暨中国水利学会围涂开发专业委员会年会上进行学术交流。

这些技术论文，在海内外引起良好反响，被一些论文数据库广为收录。除此之外，冯全宏还通过水利部科技推广办公室制作了科教片，在中央电视台（二套）星火科技栏目、钱江电视台等电视媒体和《浙江日报》《台州日报》和《中国海洋报》等多家媒体对公司所取得的科技成果进行多方位宣传报道。国内许多企业甚至包括一些大型企业、国外人士也慕名前来围海公司学习取经，为这一技术的推广起到了积极的推动作用。

作为这项技术的专利所有者，冯全宏的围海公司并没有对后来者进行任何的专利权益诉求，相反还在积极地进行推广工作。对此，有些人不理解，曾经这样问冯全宏，为什么不去追究侵权者？冯全宏朴实而又坦诚地笑道：一来费时费力，有这个时间也没有这个精力，还不如集中精力多搞些创新；二来这也是一件好事，这一技术被普遍采取也推动了我国围海事业的发展。我觉得竞争并不是一件坏事，竞争是一种动力。冯全宏说：围海公司的理念就是——人无我有，人有我新。我们就是在改革和创新中发展起来的。

建设上海国际航运中心，是党中央、国务院顺应世界经济和国际航运发展的新趋势，根据中国经济现状和发展战略做出的重大战略决策。洋山深水港区建设项目是上海国际航运中心建设的核心，一期工程是要在小洋山至镬盖塘岛之间建设5个集装箱泊位，围海港区陆域面积1.53平方千米，可停靠第五代、第六代集装箱船，同时兼顾8000个标准箱位的超大型集装箱船泊要求。设计年吞吐能力为220万个标准箱，实际通过能力可达300万个标准箱以上。

上海国际航运中心深水港一期工程为全长32.5千米的东海大桥，包括2座大跨度的海上斜接桥、4座预应力连续梁桥、大量的非通航孔桥以及连接两个岛屿之间的一条海堤。东海大桥如同上海国际航运中心的一大"动脉"，是港区连接上海陆地的唯一通道，也是我国第一座外海跨海大桥，跨越杭州湾北部海域，连接上海南汇区芦潮港镇与浙江嵊泗的小洋山岛。桥全线按高速公路标准设计，设计基准期为100年。

冯全宏的围海公司承担的是洋山港区一期工程港桥连接段海堤工程，这段海堤的总长度为3.469千米，其中海域连接长度1.22千米，是目前国际上第一条高速公路海堤。海堤为抛石斜坡堤结构，采用塑料排水板、设置抛石堆载荷进行地基加固，最大堤身高为44米，堤顶宽为55米，施工水下最深为35米（创下最高、最宽、最深三项世界纪录）。围海公司经过2年多的艰苦奋战，作为我国"十五"计划的重大工程，也是上海"十五"期间最大的基础设施项目——上海国际航运中心洋山深水港一期工程，于2005年12月10日全面建成。

这座海上长城飞架在茫茫的东海之上，以优异的工程质量摘取国家建筑工程最高奖"鲁班奖"和"国家优质工程金质奖"的桂冠。

洋山港目前已是全球第三大集装箱港，充分发挥了上海国际航运中心的辐射带动作用，为长江三角洲、长江流域和全国经济社会发展发挥着重要作用。

冯全宏的围海公司的创新性技术"远距离淤泥输送设备"，成功解救了海堤大坝土方闭气沿用的传统人工作业方式，率先在海堤土方施工中实现了机械化、现代化。以围海公司的远距离淤泥输送设备为标志，终结了传统的"人拉肩挑小车推"和"土方溜板打"的人海战术时代，实现了海堤建设施工的完全机械化和现代化。一条相同的海堤大坝，以前需要十几年甚至更长的时间，而如今只需要几年甚至于一两年的时间；以前需要几千人甚至于上万人的施工队伍,而如今只需要几百人甚至于更少。从这个意义上说,是围海公司开创了海洋水利建设——海堤建设施工的一个新时代,绝非夸大其词。

纵观冯全宏的围海的成长发展史,就是一部科技创新史,也是我国大海洋技术发展的缩影。在这部历史上,凝聚了冯全宏为代表的全体围海人的心血与智慧。在这部历史上,见证了我国海洋事业发展的辉煌与荣耀,也见证了围海公司发展的辉煌与荣耀。

大改革时代,锐意改革推动企业大发展

自20世纪80年代以来,我国处在一个历史性的改革时代。

第一代企业家由于受到成长时代的限制,他们大多没有高学历,他们所具备的只是胆量和气魄。从冯全宏的经历中也可看出,那个时期他与大多数的企业家们并没有什么不同,也许冯全宏的条件比他们更糟糕。

冯全宏出生在20世纪50年代,作为参加胡陈港水库工程建设的一份子,并由此与水利结下了不解之缘。

在这个时代,冯全宏对围海公司的发展经验用了四个字概括:改革、创新。

冯全宏说,围海公司能够走到今天,改革是第一位的。没有改革,就没有围海公司;没有改革,就没有今天的围海公司;没有改革,就没有围海公司的明天。

在围海公司还远远未诞生的时候,冯全宏正按部就班地沿着自己的人生轨迹前进。那时的他,可能并没有意识到,与水利接触得越深,自己人生的拐角也就越大。就像是坐在高速行驶的列车上,如果不是亲眼看到前面的轨道和车身,就不会感受到列车正在转弯。

冯全宏参建胡陈港水库建设工程完工之后,由于他表现出色被留任在胡陈港水库工程管理处。那时,胡陈港的主体工程虽然已经建成,但农田基本水利建设跟不上去,胡陈港工程不能发挥它应有的效益。胡陈港工程管理处被核为补亏单位,甚至出现连续两年的严重亏损,而且在管理上也十分混乱,甚至发生了两名职工因为经济问题被判刑的恶性事件,在职工群众中造成了恶劣影响。

冯全宏接手的便是这样一个烂摊子。他的分工是负责工程管理处的常务工作，实际上是担任着常务副主任的角色。当时管理处全部工作可以分作两大块：一大块是对工程设施的保养和维护，确保工程安全，做好灌区排涝、灌溉等项服务，这是主业；另一大块是搞好养鱼、种植、畜牧、加工等多种经营，增加水库收入，这是副业。

这么多年来，冯全宏一直参与工程建设，积累了丰富的经验，特别是近年来领导组织灌区配套工程及农田基本水利建设，对每处工程设施都了如指掌。抓好工程维护，保证工程完好和经常性运营，保证水闸、大坝、提灌站以及灌区配套设施的正常运行，为农业生产提供内涝排水等服务，这些工作虽然是工程管理处的主业，对冯全宏来说却没有太大的难度。胡陈港工程管理处存在的问题不是出在主业上，而是出在副业上。如何盘活库区资源，发展多种经营，实现扭亏为盈，这才是对这位走马上任新官的真正考验。

我国的经济改革首先是在农村进行的。当时，胡陈港附近的农村实行了家庭联产承包责任制，农民的生产劳动积极性和主动性被充分调动起来了，比如说种橘子，实行责任制后，农民考虑到经济效益，就会自动想办法，在柑园里配套种一些黄豆、西瓜等经济作物，提高农田利用率，提高产量和收入。实行家庭联产承包负责制后，农村再也不用吹哨、敲钟催人出工，但却做到了家家户户增产增收，农民的日子天天红火起来。

与农村的新景象形成鲜明对比的是，管理处的生产经营业务主要由四大板块组成：一是大塘、大水库9000立方米；二是500多亩柑橘；三是200多亩鱼塘；四是由原来东港修理厂遗留下来的一个机电厂。大塘可以饲养鱼苗、鱼种；鱼塘可以饲养，再加上500多亩的柑橘。冯全宏想不明白，按说养殖业和种植业都是农业经济收入最好的领域，可为什么守着"聚宝盆"却养活不了自己呢？

胡陈港管理处的职工人人都一样，大家都是全民所有制职工，收多收少、收与不收和自己关系不大。养鱼也一样，养多养少、抓多抓少和自己的收入也没有太大的关系。大家端着全民所有制职工这个铁饭碗，吃着集体这个大锅饭，锅里碗里都没有了也不用怕，还有手里的乞丐棍——向谁讨？向国家要！当时在全民工中普遍存在着这样一种依赖心理。

农村改革后出现的新气象与胡陈港工程管理处一潭"死水"的现状形成的

鲜明对比。冯全宏找到了问题的症结所在：在现有的管理体制下，人们缺乏劳动生产的积极性。

新官上任三把火。冯全宏的这把火敢不敢引向现有的管理体制呢？这不仅需要清醒的认识，更需要改革的胆略与勇气。当时，虽然农村改革进行得如火如荼，但还没有引向国有企业的体制问题。冯全宏通过与班子成员一起学习党的十一届三中全会以来的一系列中央文件，深刻领会中央有关改革开放的精神，最后统一了班子成员的思想认识。冯全宏认为，国有企业改革这个大方向没有错，胡陈港工程管理处的改革也势在必行。早改早主动，晚改晚主动，不改就被动。

冯全宏终于找到了彻底解决胡陈港水库连年亏损问题的答案。说多了，两个字：改革！说少了，一个字：包！

中国的经济改革就是在摸索中前进的。当年，浙江省里有了"把水库办成企业、办成生产基地"的改革大方向，浙江省水利厅也有了"搞好养鱼、种植、畜牧、加工等多种经营"的改革大方向，但怎样办成一个企业，如何搞好多种经营，却没有一个明确的条条框框，只能"摸着石头过河"。当时，人们的思维还习惯于计划经济，还习惯于在红头文件中寻找条条框框。一下子没有了条条框框，别说让你摸着石头过河，有的人竟然连路都不会走了。

冯全宏认准了承包这条路，只有这条路才能将胡陈港水库的经济效益搞上去。他通过与职工们访谈，进一步认识到，这条路想要走下去、走成功，必须解决好两个问题：一是企业增产增收；二是职工多劳多得。企业不能增产增收就没有企业效益，职工不能多劳多得就没有生产积极性。

接下来，冯全宏需要做好两件准备工作。一是思想准备工作。为了统一思想，冯全宏带领干部职工们"学习改革文件，领会改革精神，明确改革方向，展望改革成果"，为实施改革方案做好思想基础。二是基础准备工作。为了测算指标，他反复征求职工意见，并参考先进企业的指标，力求承包指标切合企业实际，符合职工意愿。

两件准备工作做扎实后，可以说是万事俱备，只等改革方案出台了。冯全宏亲自起草的《胡陈港工程管理处生产经营承包责任制方案》正式提交到干部职工大会上进行讨论。在这个方案中，明确了以"打破大锅饭，建立责任制"为改革的宗旨，提出橘子种植和成品鱼、鱼苗的养殖均与产量挂钩，养鱼要定五年计划，橘子种植要定十年计划，要保证承包责任制实施的稳定性和持续性。冯全宏进一步针对干部职工提出的质疑，反复解释了改革的方向、目的和企业可能实现的经济效益，承包人可能达到的经济收入以及指标测算的依据等。改革方案得到了干部职工的广泛认可，最终获得一致通过。

接下来，改革方案还要走完一个必须要走的审批旅程。宁海县政府很快就批准了胡陈港工程管理处上报的生产经营承包责任制方案。这给冯全宏带来了十足的信心。然而，出乎意料的事还是发生了。第二站，冯全宏遇到了麻烦。浙江省里明确拒绝了胡陈港工程管理处上报的生产经营承包责任制方案，理由是：如果实行这个方案，就把国有企业的管理体制搞乱了。

也许直到这个时候，冯全宏才完完全全搞清楚他的改革方案触动的竟然是国有企业体制这根敏感的神经。

冯全宏介绍，在当时，这套做法也的确没有先例可循。虽然明确了改革的大方向，但人们在具体操作的方法上却莫衷一是，哪些可以改，哪些不能改，改到什么程度谁也说不清楚，也存在着各种争论。按照当时的体制，全民所有制职工的工资是严格执行国家制定的八级工资制，如果批准冯全宏的改革方案，无疑使国家的工资标准自动失效，这就是一个体制问题。当时国有企业在分配制度上的改革大多实行的是基本工资加浮动工资，大胆一点的是拿出一小部分基本工资进行浮动，都还没敢彻底打破国家的工资制度。

冯全宏一时被难住了。种橘养鱼，按产计酬，鱼虽有肥瘦，橘虽有大小，但也不能与八级工资制挂钩吧。怎么办？绕又绕不过去，退又无路可退，冯全宏只有硬着头皮，向每一位主管领导进行了耐心的解释工作，最后终于说服了浙江省厅里的有关领导。为了稳妥起见，浙江省里批复时在"方案"两个字的前面又多加了两个字：试行。

冯全宏总算舒了一口气。他开始组织与职工签订承包合同，明确提出"下不包底，上不封顶"，规定在承包期内取消承包人员工资，按合同规定上缴利润和管理费，核定包干指标，实行全奖全赔。

一纸承包合同就像是一剂酵母粉，职工们种植、养殖的生产积极性空前高涨，甚至出现了起早摸黑全家一起上的新气象，克服了一个个的困难。1983年，胡陈港工程管理处一举扭亏为盈，不仅真正实现了省水利厅提出的"以库养库"的目标，而且还从赢利中拿出35.1万元的贴农款，用于灌区水利设施维护和排灌机械的维修，同时职工的收入也有了大幅度的提高。

在胡陈港这块改革试验田里，第一型下去翻出的是"真金白银"。此后，胡陈港工程管理处连续4年获得稳产高产。原来的各种争论和质疑声消失了，继而变成了一片赞誉之声。胡陈港成为浙江省水库养鱼稳产高产的典型，成为浙江省水利系统体制改革的典型。

冯全宏最初引入农村家庭联产承包责任制的改革措施，居然启动了浙江省水利系统一场深刻而久远的改革。从此，胡陈港水库不仅发生了天翻地覆的变化，而且也使冯全宏站在了改革的最前列。

1984年年初，围垦处回归省水利厅后不久，冯全宏也回归到围垦事业之中，被调任到宁海县围垦公司担任副经理。1984年春末夏初的某一天，冯全宏接受了一项特殊任务：陪同浙江省水利厅围垦处的领导对胡陈港进行考察。从业务归口上说，浙江省水利厅围垦处是县围垦公司的顶头上级，宁海县又是浙江省围垦工作的重点县，浙江省厅领导来本也是司空见惯的事情，但这次不同。此次浙江省厅围垦处领导到胡陈港考察的目的，就是为筹建中的省水利厅围垦开荒机具站进行选址。

正是此次胡陈港之行，开启了围海公司的历史；也正是在胡陈港，正是这次机遇，冯全宏的人生与围海事业紧紧地连在了一起，并倾注一生心血。

1984年，中国的经济改革也开始加速。5月，中共中央、国务院做出决定，全面开放中国沿海港口城市，包括大连、秦皇岛、天津、烟台、青岛、连云港、南通、上海、宁波、温州、福州、广州、湛江、北海14个大中港口城市，逐步兴办经济技术开发区，加快利用外资、引进先进技术的步伐。10月20日，中共十二届三中全会通过了《关于经济体制改革的决定》，提出改革是社会主义制度的自我完善，改革的基本任务是建立起具有中国特色的、充满生机和活力的社会主义经济体制。这个纲领性文件突破了把计划经济同商品经济对立起来的传统观点，确认了中国社会主义经济是公有制基础上的有计划的商品经济；充分发展商品经济，是社会主义经济发展不可逾越的阶段，是实现现代化的必要条件。这个纲领性的文件对于中国沿海地区来说无疑是一个新的历史起点。

继深圳特区的试验成功，沿海地区的开发步伐明显加快。1984年12月20日，浙江省围垦开荒机具管理站——这个孕育在春天里的蓓蕾，在改革开放的春风催化下,终于开花结果了。

虽然围垦开荒机具站与宁海县围垦公司都是从事围垦事业,但在当时的情况下,在一般人的眼中,它们所发挥的作用是不同的。有人甚至从仕途的角度为冯全宏做了分析:作为一名年轻干部,留在围垦公司将有更多的发展机会,而到了机具站,管理有限的机械设备和工具这些个"死家伙",以后的前途可就有限了。

冯全宏觉得,从传统的围垦施工逐步走向专业化、现代化围垦施工,不仅是上级领导的重托,也是大势所趋,势在必行。在这场变革中,也许机具站将会有更大的发展空间。所以他接受组织调动,担当起新组建的这个机具站站长一职。但出乎意料的是,机具站比他想象的更加困难,甚至可以用"寒酸"二字来形容:船舶6艘,工程车辆10部以及包括其他施工机械,共计原值209.8万元;核定编制20人(尚未完全到位),每年由围垦开发中心从事业经费中补贴人头费3万元。

就在机具站组建的同时,国家对水利系统的投资体制进行了重大的战略调整,由20世纪70年代单一的国家无偿投资,银行低息贷款,群众投劳的"民办公助"模式,逐步向集资、贷款、外资、成垦土地出租、出让使用权等多种模式转变。从1985年起浙江省正式实行有偿周转金办法。过去,浙江省每年围垦水利投资中,设备采购及维护经费占到了20%,而如今机具站所能得到的仅有每年3万元的人头费。这3万元的人头费对机具站来说,简直就是杯水车薪。

冯全宏只好到省城去找省厅要政策。冯全宏心里早已盘算得清清楚楚,机具站的发展如果捆在区区有限的经费上,别说3万元,就是30万元,机具站顶多勉强能吃得饱,远远解决不了发展问题。但如果能有一个好政策,能放开手脚,那机具站的发展可就是无限的。因为冯全宏日益清楚地认识到,浙江省人多地少,人地矛盾十分突出,浙江省委省政府对新中国成立以来的围垦成就非常重视,改革新形势下更迫切地需要围垦事业的大发展,并将此提升到战略高度来看待。大的形势对机具站的发展非常有利,也提供了广阔的发展空间,但与此同时,围垦事业也面临着严峻挑战,也面临着转型变轨的历史机遇。

冯全宏接连与浙江省水利厅、围垦开发中心的领导以及有关单位和专家进行了认真研讨。冯全宏的大胆设想和思路，被省厅领导所采纳并形成了共识：机具管理站的性质为事业机构，以全省围垦开荒机具管理、保养和维护为主，但凡有工程任务时，则实施走出去战略，内部实行企业化管理。

按照这个思路，机具站实质上是采取了两条腿走路的发展模式：一方面机具站将继续按照事业单位编制，发挥对全省围垦开荒机具管理的职能；另一方面则走向市场，对围垦工程建设施工实行企业化管理，从而实现有限的人、财、物和无限的市场需求对接，发挥市场对资源的配置功能，盘活资产，实现经济效益。

正所谓，思路一变天地宽。正是浙江省对机具站实行"两条腿走路"的政策，才使冯全宏一脚踏进了广阔的围垦工程市场，犹如蛟龙潜海，云龙升天，一发而不可收。从此，这个不起眼的小小机具站为以后的发展打开了无限的空间。

冯全宏组建机具站后，又在机具站内部推行事业单位企业化运作，找米下锅，主动在变革中寻找机遇，用代管的闲置设备承担施工工程，为创立围海公司奠定了基础。

20世纪80年代到20世纪90年代中期，中国是一个"时间就是生命"的年代，是一个一年可能造就一个时代的年代。许多成功的企业家，就是在这个时期淘到了第一笔金，也是在这个年代造就了一些著名的企业。相比之下，冯全宏用在创业初期的时间太过于漫长，他是用了整整六年的时间才走完别人也许只要六天就可以走完的路程。因为这时他所执掌的机具站还不能称之为一个企业，即使非要说是一个企业，也只是一个"跛脚"的企业。它的另一只"脚"还被套在事业单位的编制中。

冯全宏决心改变这种情况！他先在宁海城关设立一个办事处，为以后新组建的公司寻找一个立足之地，又向省厅递交了《关于要求建立"浙江省围垦工程公司"的报告》。这一段时间，冯全宏就成了浙江省水利厅的"常客"。五个月后，冯全宏终于"跑"下来一纸公文。这是浙江省厅主管部门、新建立的浙江省围垦局以"浙围〔91〕第01号"上报给浙江省计委的《关于成立浙江省水利围垦工程处的报告》的文件。这份文件将"围垦工程公司"改成了"围垦工程处"，前者是市场经济的产物，而后者却带有计划经济的色彩。

事隔不久，浙江省计委的批文下来了。依据这份批文，新建公司的名称被正式确定为"浙江省围垦工程处"，注册资金扩大到1400万元。

不管怎么说,"一套班子、两块牌子"的愿望总算是实现了。有了市场准入证,冯全宏在市场上的业务扩展能力明显加强了,扩张的步伐也明显加快了。

但是,随着进入市场的深度和广度,冯全宏对市场的感觉也更加敏锐。新建的公司还是和市场的要求有距离,与市场化不对接。"工程处"不像是具有法人资格的企业,更像是一个公司下属的二级单位。

1992年3月26日,《深圳特区报》发表的长篇通讯《东方风来满眼春——邓小平同志在深圳纪实》,在全国引起了轰动。小平同志的南方谈话犹如一声春雷,整个神州大地顿时春风浩荡,也为中共十四大系统地提出建设中国特色社会主义理论提供了依据。1992年10月,中共十四大召开,江泽民同志在《加快改革开放和现代化建设步伐,夺取中国特色社会主义事业的更大胜利》的报告中强调,要以实践作为检验真理的唯一标准,解放思想,实事求是,尊重群众的首创精神。强调改革也是一场革命,是解放生产力,是中国现代化的必由之路,停滞僵化是没有出路的。

这股春风,让冯全宏看到了成立专业公司的希望。在党的十四大召开期间,冯全宏又递交了《关于要求更改企业名称的报告》。此时省里在改革问题上也采取了更加开明的态度。不久,上级有关部门正式批准了"浙江围垦工程处"更名为"浙江省围海工程公司"。至此,1989年冯全宏提出的通过3年努力创立专业公司的计划,终于实现了。

围海公司成立后,冯全宏时时把握机遇,步步走在变革的前面,成功地进行了两次大的改制,使围海公司真正成为市场的主体。可以说,改革贯穿于围海公司成立、成长和发展壮大的全过程。

从1992年底围海公司挂牌成立到1998年底公司驻地迁至宁波,这6年时间是围海公司最艰苦的6年创业时期,也是围海公司获得快速发展的6年黄金时期。围海公司的这6年大发展,也正是迎合了浙江围垦事业大发展的现实需要,推动了沿海大开发的步伐。也正是经过了这6年的创业与发展,围海公司不仅淘到了第一桶金,而且也积蓄了足够的能量来完成生命本质上的第二次飞跃。随着围海公司的快速发展以及改革的不断深入,由"转机"到"转制"就成为水到渠成的一件事情。

党的十五大于1997年9月12日至18日在北京召开,这次大会是在我国改革开放和社会主义现代化建设发展的关键时刻召开的,是在世纪之交,承前启后,继往开来,高举邓小平理论伟大旗帜,把建设中国特色社会主义事业全面推向21世纪。这次大会还总结了我国改革和建设的新经验,把邓小平理论确定为党的指导思想,把依法治国确定为治国的基本方略,把坚持公有制为主体、多种所有制经济共同发展,坚持按劳分配为主体、多种分配方式并存,确定为我国在社会主义初级阶段的基本经济制度和分配制度。

1998年8月5日,浙江省政府颁布了《浙江省政府关于加快省属企业改革的通知》,"要以党的十五大精神为指导,以企业产权制度改革为突破口,以盘活存量、优化资本结构为重点,与经济结构调整和加强企业管理相结合,与建立、完善国有资产管理体制和运营机制相结合,与推进社会保障制度改革相结合,与利用外资嫁接改造国有企业和吸纳社会法人、自然人、本企业职工投资入股相结合,通过改制转机,逐步建立起'产权清晰、权责明确、政企分开、管理科学'的现代企业制度。力争1998年底企业改制全面铺开,1999年底基本完成企业改制工作"。

1998年9月3日,围海公司企业改制领导小组召开第一次会议,传达贯彻浙江省局"关于局属企业转制工作会议"的精神。对浙江省围垦局领导部署的四项任务,计划在本年度内完成三项:认真学习贯彻转制工作会议精神;全面进行资产清理和产权界定;提出改制方案进行认真讨论。

冯全宏说,企业改制的目的是建立现代企业制度,解放生产力,发展生产力;改革的突破口是产权制度改革;改革的重点是盘活存量资产,优化资本结构。围海公司的转制工作坚持"四结合":与经济结构调整和加强企业管理相结合;与建立、完善国有资产管理体制和运营机制相结合;与推进社会保障制度改革相结合;与利用外资嫁接改造国有企业和吸纳社会法人、自然人、本企业职工投资入股相结合。

无论是中国改革开放的历史潮流,还是经济全球化的时代召唤,或是围海公司自身所拥有的内在条件,以及对围海公司改制紧迫性的深刻认识,都使得围海公司的改制如弦上之箭,蓄势待发。而作为浙江围垦系统的改革尖兵,围海公司改制的成败则关系到浙江围垦系统改革发展的大局。

冯全宏肩上的责任可想而知。他面对的是拥有十多年创业历史,既有事业编制,又有企业化经营这样一个有着特殊背景的国有企业,诸如政策问题、程序问题、机制问题、编制问题、制度编订问题、人员的身份与安置问题、企业下一步发展等,改制之难、任务之艰可想而知。

为了改制,冯全宏常常是寝之不寐,食不甘味。老伴儿心疼地说:"老冯,都一把年纪了,这么拼命到底为了啥啊?"冯全宏说:"改制是围海公司发展的一件大事,我上不能让国家有损失,下不能让职工群众吃亏,这是关系国家、职工群众利益的头等大事,我个人累点苦点值得啊!"

在经过一番缜密的分析研究和大量的前期准备工作后,冯全宏又紧接着组织了一系列改制会议。从1999年的前期准备,2000年加快推进,到2001年酝酿成熟,逐步完善了围海公司改制框架。2001年7月17日,浙江省水利厅正式行文批准了围海公司进行企业改制。2002年12月,浙江省级国有资产运营机构浙江省水利水电投资集团有限公司正式下达了《关于浙江省围海工程公司改制方案的批复》文件。2003年,在浙江省人民政府、浙江省水利水电投资集团有限公司、宁波市科技园区及省市各部门的支持下,围海公司改制进入最后实施阶段。

2003年10月31日,浙江省围海建设股份有限公司经宁波市工商行政管理局核准注册。

由一个单一的事业单位转变为国有企业单位,再由一个单一国有所有制企业转变为混合所有制企业,再由一个混合所有制企业转变为全民营企业——冯全宏推动的围海公司体制改革,在浙江水利系统是第一家,开创了水利系统国有企业改革的先河。国有企业的改制已经成为大势所趋,但相对于其他国有企业来说,冯全宏可能是最"穷"的一个企业家。他在接管机具站时,只是代管着200多万元的机具设备,但在创立围海公司后的短短几年时间,经过企业改制围海公司的资本就达到了5000多万元。这不仅实现了国有资产的保值增值,而且也实现了新老交替的平稳过渡。

2003年12月25日,《中国水利报》在头版显著位置发表了题为《第一个"吃螃蟹人"》的报道,文章开头这样写道:

> 再过几天,浙江省围海建设股份有限公司就要挂牌了。一个公司的挂牌本不值得人们特别关注,但这家公司的背景却让人们投去了更多的目光:它是在浙江省水利系统率先改制为规范化混合所有制的企业。

人们关注的原因更在于,党的十六届三中全会明确指出,股份制是公有制的主要实现形式,要大力发展混合所有制经济。这是国有企业改革的方向。而今,这个混合所有制的实践者正站在新的起跑线上。在这家新公司里,既有国有股,还有集体股和个人股……

围海公司探索混合所有制改革,使冯全宏和围海公司成为浙江水利系统第一个"吃蟹人",但并不是冯全宏进行的第一次改革。

1985年,围海公司的前身为"浙江省围垦开荒机具管理站",是浙江省水利厅下属的一个县处级事业单位,只有15个人的编制,每年从事业经费中补贴人头费3万元,为浙江省水利厅代管总价值209.8万元的围垦开荒机具设备。当时,身为站长的冯全宏完全可以稳坐事业单位的"铁交椅",伸手向上级要来每年的人头费过安逸的日子。但他不安心,也不甘心。1988年,冯全宏带领他的团队主动闯入围垦工程市场,在机具站内部实行"独立核算、自主经营、自负盈亏",推行事业单位企业化管理,迈出了改革的第一步。

1991年,冯全宏又建立浙江省围垦工程处,这是一个具有法人资格的全民所有制企业;翌年,更名为浙江省围海工程公司,为国有独资企业。这是冯全宏改革的第二步。

改制是一项繁杂而艰巨的工作,不可能一蹴而就;而企业要改制成功,就必须充分调动职工群众参与的积极性和主动性。为此,冯全宏深入到群众中去,同改制领导小组做了大量扎实而细致的准备工作。这些准备工作为围海公司改制营造了良好的氛围,提供了有利的条件。2000年围海公司职工代表大会的召开,点燃了每一个围海人心中的激情与梦想。从前期准备到加快推进,直至酝酿成熟,围海公司用了三年的时间,企业改制终于在2001年得到了浙江省水利厅正式的批准。

2003年,浙江省围海工程公司改制为浙江省围海建设集团股份有限公司,由原来的国有企业变成一个国有股、集体股、个人股共生共荣的混合所有制企业。

混合所有制解决了企业发展中的体制问题,解决了市场主体的问题,还解决了由此带来的诸如动力、约束、效益等一系列机制问题。如今公司真正成为市场经济的主体,公司的经营管理班子压力更大了,责权利高度统一,他们将对国有、集体和个人股东同时负责,国有股将在这里得到更为稳定的保值增值；他既要对公司的短期收益负责，还要保持公司的持续发展，"干一届再说"等短期行为减少。

混合所有制是冯全宏进行的第三次改革，但不是最后一次。2007年1月30日，围海公司进行了第四次改革，国有股退出，围海公司完全成了民营化的企业。

思想有多远，就能走多远。冯全宏始终是一个躬行者，始终走在路上，尽管这是一条漫长而艰辛的路。冯全宏不仅想得远、想得超前，而且他走出的每一步都要比别人走得更超前，也更扎实。在围海公司改制后的第一个三年发展规划中，就已经有上市的设想。如果说那时的上市设想还只是一粒种子，那么在第二个三年发展规划中，它却要"怀胎十月"了。

冯全宏在第二个三年发展规划中，确立了向公众围海发展的原则。早在围海公司两次改制时，冯全宏就对股权结构进行过多次调整，其中一个很重要的因素就是考虑更有利于日后围海公司上市。经过三年的发展。冯全宏正式将推进公司上市写进了第二个三年发展规划中，这标志着围海公司正式开启了上市之门。

路漫漫其修远兮，吾将上下而求索。冯全宏带领他的围海团队又踏上了新的求索之路。他将要叩开的是公众围海之门，他要做的是我国海堤行业上市企业第一个"吃蟹人"。

2009年7月的半年工作会议上，冯全宏对全球经济趋势和我国经济发展战略进行了准确预测，安排着手准备第三个三年发展规划的编制工作，并对公司的现状及前景进行了调研与分析。

在新的三年发展规划中，将全面实施"科技围海、绿色围海、品牌围海"的"三海经"发展战略，始终坚持"创新、发展、共长、共赢"的发展理念，全面实施"立足浙江、向南延伸、向北扩张、向西拓展、走出国门"的经营方针，着力将围海公司打造成在全国水利与港口工程建筑——海堤工程建设中最具创新力、竞争力的规模最大的专业公司。

党的十七大提出："发展海洋经济"，国家"十一五"规划提出沿海港口交通、海洋化工、沿海经济带、近岸海域开发建设。2010年10月18日，党的十七届中央委员会第五次全体会议通过的《中共中央关于制定国民经济和社会发展第十二个五年规划的建议》明确将"发展海洋经济"提升到国家战略高度,提出"坚持陆海统筹,制定和实施海洋发展战略,提高海洋开发、控制、综合管理能力。科学规划海洋发展、经济发展,发展海洋油气、运输、渔业等产业,合理开发利用海洋资源,加强海港建设,保护海岛、海岸带和海洋生态环境。保障海上通道安全,维护我国海洋权益。"

冯全宏强调说,党的十七大确定的政策方针,国家批准的发展规划和鼓励的产业政策,国家的"十二五"发展规划,地方各级政府的积极性,沿海各地经济发展的空间需求,保护沿海人民生命财产的现实需求,都为围海公司的主业发展拓展了广阔的市场空间。

在经过多年的努力之后,2011年6月2日,围海人终于实现了自己的梦想——浙江省围海建设集团股份有限公司成功上市(围海股份002586),成为我国围海领域第一家上市企业。

从只有十几个人的小小事业单位,发展壮大到今天的围海集团,可以说围海公司所走出的每一步都体现了改革,大到企业的管理体制,小到企业的运行机制,细到企业的管理制度,都是在改革中逐步建立与完善起来的。如果说体制是干,机制是枝,那么企业的制度则是冠,企业精神和文化则是脉,最终才有了今天围海公司的参天大树。

新时代,"五大理念"引领多元化开拓奏凯歌

伴随改革开放共同成长的企业家,如今已成为经济强盛的"筋骨",民族复兴的"生力军。"

如今,冯全宏是中国优秀企业家,成为现代围海事业的开拓者。

冯全宏书写了现代围海事业发展的历史新篇章。从1985年仅有209.8万元代管设备和15名职工的浙江省围垦开荒机具管理站起步,冯全宏带领围海团队经过两次搬迁,三次改制,三次蜕变,三次飞跃,不仅成为全国水利系统"第一个吃螃蟹的人",而且最终化蛹为蝶,使浙江省围海建设集团股份有限公司成为全国水利系统在水利与港口工程建设——海堤工程建设中规模最大、最具创新力和竞争力的专业化围海企业,成为海堤工程建设由传统施工向现代化施工转变的领军企业,成为海堤工程建设行业第一家上市公司,为现代围海事业增添了一抹绚丽的色彩。

多年来，冯全宏的围海公司部分项目先后荣获上海市"白玉兰"奖、浙江省水利工程"大禹杯"和"钱江杯"、中国建筑业工程质量最高荣誉"鲁班奖"和"国家优质工程金质奖"、中国土木工程"詹天佑奖"、"新中国成立60周年100项经典暨精品工程奖""全国十大科技建设成就奖"等诸多奖项。围海公司连续多年获得"中国优秀企业""全国优秀水利企业""全国信息工作先进单位""全国文明单位""浙江省百家诚信企业""浙江省先进建筑业企业""宁波市AAA级资信企业"等上百项荣誉。2008年，经中国建筑企业联合会等5家单位以企业规模、经营创新、经济社会贡献、行业推动力影响和经营业绩等多因素的综合评定，围海公司进入中国建筑业综合实力10强企业名列。

冯全宏作为公司董事长、党委书记，以其卓越贡献，先后荣获"中国优秀企业家""全国优秀施工企业家""全国优秀水利企业家""浙江省劳动模范""浙江省优秀建筑业企业经理""60位宁波建设做出突出贡献的先进模范人物"等多项荣誉称号。

2005年12月17日，中国企业社会责任联盟成立大会暨2005年中国企业社会责任论坛在北京人民大会堂隆重举行。这次大会的主题是："弘扬企业社会责任精神，构建和谐社会发展环境。"在此次会议上，"2005年中国企业社会责任"评选活动也同时揭晓，围海公司双喜临门：围海公司被授予"中国企业社会责任十大杰出企业"称号；董事长冯全宏获得"中国企业社会责任十大杰出人物"殊荣。

冯全宏作为获奖代表应邀发表了题为《坚持和谐共进，勇挑社会责任，努力缔造人与自然和谐生存的生态空间》的主题演讲。

改革不停顿，开放不止步。历史是最好的教科书。

党的十八大以后，习近平总书记和党中央领导集体对环境的重视程度比以往任何时候都力度更大，就是把进步放在与发展的同等位置上，"绿水青山就是金山银山"，如果只顾发展，造成了资源浪费、环境污染，那就没有了进步。党的十九大报告，习近平总书记又进一步提出要求，坚持新发展理念，坚持人与自然和谐共生，坚持节约资源和保护环境的基本国策，统筹山水林田湖草系统治理，实行最严格的生态环境保护制度，形成绿色发展方式和生活方式。我们的经济增长方式需要"发展进步"，其中，重要的是"进步"。发展曾经是我们的重要选择，今后我们仍然需要发展，但是在发展的同时，应该更加关注进步。提升经济增长的质量是进步，调整经济结构是进步。

在新的发展历史时期，围海公司根据新三年发展规划所确立的发展定位、发展原则、发展思路、发展战略、发展目标的要求，进一步完善新型组织体系和管理体系，营造新型人际关系和人文环境，创建学习型企业和学习型党、工、团组织，坚定不移坚持"共进共长"和"共赢共荣"方针，大力弘扬围海精神和大力推进围海文化建设，将"科技围海、绿色围海、品牌围海"的"三海经"建设推向新的阶段。

商人是利益的追逐者，冯全宏是事业的追求者。他的所有商业行为都为了一个目的——海洋水利建设事业，他将"拓展人类与自然和谐生存的生态空间"作为围海公司一切行为的最高纲领。正是在这面旗帜下，围海公司走过了不同寻常的发展历程。

冯全宏说，上市只是围海公司几十年创业征程中的一个节点，而不是终点。实现公司上市是由实体经营向资本经营的一次大跨进，而围海公司的每一步跨进也都是下一步跨进的新起点。

随着我国改革开放程度的不断深入，我国绝大多数企业当前面临的生存环境已发生根本性的变化。在我国三十余年改革开放的进程中，促使企业家对经营发展战略进行进一步反思。在新形势下，如何选择合造的商业模式，求得生存和发展，这对走过初创阶段处于发展时期的大中型企业而言，加强这方面的实践探索变得尤为重要。

工欲善其事，必先利其器。城镇化是现代化的必由之路，是解决农业农村农民问题的重要途径，是推动区域协调发展的有力支撑，是扩大内需和促进产业升级的重要抓手。推进以人为核心的城镇化，走中国特色新型城镇化道路，是全面建成小康社会、加快推进社会主义现代化的必由之路。

十八届五中全会提出了"创新、协调、绿色、开放、共享"的五大发展理念，集中反映了我们党对经济社会发展规律认识的深化，极大丰富了马克思主义发展观，为我们党带领全国人民夺取全面建成小康社会决战阶段的伟大胜利，不断开拓发展新境界，提供了强大思想武器。

冯全宏说，我们深入学习、领会"五大发展理念"精神，准确把握中国特色新型城镇化道路的丰富内涵，充分发挥自身优势，投入城镇化建设中，为经济社会发展贡献力量。

冯全宏介绍，在上述思想的指导下，公司积极把握中国经济增长方式转变这一重大战略机遇期，深耕供给侧改革，专注中国产业转型与消费升级，立足于围海使命——拓展人与自然和谐共存的生态空间，将公司打造成为集规划、设计、投资、开发、建设、运营于一体的服务商，为传统产业注入新活力。为此公司以创新设计，环境综合治理、特色文旅和数字文创的输出为发展驱动，致力于成为生态治理解决方案提供商，旨在"百年围海"愿景的驱动下，拓展生态空间，打造受人尊敬的百年企业。

其中，特色文旅板块是企业的重点发展方向。按照国家战略"新型城镇化"的"时代大主题"，同时结合公司的使命，以区域一体化开发作为公司现阶段转型的方向，即以"产业聚焦中心+旅游吸引核+度假居住中心+新型城镇化配套"为架构，打造IP或通过引入IP打造产业链，构建生产、生活、旅游一体化的片区开发。打造从区域规划、土地整理、公用基建建设、房地产开发、区块建设到后期管理和产业孵化投资的完整区域开发产业链条，实现"政府主导、企业运作、合作共赢"的运作模式。

目前，围海公司已有包括湖北十堰、浙江宁海、江西上饶等多个特色小镇项目开工建设，在开创文旅产业新格局上已经走出了坚实的一步。

据了解，围海公司建造的宁海"智能汽车小镇"，位于宁东新城核心区内，是宁波市最早实施的特色小镇项目，是浙江省首批十个特色小镇项目之一。项目以新能源汽车产业为核心，以智能化为特色，通过建设工业参观廊道、汽车主题公园、科技文化中心、特色街区以及慢行系统等功能区块，增强新能源汽车的辐射和集聚功能。特色项目是统筹城乡发展的重要载体，建成进入运维阶段后，可以推动宁海产业结构转型升级、提高城市品位。

围海公司规划设计的南通"空港特色小镇"，"三化"（产业化、信息化、城镇化）融合，具有生产、生活、生态美丽经济新趋势，成为南通辐射区域、产城融合的空港特色产业小镇；成为南通美丽生态、城乡统筹的生态特色宜居小镇；成为南通航空文化、江海文化的水乡特色文化小镇。

永不满足、永攀高峰、持续创新、追逐梦想，是冯全宏带领的围海团队的内在精神特质。冯全宏充满信心地说，围海股份的发展前景，可以看到百年以上甚至更长的发展空间。

冯全宏说："在新时代，企业家要强化社会责任感，超越过去追求利润最大化的观念，转化为关注人的价值，以人为本。要对绿色环境、对社会发展做出新的更大贡献。"

冯全宏表示，今后要做的就是努力把握时代脉搏、洞察发展大势，勇于实践、善于创新，按照"创新、协调、绿色、开放、共享"的新发展理念的思路、方向、着力点，打造百年围海！

专家论述

推动"四个转变" 实现"向海图强"

国家海洋局海洋发展战略研究所党委书记、纪委书记兼副所长 贾宇

习近平总书记在山东考察时强调"建设海洋强国,必须进一步关心海洋、认识海洋、经略海洋,加快海洋科技创新步伐"。海洋问题是国家发展的战略问题,开发和利用海洋是世界强国发展的必由之路。纵观历史,向海则兴,背海则衰。从1949年以来,我国的海洋战略经历了从以"生存"为底线的海洋认知,到以"发展"为基调的海洋政策,再到以"强国"为战略目标的发展过程,形成了以"建设海洋强国"为核心内涵的海洋发展战略。

目前,我国正处在实施海洋强国战略的重要机遇期,既有良好的环境和基础,也有风险和挑战,实施海洋强国发展战略应推动海洋经济向质量效益型转变,从开发海洋到向海图强转变。

海洋资源的战略价值

海洋是富饶的资源宝库 海洋经济是新的增长点

海洋是人类生存发展的源泉。海洋总面积约为3.6亿平方公里,占地球总面积的71%,蕴藏着丰富的资源,具有重要的价值。全球海洋石油可采储量约

1350亿吨，海洋天然气约140万亿立方米。海洋可再生能源约70亿千瓦，是目前全世界发电能力的十几倍。海底还蕴涵多金属结核资源700多亿吨，富钴结壳资源210亿吨，海底热液硫化物资源4亿多吨；海洋中还蕴藏着丰富的盐、钾、碘、溴、金、铀等多种矿产资源。

我国海域的自然环境和资源条件优越，有浅海、滩涂总面积约1333万公顷，已经开发利用的有938万公顷；我国海域有30多个沉积盆地，面积近70万平方千米，石油资源量约250亿吨，天然气资源量约8.4万亿立方米；我国沿海共有160多处海湾和几百千米深水岸线，许多岸段适合建设港口，发展海洋运输业；沿海地区共有1500多处旅游娱乐景观资源，适合发展海洋旅游业；我国海域还有丰富的海水资源和海洋可再生能源……我国海洋资源丰富但开发利用程度较低，因此，向海洋进军对我国经济发展具有重要意义。

目前，全球通过开发利用海洋形成的海洋产业已经超过20个，海洋经济产值超过世界经济总量的4%，成为新的经济领域和增长点。

具体来看，海洋及其沿海生态系统以及各种海洋利用途径，为全世界数十亿人口提供了粮食、能源、运输通道和就业岗位。人类对海洋的调查研究不断取得新发现，海水化学元素提取、深海海水利用等海洋资源的开发利用不断取得新成就，并在持续不断探索海底油气、深海遗传资源等新的开发领域。近10年来，我国的海洋经济保持高速增长，大型港口、跨海桥梁和海底隧道等重大基础设施的建设，加快了生产要素流动与区域经济融合，促进并支撑了沿海地区经济发展。

经济全球化离不开海洋，全球90%的贸易通过海洋运输，海洋是各国融入全球化大格局的大通道。我国的经济重心在东部沿海地区，目前已经成为深度融入全球经济、高度依赖海洋的开放性经济体。世界航运市场19%的大宗货物运往中国，22%的出口集装箱来自中国。依托海洋通道，我国已经形成了"利用两个市场、两种资源"的基本经济格局。

海洋强国战略的提出

从实施海洋开发，到发展海洋产业，再到建设海洋强国

中国既是陆地大国也是海洋大国，我国的海洋战略经历了一个从无到有、从模糊到清晰、从简单到丰富的发展过程。新中国的海洋战略历史脉络自1949

年以来，从开始萌芽到迅速发展，迄今已有较为丰富的内涵，呈现出"生存—发展—强大"的路线图。

20世纪80年代，"和平与发展"成为时代主题，我国的海洋战略也向改革开放、发展经济的角度进行重要调整，海洋战略的核心除了海洋安全问题，更主要的是经济发展问题，是开发海洋资源，发展海洋经济。进入21世纪，人类进入了大规模开发利用海洋的时期，海洋在国家生态文明建设中的角色愈加显著，在国家经济发展格局和对外开放中的战略作用更加重要。强化机遇意识，建设中国特色海洋强国，是全面建成小康社会和实现中华民族伟大复兴的必由之路。2003年《全国海洋经济发展规划纲要》首次提出"海洋强国"。

《国民经济和社会发展第十二个五年规划纲要》明确指出："中国应坚持陆海统筹，制定和实施海洋发展战略，提高海洋开发、控制、综合管理能力。"党的十六大报告提出："实施海洋开发，搞好国土资源综合整治。"党的十七大报告提出："提升高新技术产业，发展海洋等产业。"党的十八大报告从战略高度对海洋事业发展作出了全面部署，明确提出："提高海洋资源开发能力，发展海洋经济，保护海洋生态环境，坚决维护国家海洋权益，建设海洋强国。"党的十九大报告强调："坚持陆海统筹，加快建设海洋强国。"从实施海洋开发到发展海洋产业，再到建设海洋强国，进而加快建设海洋强国，我国海洋发展战略的内涵日渐丰富和完善，核心要义是为了"建设海洋强国。"

经过近70年的发展，我国海洋事业不断发展壮大，逐步发展成为具有重要国际影响力的海洋大国。从向海图存到向海开放，从开发海洋到向海图强，现在的中国已经具备建设海洋强国的基础条件，恰逢建设海洋强国的重要战略机遇期。根据《联合国海洋法公约》和中国法律法规的有关规定，我国可主张的管辖海域面积约300万平方千米，相当于陆地国土的1/3，是宝贵而有限的生产生活空间。目前，中国的海洋资源环境条件持续向好，海洋经济快速提升以及综合国力的不断增强，也将为海洋强国建设奠定坚实基础。

新时代海洋强国的任务

坚持陆海统筹，提升海洋综合实力

"坚持陆海统筹，加快建设海洋强国"是贯彻新发展理念、建设现代化经济体系的要求；依海富国，以海强国，加快建设海洋强国，是中国特色社会主义事业的重要组成部分，是实现新时代中国特色社会主义发展战略安排不可或缺的重要一环。

目前，我国海洋经济发展面临诸多挑战，维护海洋权益形势严峻。一方面，海洋产业结构和空间布局不尽合理，"海岸经济"仍然是主体，产能过剩和低质化并存，海洋战略性新兴产业不稳定、比重低。海洋经济粗放式增长尚未根本转变，海洋资源与生态环境约束加剧，科学利用海洋资源、有效保护海洋生态环境的任务更加艰巨。海洋科技对海洋经济的引领与支撑能力不足，自主核心技术缺乏，保障海洋经济发展的海洋管理体制机制需要进一步改进和完善。另一方面，我国海洋法律制度有待健全和完善，现行《宪法》中没有关于海洋的表述，缺乏统领海洋事务的基本法；现有海洋法律法规缺乏系统性和协调性，既有"法律打架"也有立法空白。

对此，我们需要以创新性思路和科学方法实施海洋强国战略，重点从"四个转变"入手，推动我国从海洋大国向海洋强国转变：

以经济为基础，提高海洋资源开发能力，着力推动海洋经济向质量效益型转变。较高的海洋开发能力和发达的海洋经济是建设海洋强国的重要基础，海洋经济应为国家能源安全、食物安全、水资源安全作出更大贡献。

以管理为手段保护海洋生态环境，着力推动海洋开发方式向循环利用型转变。美丽中国离不开美丽海洋，"富强、民主、文明、和谐、美丽"的社会主义现代化强国，离不开"碧海蓝天、洁净沙滩"。

以科技为先导，发展海洋科学技术，着力推动海洋科技向创新引领型转变。海洋高新技术是建设海洋强国的重要支撑，要依靠科技进步和创新，努力突破制约海洋经济发展和海洋生态保护的科技瓶颈。

以海上力量为保障，推动海洋维权向统筹兼顾型转变，有效维护国家海洋权益。提高海洋综合实力是捍卫国家核心利益和维护国家海洋权益的物质基础，也是作为负责任的大国"维护国际公平正义"的底气所在。

滨海旅游，休闲度假时代的蓝海

国家文化和旅游部中国旅游研究院总统计师、研究员　唐晓云

【摘要】 滨海旅游是大众旅游时代游客需求从观光为主向休闲度假为主转型阶段备受欢迎的专项旅游产品，具有很大的发展潜力。文章认为，滨海旅游是休闲度假时代全球性的核心领域，能满足游客休闲度假的几乎所有核心诉求，在全球范围内成为旅游业发展的基础支撑，并且可作为各国旅游国际化和湾区经济发展的主要依托。文章还总结了当前主要滨海旅游地的发展经验，针对中国滨海旅游的发展基础和条件，提出了我国滨海旅游发展的建设性意见。

【关键词】 滨海旅游；休闲；度假；大众旅游；可持续发展

滨海旅游是旅游发展领域一个前沿性的话题。从地理学角度讲，滨海区域是指陆地系统和海洋系统的接合部，主要包括沿海岸线的陆地、潮水出没的滩地、陆地向海面以下延伸的部分，以及与海岸相连的海域。滨海旅游则可从旅游活动吸引物角度、游客开展旅游活动的地域空间等多个维度来定义。结合前人研究文献及《2008国际旅游统计建议》对旅游的定义，本文所述滨海旅游是指所有发生在滨海区域的游客活动。按技术口径，滨海旅游区域的游客活动应

包括观光、休闲和度假，探亲访友、医疗康体、商务、专业访问、宗教朝圣及其他等类型。滨海旅游产业则是指所有为游客在滨海区域开展活动提供产品和服务的要素集合体。它是由提供滨海旅游产品和服务的各种不同分工的、各个相关行业所组成的业态总称。

一、滨海旅游是休闲度假时代全球性的核心领域

滨海旅游满足休闲度假时代游客的核心诉求。随着世界最大的客源国中国市场大众化、散客化、多元化、休闲化进程加速，全球旅游消费的核心需求呈现进一步多元化、休闲化、体验性和舒适性特征。滨海旅游地一般具有很强的空间特征，气候资源优势非常突出，适合开展的旅游活动类型多样。从产品形态看，滨海旅游目的地能依托温度、阳光等气候条件，沙滩、海岸等地质条件，水生动物、水生植物等生物条件，以及特色海洋文化等优势资源，形成从传统的滨海及海岛观光、滨海疗养、划船、潜水、帆船及滨海娱乐及体育活动，到现代滨海低空娱乐、海底隧道观光、水族馆、滨海探险、滨海休闲体育、大型滨海度假娱乐综合体等立体化旅游产品体系。从空间格局看，分布全球的滨海度假旅游地，如南亚及地中海地区、加勒比海、东南亚、夏威夷群岛等，连接了全球主要旅游客源地。由此，滨海旅游地能实现全球游客从观光游览到休闲化、多元化的不同层次旅游消费需求。

滨海旅游是全球范围内旅游业发展的基础支撑。从19世纪中叶欧洲大西洋沿岸、波罗的海沿岸开辟滨海疗养地滨海旅游的雏形形成，到20世纪初地中海沿岸成为新的国际滨海旅游中心，到20世纪中叶加勒比、东南亚、夏威夷等热带和亚热带地区成为新的滨海旅游天堂，再到今日全球性海滨度假旅游格局形成，滨海旅游的发展已经经历了150多年的历史，滨海旅游的参与者也从少数贵族的活动成为大众旅游的基本组成。2016年，联合国世界旅游组织（UNWTO）选出的全球10个最受欢迎旅游目的地国家全部是滨海国家，而这10个国家的国际游客接待量约占了全球国际旅游接待量的40%。2017年，全球国际旅客人数增长了7%，在南欧和地中海地区（+13%）带领下，欧洲国际旅客人数比之2016年增长了8%，为全球国际旅游接待最高增幅。滨海旅游是当前全球旅游增长当之无愧的重要引擎。随着全球旅游市场休闲化趋势进一步

发展，滨海旅游也将是未来旅游业发展的基础支撑。

滨海旅游可作为旅游国际化和湾区经济发展的主要依托。现代滨海旅游是一个国家和地区旅游业发展到较高水平后，旅游产品和业态升级的典型代表，更是一个国家推动旅游产品和市场国际化的重要切入点和主要依托。世界上著名滨海旅游胜地，比如西班牙马洛卡岛、美国夏威夷群岛、墨西哥坎昆、泰国普吉岛等，都是以滨海旅游为主要依托推动地区甚至国家旅游产业的国际化。近邻的日本、韩国等也分别以冲绳、济州岛等滨海和海岛旅游地来吸引国际游客，并在签证等方面予以便利化政策以加速该地区滨海旅游的国际旅游发展。从全球经济版图看，湾区经济是全球经济的重要引擎，旅游则往往在湾区的服务经济中发挥联结国际商贸和多边关系的重要作用。全球三大湾区东京湾、纽约湾和旧金山湾区亦是全球最重要的滨海旅游目的地。鉴于滨海区域及海岛在经济转型升级和国家战略中的特殊性，我国政府于2009年12月正式印发《国务院关于推进海南国际旅游岛建设发展的若干意见》，将海南国际旅游岛建设上升为国家战略，2016年又在《国务院关于印发"十三五"旅游业发展规划的通知》（国发〔2016〕70号）提出，要"大力发展海洋及滨海旅游"。

二、国际上发展滨海旅游的基本经验

坚持绿色发展，环境保护与旅游开发并举。滨海旅游经历100多年的发展，国际社会已经基本达成共识，基于滨海环境的脆弱性和不可再生性，滨海旅游开发过程中必须在坚持可持续发展，坚持保护的前提下进行旅游开发。1995年通过的《可持续旅游发展宪章》和《可持续旅游发展行动计划》，都明确提出必须将滨海旅游地作为可持续旅游的优先发展地区。Monika、Jordan和Hall等一大批学者通过对菲律宾、加勒比海等区域的滨海和海洋资源旅游开发研究，探讨了旅游业的成功与可持续发展之间的关系，认为滨海旅游发展必须处理好旅游与社会文化生态和自然环境保护之间的关系问题，否则将危及滨海生态系统健康和文化生态的延续。事实证明，世界主要滨海旅游地都是在可持续发展实践中成长起来的。

坚持协同发展，基础设施建设与旅游产品和服务建设协调推进。滨海旅游

胜地夏威夷是坚持基础设施先行的主要代表。为了发展旅游，夏威夷建立了庞大而先进的基础设施，包括高速公路、小型飞机交通、公共汽车、快艇、游船等十分便利的立体化交通体系，良好的基础设施建设为夏威夷发展旅游奠定了坚实基础。在重视基础设施建设的同时，夏威夷政府高度重视旅游服务品质。他们非常注重游客调查，关注游客需求，会根据游客需要来改善旅游产品和服务，不断提升游客满意度。有关数据表明，80%的游客认为夏威夷的旅游服务是"优异"的。滨海旅游是旅游进入休闲度假阶段的游客需求，游客对产品的休闲性和便利化要求高。基本硬件和旅游服务与产品的软件建设协同发展，才能更好满足休闲时代的游客。

坚持融合发展，形成良好的产业生态和合作格局。首先是产品和业态层面注重与相关产业的融合，包括与体育、医疗、美容、购物、美食、商务、会展、农业、渔业等直接关联产业的融合，还包括滨海装备制造、滨海体育设施、旅游纪念品制作、网络预订和营销服务等上下游相关产业的融合，构建稳定的产业生态系统，几乎所有的世界主要滨海旅游地的旅游产品都是多元化的。其次是注重形成良好的城市竞合关系，以佛罗里达的发展模式看，就是充分与周边城市的协同发展，以互补的旅游产品形成城市之间的群体组合优势明显。例如，它将州内的奥兰多主题公园、梅里特岛的肯尼迪航天中心、迈阿密国际空港门户等各具特色的旅游产品，共同组成佛罗里达州的旅游业态。再次是与目的地居民要形成互利共赢的关系，提升社区居民参与旅游的热情和对外来游客的友好度。这也是夏威夷开发的重要经验。

三、我国大力发展滨海旅游的时机已经到来

我国已经具备大力发展滨海旅游的市场基础。大力发展滨海旅游，就是解决当前人民群众日益增长的滨海旅游体验需求和高质量多样化的与滨海旅游产品供给不均衡和不充分的矛盾。2017年，我国国内旅游达到50.01亿人次，出境旅游达到1.305亿人次，出游率达到3.7%，是全球最大的旅游市场，旅游幸福已经成为幸福生活的重要组成。但无论是在节假日期间国内滨海旅游地三亚、厦门、青岛、大连等地人满为患，还是中国游客出境日本及东南亚地区滨海旅游居高不下，都凸显我国国内滨海旅游产品供给的不足。中国

游客在经历了 40 年的成长和发展后,其旅游需求正在从观光游览向休闲度假迈进,其旅游消费需求更加多元,且休闲需求更加突出。中国旅游研究院的最新调查数据显示,游客出游以"休闲度假"为目的的比例超过四成,旅游消费需求进一步提档升级。邮轮、海岛游、冰雪游等为代表的度假旅游消费增幅巨大。根据世界海岛旅游发展大会《世界海岛旅游发展报告 2016》,中国滨海旅游业最近 15 年来,平均增速达到 18%,已经成为中国海洋经济中增长最快的。总之,正在形成并不断扩大的度假旅游市场为大力发展滨海旅游打下坚实的市场基础。

滨海旅游产业体系基本建构形成。我国海岛海岸线总长 14000 多千米,海岛陆域总面积近 8 万平方千米,拥有面积大于 500 平方米的海岛 7300 多个,自北向南有渤海湾、胶州湾、杭州湾、珠三角湾、北部湾等湾区。沿海的海南、福建、广东、河北、山东等 10 余个内地省份,天津、秦皇岛、大连、青岛、厦门等 25 个地级以上沿海城市,基本上都建立了较为完整的旅游产业体系和基本滨海旅游产业体系,尤其是辽宁大连、天津滨海新区、河北北戴河、山东青岛、海南国际旅游岛、浙江舟山和宁波、福建厦门等地已经有较好的滨海旅游发展基础。但整体上,受资金、阶段性消费需求和发展政策等多种因素影响,我国滨海旅游开发尚处于较低水平。图 1 是 2010—2016 年间我国主要沿海城市接待入境旅游的情况,从其他数据可以算出,25 个主要沿海城市接待入境旅游人数占全国入境接待比重超过 30%。从国家发展改革委、国家海洋局联合发布的《中国海洋经济发展报告 2017》看,2016 年全年全国海洋生产总值 70507 亿元,比上年增长 6.8%。其中,滨海旅游业增加值为 12047 亿元,比 2015 年增长 9.9%。

据介绍,宁波滨海旅游休闲区功能定位为象山港北岸海洋旅游休闲带的标志性区域、华东地区高端会议休闲度假基地、宁波最佳滨海生态人居区,将成为上海、杭州、宁波城市居民向往的人居胜地。这个由围海公司建设的滨海旅游休闲区,整体功能布局为一心四片。"一心"即以凤凰岛为中心的海上明珠,"四片"即高尚生态山岭、活力公园小镇、梦幻游艇港湾、名邸尊荣岭屿。宁波海滨旅游休闲区是对滨海旅游产业提质增优的一个值得借鉴的范例。

综合上述可以看出,我国滨海旅游产业已经具备一定规模,且是我国海洋经济的重要支撑,连续多年成为海洋经济的重要增长点。

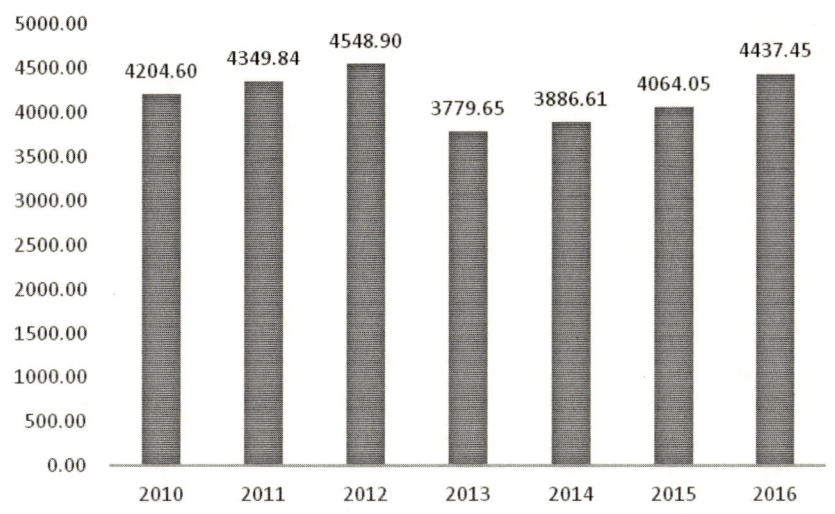

图1 2010—2016年我国25个主要沿海旅游城市入境旅游接待情况（单位：万人次）

大力发展滨海旅游切合国家战略需要。其一，"海上丝绸之路"的现实产业依托，需要以滨海旅游为突破口促进海洋经济发展。"海上丝绸之路"沿线有我国多个滨海省份，发展海洋经济是这些省份的重要发展方向，以此能带动文化、贸易、金融、交通、基建等多个领域受益。"十三五"规划以来，我国海洋产业总体保持稳步增长的态势，滨海旅游业的发展已经成为海洋经济发展的重要组成部分。其二，滨海旅游可以作为促进入境旅游发展的重要突破口。根据国际上滨海旅游发展的基本经验，滨海旅游作为休闲时代的品质化产品，可以作为对入境游客的新的吸引力来源。图2可以看出，在天津、秦皇岛、上海、福州、厦门、泉州、青岛等滨海旅游业较为发达的城市，接待外国人的比例较高。建设好滨海旅游产品，既可以吸引外来入境游客，也可以促进我国出境滨海旅游的游客回流。另外，大力发展滨海旅游将利于更好满足国民休闲化旅游消费需求，解决当前旅游活动空间过度集中的问题，从而作为国内旅游产品和服务提升的重要契合点。

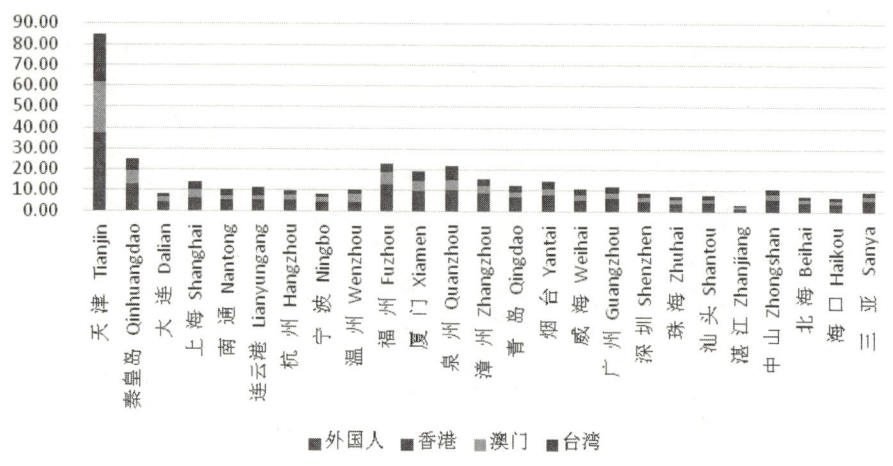

图2　2016年我国25个主要沿海城市接待入境过夜情况（单位：万人次）

综上，我国已经具备大力发展滨海旅游的基本条件，滨海旅游可以成为推动旅游市场和产业格局优化、旅游产品和服务品质提升的重要突破口，可以与冰雪旅游一道，作为面向未来并对接国家战略的旅游业态来发展。

四、对我国发展海滨旅游的建议

1. 大力发展滨海旅游需要首先推进三个转变。发展理念上，要从单纯旅游开发向可持续旅游开发转变，坚持保护与开发并重的基本原则，尤其注重滨海生态保护，遵守可持续旅游发展基本准则。产品形态上，要顺应旅游市场发展趋势，从滨海观光为主向滨海度假为主转化。实现路径上，要从单方推进到多方协同转变。规划先行，分阶段稳步推进，并使规划正确地反映规划区域的客观实际，尤其反映当地老百姓的诉求和利益，根据社会经济环境协调发展的要求，做出合理设计。建设时，避免大拆大建，避免只有企业受益或地方政府受益。

2. 建设过程要协同推进滨海旅游产业体系升级和基础设施建设。对还不具备大力发展滨海旅游的基础设施、服务设施等条件，在建设过程中将当前滨海旅游产品升级、旅游服务质量提升和基础设施建设共同推进，以品质优良的滨海旅游产品吸引游客，以良好的基础设施和城市化管理水平服务游客，避免缺胳膊断腿。稳步推动以"旅游+"为牵引的滨海旅游产业体系多行业融合，尤其推进体育、医疗、购物、美食、会展、农业、渔业等行业融合。实施重大旅游项目带动战略，做好重大旅游项目配套基础，运行社会资本参与基础设施建设。大力推动大数据技术在滨海旅游目的地及滨海城市管理中的应用，有效服务游客需求。

3. **以多部门协同的制度创新推动形成大力发展滨海旅游的新局面**。理顺滨海旅游资源开发及管理体制，滨海旅游发展过程在用海审批及海洋保护区管理方面，将涉及海洋、环保、国土、林业、渔业、旅游等多个部门，要建立多部门沟通协调机制、简化审批流程。重点滨海城市和以滨海旅游为核心业态的沿海城市，可考虑设立长期稳定的滨海旅游发展协调机构，赋予协调和沟通职能，使之能在制度审批层面加以改善，提高时效。

4. **多种渠道推进滨海旅游专业人才培养**。人才是滨海旅游长期稳定发展的基础支撑，我国旅游教育在专项人才培养，尤其是在滨海人才培养和储备方面基础较为薄弱，要以专题培训、开设专题班、继续教育，与高职高专院系合作开设专业方向等方式将职业教育与基础教育结合起来，同时采用"走出去、请进来"等方式，加大人才培养力度，使滨海旅游经营管理人才、旅游服务人才等都能满足滨海旅游发展。

推进海洋经济转型升级的九个方向

国务院发展研究中心资源与环境政策研究所副所长、研究员　李佐军

海洋产业高端化。高端化就是高附加值化。为什么要高端化？第一个理由是消费结构升级了，必须高端化满足需求。第二个理由，高成本时代到来，必须高端化才能消化那些高成本。

海洋产业特色化。我们要依托海洋资源的特色优势，发展特色优势海洋产业，形成特色竞争力。只有特色才能形成优势，只有优势才能形成竞争力，只有竞争力才能形成发展。

海洋产业要集群化。采用集群可以降低营销成本范围经济，网络效益集聚效益。具体怎么进行产业集群化：利用产业集群中的种子企业，利用行业来发展行业；利用行业中的龙头企业，种子企业与中小企业的分工协作关系。

有产业经济的品牌化。发展品牌产业，品牌企业，品牌企业家，通过品牌提高竞争力，通过品牌提升附加值，要用原来微笑曲线的加工制造，要向两端的研发、设计、品牌延伸，最重要是品牌，因为品牌意味着制高点。

推进海洋产业的绿色低碳化。要按照资源节约、环境友好的要求，来发展产业，或者提高资源能量消耗的标准，环境污染治理的标准，来倒逼海洋产业的转型升级。

海洋经济的融合化。产业生态、产业上下游的各级发展，必须融合。融合也就是分工协作，分工协作是可以提供效益的。

海洋产业国际化。海洋本来就是面向国际的。海洋是一个通道，它是全球化的一个边界，也是一个平台。所以，在经济全球化的时代，要积极主动地参与产业链的全球分工协作，分享全球分工协作的好处。

海洋产业信息化。在移动互联网时代，所有行业，包括海洋产业都必须信息化，别无他途。

海洋产业智能化。现在人工智能正在大发展，机器人行业正在大发展，海洋产业也不能例外。

长江经济带生态优先、绿色发展：从理念到实践

国家发展改革委能源研究所副研究员、副处长　苏铭

【摘要】生态优先、绿色发展是党中央、国务院对长江经济带发展的总体要求和根本定位。如何准确认识和更好推动长江经济带生态优先、绿色发展，本文从历史的视角，剖析了长江的生态地位和长江经济带既有生态环境问题，梳理了长江经济带发展座谈会召开两年来生态环境保护新进展和绿色发展新探索，并提出下一步工作建议。

【关键词】长江经济带；生态优先；绿色发展；共抓大保护；不搞大开发

长江是中华民族的母亲河，也是中华民族发展的重要支撑。习近平总书记站在中华民族永续发展的历史高度，在推动长江经济带发展座谈会（2016年1月5日）、中央财经领导小组第十二次会议（2016年1月26日）、中共中央政治局会议（2016年3月25日）上反复强调，长江经济带发展必须坚持生态优先、绿色发展的战略定位，把生态环境保护摆上优先地位，涉及长江的一切经济活动都要以不破坏生态环境为前提，共抓大保护，不搞大开发。

一、长江生态地位极为突出

亿万年来,长江自世界屋脊以降,奔流至海,蜿蜒万里,连接上下游、干支流、左右岸,形成了巨大的自然生态系统。长江是我国重要的战略水源地,多年平均水资源总量高达9900亿立方米,占全国的1/3强,每年供水量超过2000亿立方米,不仅哺育了沿江4亿多人,随着南水北调工程的逐步建成,还润泽了华北地区亿万民众。长江流域又是我国的生物基因宝库,动植物种类繁多,是我国珍稀濒危野生动植物集中分布区域,拥有白鳍豚、扬子鳄、大熊猫、金丝猴、水杉、银杉、珙桐等珍稀特有物种,森林覆盖率达41.3%,特有淡水鱼种占全国总数的60.4%,水稻地方品种占93.0%。长江流域具有涵养水源、繁育生物、水土保持、洪水调蓄、释氧固碳、净化环境等重要生态功能,对我国生态安全具有不可替代的作用。

千百年来,从巴山蜀水到江南水乡,我们的祖先逐水而居,繁衍生息,创造了光辉灿烂、瑰丽多姿的历史文化,筑牢了中华文明之基。通观中华文明发展史,长江流域人杰地灵,陶冶历代思想精英,涌现无数风流人物。时至今日,世界上诸多大河文明日渐凋零,而长江经济带仍是我国人口最密集、人才最集聚、创新最活跃、经济最发达的区域之一,更成为无数中华儿女共同的精神家园,也是连接丝绸之路经济带和21世纪海上丝绸之路的重要纽带。

二、长江经济带生态环境总体破坏严重

近现代以来,特别是最近几十年,随着人们生产生活行为加剧,长江经济带生态环境遭受了严重破坏,已成为流域生态安全和经济社会可持续发展的瓶颈。

一是水环境问题尤为突出。长江经济带人口集中、生产密集,入水污染物量大面广。工业污染首当其冲,长江沿线重化工产业密集,磷肥、硫酸、硝酸、冰醋酸、化学农药原药、化学纤维、合成橡胶、塑料制品等产量均超过全国的一半,单位国土面积产量更是全国平均水平的2倍甚至更高,其中下游地区产业密集度更是远高于全国平均水平,中上游地区仍在沿江布局天然气化工、石油炼化、煤化工、盐磷硫化工等产业,污染物特别是特征污染物种类

多、排放量大。沿线城镇产生大量污水垃圾，黑臭水体较多，而收集处理设施建设相对滞后，目前沿线城市污水处理率不足80%；农药、化肥使用量大，使用强度高，污染面广，水产和畜禽也产生大量污染物，而治理和综合利用水平不高；长江船舶流动源污染也较为严重，危险化学品运输量的增加又带来较大环境风险。工、农、城、交多源汇集，长江经济带每年废水排放量超过300亿吨，占全国的40%多，化学需氧量、氨氮等常规污染物单位面积排放强度是全国水平的2倍左右，总磷排放已成为长江流域河流、湖泊水体中第一位的超标因子，铅、镉、六价铬、砷排放量均占全国的60%甚至更高水平，汞和总铬排放量也接近全国的一半。受此影响，长江经济带水环境质量不容乐观，尽管干流水质总体尚好，大部分断面为Ⅰ~Ⅲ类水质，能满足所属水域功能的要求，但不少河段水质污染严重，部分水库、湖泊存在向富营养转化的趋势，其中岷沱江、淮河、太湖、滇池、巢湖等流域劣Ⅴ类断面较多，总磷、总氮污染十分突出。另外，近年来长江口及杭州湾海域的一、二类水质海域面积比例呈下降趋势，随长江下泄的总氮、总磷对其水质产生重要影响，富营养化问题严重，长江口、杭州湾及滨海湿地生态系统健康状况不容乐观，大多数监控区处于亚健康或不健康状态，滨海水生态环境问题亟须高度重视。

二是水资源安全风险很大。 由于人口密集，长江经济带人均水资源量仅为2350立方米，略高于全国人均水平，并不富裕。而且，水资源时空分布不均，部分地区水资源供需矛盾依旧突出，上游省市普遍存在工程性缺水问题，中游省份存在工程性缺水和水质性缺水问题，下游省市水质性缺水问题突出。长江经济带水资源利用效率也不高，工业用水重复利用率仅60%左右，城镇供水管网漏损率普遍在20%左右，农业用水方式比较粗放，灌溉水利用系数0.45左右。更严重的是，沿江饮用水水源水质不达标城市依然有10余个，一些水源保护区内仍有排污口，而且饮用水水源地与各类危、重污染源生产储运集中区交替配置，水运航道穿过饮用水水源保护区的现象较多。随着危险化学品运输量逐年增加，运输泄漏事故概率增大，饮用水源受石油污染和危险化学品污染的风险加大。应急后备水源建设滞后，应对特大干旱或连续干旱、突发水污染事件的能力不足。

三是水生态破坏状况日趋严峻。 长江上中游地区水土流失严重，石漠化问题十分突出。《全国第一次水利普查水土保持情况公报》显示长江上中游地区水土流失面积高达 4063 万公顷，据国家林业局第二次石漠化监测结果显示长江流域石漠化土地面积为 696 万公顷，占全国石漠化土地总面积的 58.0%，其中贵州省、云南石漠化土地面积分别达 324.8 万公顷和 284 万公顷。长江中下游湖泊湿地面积大量萎缩、湿地生态功能退化严重，江湖关系恶化。长江中游两岸原有超过 10 平方千米的通江湖泊 100 余个，目前仅剩洞庭湖、鄱阳湖等少数湖泊与长江直接连通。受上游大型水库群建成运行等多种因素影响，江湖水资源关系出现深度调整，洞庭湖、鄱阳湖枯水期大幅提前、水位明显下降、面积大量萎缩、生态问题突出。洞庭湖面积已由历史上的 6000 平方千米减至目前冬季不足 500 平方千米，鄱阳湖枯水期明显提前至 10 月，连续枯水位时间已高达半年甚至更长，冬季湖水面积甚至不足 50 平方千米，对生态系统平衡及流域可持续发展产生了严重影响。

四是生物多样性遭遇严重威胁。受水利水电、港口码头等工程建设及围垦、挖砂、航运、污染、过度捕捞等人为活动的干扰，长江流域水生动物的生存空间和环境严重压缩。白鳍豚于 2007 年功能性灭绝，白鲟于 2002 年以来未再发现，长江江豚濒危，胭脂鱼、松江鲈鱼等种群数量逐年下降。长江"四大家鱼"鱼苗发生量由 20 世纪 50 年代的 300 多亿尾降至目前的不足 1 亿尾，渔业资源日益枯竭。珍稀陆生生物数量也在减少，稀有种类濒临灭绝，丹顶鹤、麋鹿等世界珍稀物种的栖息地面临威胁。

五是岸线资源开发强度高且无序。最近 10 年沿长江 1000 米岸边带城镇用地面积增幅超过 50%，目前长江已开发利用岸线达 1000 千米，开发利用比例在 15% 左右。其中，下游干流岸线开发利用比例在 40% 左右，江苏省更是已超过 50%。更严重的是，近年来沿江各地纷纷提出"以港兴市""港产互动"战略，岸线资源开发混乱，无序开发和过度开发问题突出，导致整个长江主干岸线码头、水源地、排污口交替布设，部分重要湿地与生产岸线重叠，饮水水质安全和重要湿地安全的潜在风险大增。此外，岸线利用普遍存在"深水浅用""多占少用""贴岸使用"情况，进一步加剧无序利用局面。

六是大气、土壤污染问题也很严重。长江经济带总体空气质量不容乐观，特别是长三角、长江中游、成渝三大城市群污染物排放高度集中，集中连片污染问题突出。近年来，除舟山、池州等部分城市外，三大城市群绝大部分城市空气质量严重不达标，PM2.5 年均浓度普遍在 50 微克/立方米以上，亟须加大大气污染防治攻坚力度，着力改善空气质量。长江经济带诸多省份有色金属资源赋存丰富，铅、锌、铜和铅蓄电池产量均占全国的50%以上，电镀、制革等涉重金属行业高度密集，主要重金属污染物如铅、汞、镉、铬等排放量也占全国的50%甚至更高，致使土壤重金属污染范围很广、超标很高，甚至还影响到水域，环境风险突出。

三、生态优先是长江经济带发展的根本前提

长江的生态地位和生态环境破坏状况决定了当前及未来一段时期的经济发展，必须把生态环境保护摆上优先地位，切实扭转生态环境恶化态势，这是长江经济带发展的根本前提。长江经济带发展座谈会召开两年来，各部门、各地方紧紧围绕"生态优先"总体要求，建立健全"共抓大保护"体制机制，大力开展生态环境保护和治理行动，取得了显著成效。

第一，强化顶层设计，制定出台生态优先相关规划。2016年党中央、国务院下发《长江经济带发展规划纲要》，明确提出将保护和修复长江生态环境作为现阶段压倒性任务，重点强调水环境、水资源、水生态保护和治理工作。两年来，《长江经济带生态环境保护总体规划》《长江岸线保护和开发利用总体规划》《长江经济带沿江取水口和应急水源布局规划》《长江经济带森林和湿地生态系统保护与修复规划（2016—2020）》等专项规划陆续出台，明确了长江经济带生态环境治理保护的路线图。

第二，创新体制机制，建立健全"共抓大保护"制度。生态环境保护的流域特征决定了长江经济带11省市必须携起手来共同推进污染防控。两年来，中央政府部门和沿江省市积极探索条块结合的合作机制，初步建立起长江水环境联合执法监督机制、规划环评会商机制、突发环境事件应急响应机制。一些地方如新安江流域、赤水河流域积极开展了横向生态补偿机制试点，推动区域协同保护生态环境。同期，按照负面清单管理精神，《长江经济带市场准入禁止限制目录》（征求意见稿）划定了禁止准入的岸线、河段、区域和产业，强化长江岸线、河段以及长江经济带重点生态功能区保护，严格落后产能、高污染高排放产业准入。此外，11省市已全面实行河长制，构建了责任明确、协调有序、监管严格、保护有力的河流管理保护机制。

第三，补上环保短板，开展重点问题专项治理行动。针对水环境治理关键问题，两年来，推动长江经济带发展领导小组办公室会同有关部门督促沿线有关省市深入开展非法码头、非法采砂专项整治，实施长江经济带化工污染整治、长江入河排污口监督检查、饮用水水源地安全检查等专项行动。目前，长江经济带沿线非法码头得到了初步整治，应取缔的959座非法码头已全部按期拆除，非法采砂亦得到初步监管，化工污染情况得到全面排查并开展了专项整治工作，沿江2万多入河排污口得以排查并已录入国家水资源信息管理系统，地级以上城市319个饮用水水源地环境违法问题得到清理整治。

第四，夯实生态基础，实施生态环境治理修复工程。以治理工业污染、处置城镇污水垃圾、控制农业面源污染、防范船舶污染为重点，大力开展长江干支流水环境综合治理工作，每年安排数十亿乃至上百亿中央预算内投资和专项建设基金加以支持。积极开展长江上游水库群联合调度，在做好汛期防洪的基础上，积极探索汛末提前有序逐步蓄水和枯水期适时补水，努力满足下游供水、水生态等方面需求。中央财政投入和地方政府投资相结合，大力修复沿江生态系统，着重推进上游天然林保护、退耕还林还草、水土流失和石漠化治理，中游退田还湖还湿试点、湿地保护与恢复，下游沿江沿海防护林体系建设。

四、绿色发展是长江经济带必由之路

长江经济带是我国经济的活力所在，其发展事关我国区域协调发展战略和乡村振兴战略目标实现，事关我国经济高质量转型成败，未来必须要在持续改善生态环境的基础上，探索出一条绿色发展的新路径。两年来，长江经济带11省市围绕绿色转型发展，进行了积极探索。

一是推动绿色交通运输发展。《长江干线京杭运河西江航运干线液化天然气加注码头布局方案（2017—2025）》出台，促进以清洁燃料LNG为动力的集装箱船、港作船、客船发展，替代燃油船舶。《港口岸电布局方案》强调有序推进港口岸电设施建设，中央财政资金支持对全国主要港口和船舶排放控制区内港口已建集装箱、客滚、邮轮、3千吨级以上客运和5万吨级以上干散货专业化泊位岸电设施进行改造，到2020年要使长江经济带的190个港口泊位具备岸电供应能力。此外，长江船舶标准化工作积极推进，一批落后老旧、低效率、高污染的船型被淘汰，一批 LNG 动力示范船、高效节能示范船得以应用推广。

二是加快传统产业转型升级。两年来，长江经济带各省市深入推进供给侧结构性改革，化解过剩产能与实施兼并重组相结合，加大钢铁、有色、建材、家电、汽车、装备制造等传统产业结构调整力度；同时，结合互联网、大数据、云计算、人工智能等新技术，促进工业化与信息化深度融合，促进企业由生产型制造向服务型制造转变，推动产业链从前端向后端、低端向中高端延伸转变，实现产品技术、产品结构、工艺装备、能效环保等水平全面跃升。贯彻落实化工污染整治专项行动要求，长江经济带各省市积极推进化工产业向园区集聚，着力推动化工园区整体转型升级，提升园区的安全化、环保化、循环化、智能化、景观化水平，打造生态化工园区和绿色智能工厂。

其中，在阳光海湾基础上升格的宁波滨海旅游休闲区，集休闲度假、滨海生态人居于一体，对生态产业提质增优是一个值得借鉴的典型"。

三是积极培育发展绿色产业。两年来，长江经济带下游地区坚持创新引领，积极打造科技创新示范高地，加强创新基础平台建设，强化企业自主创新能力，营造良好创新创业生态，大力发展资源消耗少、生态环境友好、知识技术密集的战略性新兴产业；同时，推动长江经济带产业技术创新战略联盟发展，在集成电路、生物医药等诸多高新技术领域建立了跨区域产业联盟，通过跨区域协同合作，带动长江经济带中上游地区产业技术水平提升和绿色产业发展。目前，长江经济带自主创新示范区已建至 8 个，占全国近一半。充分挖掘自身的山水文脉特色优势，长江经济带各地积极做好生态旅游这篇大文章，一方面高标准、高规格规划好旅游景点、旅游路线，提升景区的档次和接待能力，完善交通基础设施建设，不断吸引和扩大目标人群，另一方面大力拓宽旅游产业链条，推动旅游与文化创意、休闲度假、健康养老相结合，积极发展特色旅游文化、旅游产品加工产业，培育旅游度假休闲养老于一体的商业模式。

宁波市先后做出《关于推进生态文明建设的决定》和《关于加快发展生态文明努力建设美丽宁波的决定》，努力构建生态经济、生态环境、生态文化、生态社会四大体系。宁波市第十三次党代会提出，把生态文明建设和环境保护纳入全市"六化协同"战略布局，作为推进"名城名都"建设的重要支撑。如今，宁波的"美丽乡村"如繁星洒落在四明大地。据介绍，全市已累计建成国家级生态区县(市)5个，省级生态区县(市)实现全覆盖。其中，围海公司建设的宁波滨海旅游休闲区，集休闲度假、滨海生态人居于一体，是生态产业的一个值得借鉴的例子。

四是建设秀美宜居的城镇乡村。将生态文明理念全面融入城市发展，2017年长江经济带有12个城市开展了海绵城市建设试点，有近1000千米的城市地下综合管廊计划建设，有20个城市正试点开展生态修复、城市修补工作，取得了积极成效，人居环境得到显著提升。依托近山傍水的自然生态环境、悠久丰富的历史文化乃至多样的民族文化，长江经济带特色小镇发展迅速，占据了全国近半壁江山，成为全国特色小镇建设特色最鲜明、模式最多元、效果最明显的地区。长江经济带广大农村地区积极推动污水、垃圾收集和处置，开展河渠塘坝环境整治，推进农业清洁生产，美丽乡村建设步伐正在加快。

五、下一步工作建议

要切实践行生态优先、绿色发展理念，把长江生态环境治理和保护好，使长江经济带走上生态环境友好型的绿色发展道路，真正成为我国生态文明建设的先行示范带，依然任重而道远，为此建议如下：

第一，处理好发展与保护的关系，以"慢思维"践行绿色发展。长江经济带上中游诸多地区经济欠发达、发展愿望强烈，而生态环境承载力差、历史欠账多、保护压力日益加剧，生态保护和经济发展的矛盾依然存在。必须进一步深入学习和理解"共抓大保护、不搞大开发"的深刻内涵，站在为国家负责、为民族负责、为历史负责高度，把"让一江清水绵延后世"作为第一要务来抓，改变以GDP为导向的政绩观，摒弃以经济快速增长为目标的价值观。同时，加强宣传教育，培养大众耐心，阐述绿水青山和金山银山的辩证统一关系，明晰绿水青山转化为金山银山的长期渐进过程，逐步发现绿水青山的价值，让各地摒弃牺牲绿水青山换取短期经济利益的行为。

第二，加快建立横向生态补偿机制，促进绿水青山向金山银山转化。除继续加大重点生态功能区中央财政转移支付力度外，探索建立长江经济带上中下游间的横向生态补偿机制，是落实"共抓大保护"的重要实践，也是促进绿水青山向金山银山转变的重要途径。应在系统总结新安江横向生态补偿试点、赤水河流域水生态补偿试点经验的基础上，按照"谁受益谁补偿"的原则，加快研究跨区域大范围的横向生态补偿机制，由下游开发地区、环境受益地区向中上游生态环境治理者、绿水青山保护者进行经济补偿，体现生态环境质量在整个长江经济带的真实合理价值，让绿水青山真正发挥金山银山经济效益。

第三，积极开展试点示范，探索绿色发展新路径、新模式。长江经济带各地区生态环境承载力、资源禀赋、发展阶段、人口规模、产业结构差异显著，未来实现绿色发展的路径也不尽相同。应尽快选取若干代表性区域开展绿色发展试点示范，鼓励其解放思想、开拓创新，积极探索各具特点的绿色发展新路径、新模式，重点是创新建立"共抓大保护"的新法规、生态环境治理新机制、产业绿色发展新模式、人与自然和谐共生新路径，力争尽快形成可复制、可推广的新经验，为各地实现绿色发展提供示范。

第四，加大工业、交通领域清洁能源替代力度，以能源转型引领绿色发展。大力推动能源转型，积极发展各类清洁能源，全面促进终端用能变革，从根本上降低对石油、煤炭等高碳化石能源的依赖，是提升经济发展质量、改善生态环境的关键。充分发挥长江经济带在电动汽车技术方面的先行优势，大力推动电动汽车替代燃油车，超前谋划布局，破除关键瓶颈，促进电动汽车与新能源融合发展，统筹解决新能源消纳和电动汽车发展问题。充分发挥长江经济带天然气供应来源多、供应量较充足的特点，妥善解决好LNG船舶运输安全瓶颈，加大天然气基础设施建设力度，完善价格机制和支持政策，大力推动天然气替代船舶用油、工业用煤，从源头减少入水污染物、大气污染物乃至固体废弃物排放。

海涂围垦对浙江省社会经济影响浅析

浙江省水利发展规划研究中心教授级高工 潘桂娥

【摘要】 浙江省人多地少，素有"七山一水两分田"之称。全省的社会经济受土地瓶颈制约，使得海涂围垦成为自古以来拓展发展空间的主要途径。海涂围垦在浙江有着自身独有的作用，本文以客观事实为基础，纵观历史成就，着重对新中国成立后海涂围垦在拓展浙江省社会经济发展空间、培育沿海及海岛区域经济新的增长点、为全省经济前沿窗口——沿海及海岛地区的发展保驾护航等做浅析。

【关键词】 海涂围垦；社会经济影响；浅析

一、引言

在浙江省这片土地上，自第四纪更新世末期以来，经历了星轮虫、假轮虫和卷转虫三次剧烈海侵海退的沧海桑田变迁。距今最近的卷转虫海侵大约自1.2万年前开始，当时海岸线在现今水深－110米的位置附近，经过大约6000年后海侵达到高峰，东海海域内侵到了今杭嘉湖平原西部、宁绍平原东南部、温台平原东部，使其成为一片浅海，而舟山丘陵早已和大陆分离成为群岛，浙江的陆域面积仅为现今的 60% 左右。海侵达到高峰后，海面稳定了一个时期，随后发生海退，省内东南沿海平原及海岛出露成陆，加上海退后陆源泥沙供应相对丰富，河口沙洲开始发育，海湾和潟湖被充填，局部地段海岸线向海推进，全省陆域向海延伸面积扩大。自此，勤劳聪慧的浙江人民独占先机，在滨海新淤成的海涂上开垦耕种，"秦海汉涂，唐灶宋居"是对浙江古代人民海涂利用文明历史的形象写照，经过千百年的努力，经济发达的杭嘉湖平原、温瑞平原、温黄平原、鄞奉平原、萧绍平原是浙江海涂围垦的硕果，拓展了全省陆域面积约 40%。新中国成立后，在政策扶持和群策群力奋战下，从 1950—2015 年的 66 年间，全省已累计圈围海涂 27.28 万平方千米，约占全省耕地面积的 14%，极大地缓解了全省人多地少的矛盾，提高了沿海及海岛地区防潮安全标准，推动了全省社会经济的可持续发展，为沿海及海岛地区提供了经济发展转型升级的基础条件。

二、围涂造地

浙江陆域面积 10.55 万 km^2，占全国的 1.1%；全省陆域面积中山地、水面、平坦地分别占 74.63%、5.05% 和 20.32%；全省人均耕地面积只有 0.037hm^2，是全国平均值的 2/5；人口密度是全国的 3.35 倍，浙江又是一个经济大省，国民经济生产总值在全国名列前茅，2015 年全省生产总值 42886.5 亿元，占全国国内生产总值 676708 亿元的 6.34%。随着发展步伐的加快，土地的瓶颈制约成了浙江社会经济发展的首要障碍。沿海的温州、台州、宁波、绍兴、嘉兴及舟山又是省内社会经济发展的前沿地区，但人地矛盾更为突出：沿海地区国内生产总值占有全省的 74%，人口占全省总人口的 55%，而耕地却只占全省的 48%。开发土地资源、拓展社会经济发展空间成了沿海地区的要务。浙江是海洋大省，海域辽阔、海岛众多、岸线绵长、海涂资源丰富，全省海域面积 26 万 km^2，面积大于 500m^2 的海岛有 2878 个，是全国岛屿最多的省份，其中面积 502.65km^2 的舟山岛为中国第四大岛；海岸线总长 6600 多千米，大陆与海岛海岸线总长居全国首位；据 2010—2011 年开展的第六次海涂资源调查，全省海涂面积（包括河口区）228626.7hm^2，理论深度基准面与 2m 深度基准面之间的资源为 126000hm^2，2m 深度基准面与 5m 深度基准面之间的资源为 216666.7 hm^2。

如何在仅占全国1%的土地上产出占全国6%以上的产值，对于土地资源紧缺的浙江，围涂造地、向海要空间成了唯一出路。浙江省委、省政府历来高度重视海涂围垦，20世纪50年代成立浙江省围垦滩涂指挥部，1958年省政府颁发《浙江省围垦滩涂建设暂行规定》，1980年省水利厅制订颁布《浙江省海塘工程技术规定》（1999年修编），1996年省人大常委会颁发《浙江省滩涂围垦管理条例》（2015年进行了修正），2005年发布"浙江省人民政府关于科学开发利用滩涂资源的通知"，2008年以浙江省围垦技术中心为主编单位之一制订的《滩涂治理工程技术规范》作为国家行业技术标准颁布，可以看出从政府决策、行业管理、技术规范等各个层面，使海涂围垦有规可循、有据可依，全省沿海及海岛7个市30余个县（市）的海涂围垦，呈现了非常难得的良好态势和发展机遇。自2003年以来，全省年均围成面积达6666.67hm²以上，年均投资额达30亿元以上。2015年在建围垦工程面积更是达到了51966.37hm²，完成投资高达64.19亿元。自新中国成立以来，全省累计围成海涂面积达27.28万平方千米（见图1），增加了2.63%的陆域面积，有效缓解了经济社会发展与土地资源紧缺之间的矛盾。

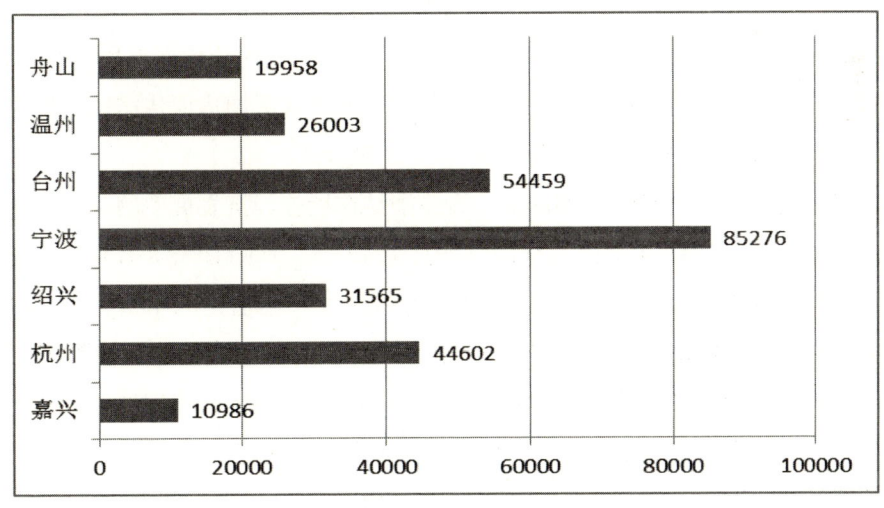

图1　1949—2015年全省围成海涂面积（hm²）

海涂围垦在为社会经济发展提供空间的同时，也使耕地"占一补一"政策的实施成为可能。目前，海涂围垦项目按围成面积的一定比例列为省统筹补充耕地指标，以实现全省耕地占补平衡。在2010—2011年调查的22.86万平方千米海涂资源中，可用于围垦造地的海涂资源15.39万平方千米，规划到2030年新建海涂围垦项目总计面积11.53万平方千米，主要开发利用方向为农用地、建设用地、围区水域湿地。这将有效缓解经济发展与用地紧张之间的矛盾，履行海涂土地为经济建设提供后备土地资源、建设用地、补充耕地指标的三项任务。

三、围区经济

从新中国成立后浙江省的围垦历程来看，全省通过围垦造地，缓解了人多地少、劳力过剩的矛盾，平原、贫困山区、海岛群众向垦区移居达到脱贫致富。最早向垦区大规模移民是在1970年冬，萧山区通过宣传、引导，采取自愿报名、群众推荐、组织批准的程序向新围垦区移民，至1989年约有1.73万户近6万人移至垦区，人均占有耕地0.089hm²。杭州下沙围垦区至1989年实有耕地面积1490.07hm²，垦区户数5136户，人口16611人，人均占有耕地0.09hm²。绍兴围垦区至1989年实有耕地面积1820.6hm²，垦区户数4791户，人口16949人，人均占有耕地0.107hm²。垦区人均耕地面积均高于全省平均值。通过政府组织、群众自愿的几次大规模移民，以及垦区周边原住居民，至今全省已有约50万人在围垦区安居乐业。

随着海洋强省政策的贯彻落实，海涂围垦在社会经济发展中的地位得到了进一步的提升。2015年浙江的全国百强县为17个，其中有58.8%为围垦大县（市）。据不完全统计，2015年浙江全省各围区生产总值达10449亿元，占全省生产总值的24.36%，围区已开发利用面积达21.5万平方千米，占已围面积的78.74%。围区开发类型主要以耕地、园地、水产养殖、工业用地、房地产为主，同时形成水面湿地1.6万平方千米。参见图2。

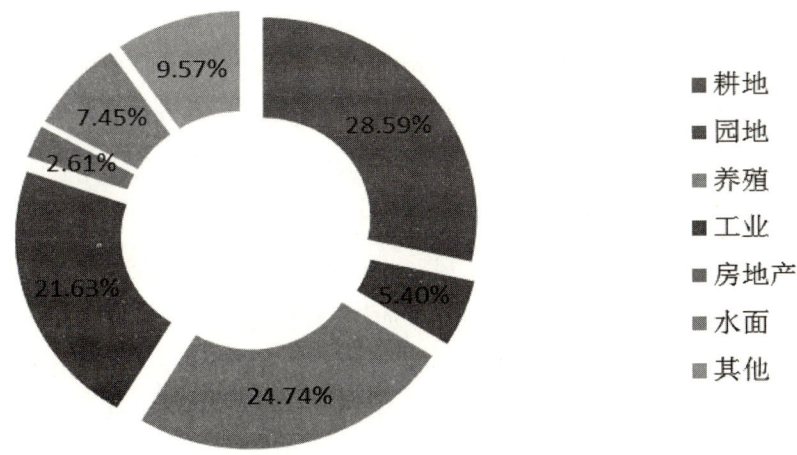

图 2　2015 年全省围区开发利用情况

2011 年全国首个国家级群岛新区——舟山群岛新区设立后，舟山成为海洋经济强省战略的焦点，囿于岛屿发展空间的限制，海涂围垦凸显出其重要性。如位于普陀区沈家门东北侧的舟山东港围涂工程，在普陀区"十二五"规划中的地位至关重要。该工程是普陀区东港新区发展的关键，东港新区围涂工程分三期实施，首期开发 400hm^2，其中围涂 245hm^2；二期 630hm^2，其中围涂 420hm^2；三期 170hm^2，其中围涂 120hm^2。新区开发面积中有 65.4% 为新围海涂面积，东港围涂工程使东港新区"沧海变商地，东港建新城"的愿景与使命成为现实，东港人围涂造地，产城融合的发展模式，已经为全省新型城镇化发展提供了良好的滨海发展样本。随着工程的进展，东港的投资环境日臻完善，开发前景对海内外客商产生了强烈的吸引力，大型超市、购物广场、商务中心等新型商业项目相继落户东港，新区在引进项目的同时，相继建成了一大批富有特色的城市配套设施和现代住宅小区。东港作为宜居海滨生态新城形象正逐步树立，新城建设既成规模。

四、海堤防潮

浙江省的主要自然灾害是台风和热带风暴,它具有狂风、暴雨、高潮三大破坏力,三者叠加破坏力更大,对工农业生产和人民生命财产安全造成巨大威胁。据统计,新中国成立以来影响浙江省的台风有170多个,其中登陆或贴岸转向的有约40个,平均1.5年一次台风影响,给社会经济的发展造成极大的破坏。如1997年的11号台风,最大风速40m/s以上,又恰遇天文大潮,致使全省145万人紧急大转移,造成直接经济损失200亿元。

1997年11号台风过后,浙江省委、省政府发出"万众一心修海塘"的号召,动员全省人民集中人力、物力和财力,建设千里高标准海塘。在近年来的防台风工作中,把"不死人、少伤人"作为防台风的首要目标,落实人员避险梯次转移、海上船只回港避风、抢险救灾、灾后恢复等措施,有效地减少了人员伤亡和财产损失,把灾害造成的损失降到了最低程度。据统计,浙江省投资50多亿元建成了近1400km的高标准海堤,在提供大片土地后备资源的同时,从根本上提高了沿海地区防御风暴潮的能力。例如在钱塘江河口地区,根据江道整治规划,贯彻"围涂服从治江,治江结合围涂"的指导方针,通过不断地治江围垦,使游荡多变的江道得到了根本性的治理,萧山上游70余千米的河段基本趋于稳定,减轻了洪潮灾害,提高了通航、排涝能力,两岸人民不再遭受潮灾侵袭。杭州主城区海堤按500年一遇防洪潮标准设计,其他堤段也达到了百年一遇标准。

近年来,围涂结合标准海塘建设,大大提高了海塘抵御风暴潮自然灾害的能力,有力保护了沿海地区人民生命财产安全和保护区内工农业生产的正常运转。据统计,全省已建海堤总长2700余千米,保护人口2400多万人,保护耕地126.67多万平方千米。仅2015年,全省新建200年一遇海堤5936m,100年一遇海堤15606m,50年一遇海堤16816m。海堤建设为围垦区的经济增长做出了巨大的贡献。

五、围垦技术

浙江的筑堤技术可以追溯到东汉时期,当时的会稽郡官员华信发动百姓在钱唐县筑起中国历史上有记载的第一条海堤，使西湖与大海隔开成为淡水湖，该堤为土质结构，也是"海塘"一词的由来。五代时吴越国钱镠在土塘的基础上进行改进，筑起竹笼石塘即"钱氏捍海塘"，1985年杭州在修建江城路立交桥时还发现有竹笼石塘的遗迹：6行"榠柱"整齐排列，榠柱长达6m，榠柱间一排填土，一排满装石头的篾笼，与文献记载相符；该法采用至今。宋代发明了柴塘，用树枝、条柴和土做材料，一层土，一层柴，并钉上木桩，层层加高，层层夯实；据清连仲愚《上虞塘工纪略》载："柴塘以柔克刚，分水之力，杀水之势，海潮怒激，见之而息。"经历代研究、实践、改进，直立式石塘、石砌斜坡塘、鱼鳞大石塘、丁由石塘等海堤，在钱塘江屹立千年，挡住了滔滔涌潮，成为与钱江潮齐名的宏伟景观。

新中国成立后浙江在海涂围垦基础处理、施工设备、理论研究、促淤技术等方面进行了一系列的研究、改进、试验、优化等工作，并取得了一定成就。

浙江东南沿海和海岛地区多为淤泥质滩涂，软基处理成为海涂围垦的重点工作之一。20世纪60年代广泛采用砂井技术，70年代采用砂垫层处理，80年代引进土工合成材料处理软土地基，并开始采用爆破挤淤法处理技术，90年代塑料排水板处理软土地基在多个围垦工程中应用成功。进入21世纪后，海涂围垦由浅海滩涂向深水涂面扩展，浙江开始引进控制加载爆炸挤淤置换法并加以改进，在省内多个围垦工程中成功应用。软土地基处理技术的长足发展，为海涂围垦事业做出了积极的推动作用。

在海涂围垦施工设备方面，浙江走过了一个从简单劳力发展到机械化施工的漫长过程。古代、近代直至成立之初，围垦工程主要依靠人力加上简单的机具施工，后经多年的努力，研制、引进各种施工设备，使劳力得以解放，质量得以提高。如1985年研制成功的液压对开驳，使石方运输效率大大提升；1989年粉砂地基采用泥浆泵群水力冲填的研究成果，结束了钱塘江两岸肩挑手扛、人海战役的围垦历史；1990年研制成功的桁架式土方筑堤机，在海堤闭气土方施工方面贡献巨大；1991年研制成功具有GPS卫星定位装置和自动切割设施的海上插设塑料排水板船，是具有高科技含量的现代化施工机械，在采用排水板进行基础处理上广泛应用。海宁明清鱼鳞石塘的防护工程施工，在岸线弯曲、潮流顶冲、丁坝挑流护岸作用不大的堤段采用在护坦外侧打钢筋混凝土长板桩，该法曾在1988年进行打桩试验，研制出专用于海宁直立式海塘的多功能步履式柴油锤打桩机，使打板桩取得了突破性的进展。施工设备的研制成功，有效地解决了海涂围垦中遇到的施工难题，提升了围垦技术水平。

长期以来，海堤工程水文计算没有专门的设计规范（规程），塘顶设计高程均按经验处理，缺乏科学依据。为此，浙江省从1978年开始就进行了大规模的海堤调研，在进行一系列的课题研究后于1980年制订并颁发了《浙江省海塘工程技术规定》，并于1989年、1999年做了两次修订。后又开展了开敞式海岸波浪要素及波浪爬高的试验研究、钱塘江尖山河湾南股潮整治研究、浙东海堤抗波浪性能试验等研究工作。为适应国民经济各部门对海涂工程项目进行建设和管理的需要，统一海涂围垦工程建设的设计标准和技术要求，自1992年开始对全国沿海省市有关部门及海涂围垦工程进行调研，历经17年，至2008年以浙江省围垦技术中心为主编之一的《滩涂治理工程技术规范》由水利部批准颁布，于2009年2月10日起实施，填补了全国海涂围垦技术规范的空白。

浙江在护岸保滩、促淤工程方面，长期坚持工程措施与生物措施相结合的理念，从1970年开始，先后开展了大米草促淤技术推广、丁坝和顺坝促淤工程研究、网坝促淤试点、互花米草引种试验，以及高低坝促淤、低坝宽平台等研究，并成功应用于促淤保滩和消浪防台，取得了明显成效。

围垦技术的进步，提升了全省的水利科技实力，营造了围垦人员钻研科技的氛围，促进了海涂围垦事业的发展，形成了科技研发和海涂围垦良性循环的常态。

六、水资源利用

在河流入海口修建海涂水库是沿海地区利用淡水资源的主要工程措施，主要用于灌溉供水，兼有围垦港内海涂、利用港道养殖、改善生态环境等综合效益。浙江在晚清时期就开始了堵港蓄淡水库修建工作，当时在象山县修建了定塘、长塘、三叉塘等堵港工程；民国4年（1915年）堵筑西周长庆塘，蓄淡4万立方米。新中国成立后，全省通过围垦已建成库容在100万立方米以上的海涂水库近20座，面积7000余平方千米，增加了蓄水库容2亿余立方米。宁海县胡陈港集水面积196km^2，港内水面面积10km^2，堵港工程于1980年建成,围垦海涂833.33hm²,蓄淡水库总库容8172万立方米,正常库容6700万立方米,可使2个区11个乡镇共计7466.67 hm²农田百日无雨保丰收,同时提供养殖水面800hm²。象山县大塘港长约20km,港宽平均约400m,集水面积134km²,堵港工程于1975年底完工,围垦海涂866.67hm²,蓄淡水库设计总蓄水量4675万立方米,正常蓄水量3135万立方米,可灌溉2个区8个乡的农田4933.33hm²,缩短海堤堤线40km,使沿海3666.67hm²农田免受潮水侵袭,同时增加养殖水面400hm²,人畜用水亦大为改善[3]。

围海公司建设的玉环县漩门二期蓄淡围垦工程于2005年12月完工,工程新建海堤6.2km,堵坝1.08km;围垦面积3733.33hm²,其中蓄淡水库占地1600hm²,总库容8312万立方米。工程建成后,在确保蓄淡供水的前提下,开发滨水林带、旅游度假区、农业科技生态产业区,大大改善了漩门湾的生态环境,助力漩门湾湿地公园相继成功申报为国家级水利风景区即当时全国围垦工程中唯一的国家级水利风景区、省级湿地公园和国家级湿地公园、浙江省生态文明教育基地、全国首批中小学环境教育社会实践基地,并获得"中国生态保护最佳湿地"称号。

位于宁波慈溪市郑家浦与徐家浦围涂区内的郑徐水库,占地666.67hm²,2010年开工2016年竣工,总库容4508万立方米,兴利库容3500万立方米,目前水库已蓄水超过3000万立方米,是一座集水功能、水生态、水景观和实用性、生态性于一体的海涂水库;工程的建成能有效改善周边河网水环境,大大提高水资源调蓄能力,为慈溪水资源利用提供重要保障;水库水面线型的设计以慈溪市版图轮廓为基础,采用半湖半库形式,配合景观绿化营造出自然、生态的湿地湖景,花石草木之间,充分体现了地方特色,别有一派恬静内秀的韵味。

这些海涂水库的建成,充分利用了淡水资源,缓解了沿海缺水地区的用水矛盾,改善了当地水环境。

七、结语

海涂围垦是建设与造地同时进行的项目,工程建设一般利用海涂水域,很少占用现有陆域土地,而围成后的围区可以填筑成为陆域土地,为经济社会的发展提供空间，一方面保障了内陆建设用地的占补平衡，另一方面在防台御潮、治江治水、农业开发、工业发展、港口岸线利用、休闲旅游度假等方面发挥了不可替代的作用，为改善人们生活水平、提高生活质量创造了必不可少的基础条件。过去几十年，海涂围垦对浙江社会经济的发展起着不可替代的促进作用。随着社会的发展，海涂围垦的作用也将进一步得到提升。本文主要分析了浙江省海涂围垦对社会经济发展的影响，全国沿海11个省市海涂围垦对社会经济的贡献因地而异，值得进一步分析探讨。当然，由于技术的限制、某些地方政府思想理念的差异等，海涂围垦也难免会对社会发展造成一些不利影响，有待今后做进一步的探索。

象山港避风锚地海堤软土地基的沉降特性

宁波滨海旅游休闲区管委会　亓德顺
浙江省围海建设集团股份有限公司　殷航俊

【摘要】本文根据海堤施工期原位观测资料，探讨塑料排水板处理后的软土地基的沉降规律和土的固结度发展过程，分析地基土的应力应变关系和变形模量，提出沉降量计算的改进意见。采用的方法和成果可供类似工程观测资料分析、海堤工程设计和施工参考，并有助于软土力学的理论研究。

【关键词】软土地基；海堤工程；原位观测分析；固结沉降；应力应变

一、前言

奉化区象山港避风锚地项目位于宁波市奉化区莼湖、裘村镇境内，地处象山港中部北岸。海堤闭合线由东堤、南沙山岛、南堤、悬山岛、西堤组成，保护人口3万人，农田1.2万亩，围区内形成7平方千米的内湖水域，台风期间用于渔船避风，平时开展水上旅游休闲和训练活动。海堤总长3520米，配套建设两座8m×3孔水闸和一座500吨级船闸，防潮标准50年一遇。项目于

2013年1月开建，2017年7月完工，工程总投资6.91亿元。

南堤位于南沙山至悬山岛之间，海堤长2766米，为土石混合结构，复合斜坡式断面型式。堤顶高程6.5米，最大坝高11米，堤顶宽16米。

二、工程地质 地基处理 原位观测设施

2.1 工程地质

土层结构主要由上部的淤泥及淤泥质黏土和下部的粉质黏土、黏土及含砾粉质黏土组成，土层的主要物理力学指标见表1。其中上部淤泥①-1层及淤泥质黏土①-2属滨海相沉积软土，厚度20~28米，呈灰—灰略黄色，饱和、流塑状，具有典型的高含水量、高压缩性、高灵敏度、低抗剪强度等滨海软土特性，渗透系数小，荷重作用下固结很慢。①层是海堤持力层和稳定控制层，工程地质条件差，天然地基不适合海堤加载要求。下部土层工程性质良好。

2.2 地基处理

本工程采用塑料排水板处理，正方形布置，非堵口段间距1.2m，堵口段间距1.1m，排水板深度以保证海堤稳定和沉降控制为目的而确定，在主堤打穿①淤泥及淤泥质黏土层，伸入较坚硬的下卧层1m，最大深度30m，在子堤插入涂下15~17m。采用C型排水板，宽10cm，厚0.5cm，纵向通水量≥50 cm^3/s，滤膜渗透系数≥$5\times10-4$ cm/s，等效孔径O98<0.075mm。在海涂面铺3t/m裂膜丝机织土工布一层和厚1m碎石排水垫层，排水板露出碎石顶20cm，顶部盖铺12t/m机织土工布。排水板主要采用GPS定位下成块船插，涂面较高处采用陆插。

2.3 原位观测设施

为了解海堤地基性态的变化，保证填筑安全，在南堤设了6个断面沉降观测断面，每个断面6个观测点。沉降板（管）在碎石排水垫层铺设后埋设，并进行了4年的不间断观测。见图1，南堤断面结构及沉降板布置图。

三、总沉降量分析

3.1 沉降量与时间关系

当前，软土地基工程设计中的沉降和固结度分析仍以太沙基竖向固结理论

表1 地基土的物理力学指标设计参数表

土层名称	比重	含水量 %	湿密度 g/cm²	干密度 g/cm²	孔隙比	液限 %	塑限 %	压缩系数 1/MPa	压缩模量 MPa	固结系数(200KPa) cm²/s	渗透系数 cm/s 水平	渗透系数 cm/s 垂直	快剪法 凝聚力 KPa	快剪法 摩擦角 °	固快法 凝聚力 KPa	固快法 摩擦角 °
①-1淤泥	2.75	64.8	1.64	1.03	1.765	52.1	31.1	1.86	1.5	5.08E-4	3.7E-6	2E-6	2.6	5.3	6.8	10.3
①-2淤泥质黏土	2.75	48.9	1.74	1.168	1.356	50.5	30	1.05	2.2		1.4E-6	8.5E-7	4.9	7.9	8.8	12.6
②粉质黏土	2.73	30.3	1.92	1.47	0.842	38.3	23.7	0.33	5.63		9.7E-6	5.8E-6	16.5	17.2	26.6	19.8
③黏土	2.73	28.1	1.95	1.52	0.795	40.8	24.7	0.307	6.09	1.86E-3	1.7E-6	3.7E-6	25.9	17.6	29.5	20
④含砾粉质黏土	2.72	25.5	1.97	1.62	0.747	39.2	23.5	0.314	6.014	4.27E-3	4.6E-5	3.4E-5	26.6	18.8	34.2	20.1

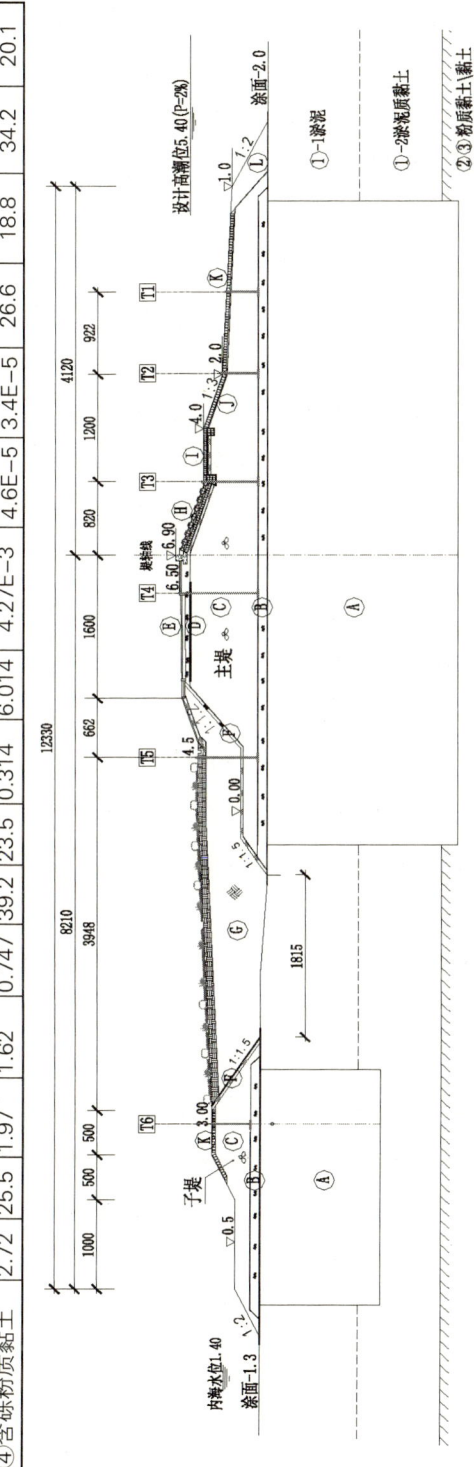

图1 南堤断面结构及沉降板布置图

A 排水板；
B 3t/㎡膜膜丝布，100cm厚碎石垫层，12t/m工布；
C 碎石；
D 5t/m双向土工格栅，石渣垫层；
E 30cm厚水泥翻砼定层，12cm厚沥青热面；
F 30cm厚石渣垫层，500g/m²土工布；
G 种植土及表层种植土；
H 30cm厚石渣层，35cm厚干砌块石，0.7t/只砼四脚空心块；
I 50cm厚灌砌石；
J 50cm厚大块石理砌（C20砼灌缝）；
K 大块石理砌；
L 大块石护脚；

① - 1淤泥
① - 2淤泥质黏土
②③粉质黏土黏土

☒ 沉降板（管）及编号，
图中系1985国家高程基准，以m计，尺寸以cm计为基础，无论是一维竖向固结、还是轴对称径向固结，固结度总是随时间的指数函数变化。因此，我们可用下式作为沉降过程的一般形式

$$S_t = S(1 - \alpha e^{-\beta t}) \tag{1}$$

S_t——t 时刻的沉降量

S——最终沉降量

t——时间，取"年"为单位

β——指数，反应函数的收敛快慢程度，其绝对值越大表示沉降曲线收敛越快，较小的表示收敛较慢。$\beta > 0$，S_t 是一个随时间递增，并收敛于 S。

α——系数，反应函数曲线的总体斜率。

通过原位观测资料分析确定参数 S、α、β，其好处是将土层性质、工程结构、填筑方式及各种客观因素都包含在这三个参数中。

3.2 非线性回归分析估计总沉降量

采用 2013 年 12 月至 2017 年 12 月施工期实测沉降观测资料，进行非线性回归分析，确定参数 α、β。

取变量 $y = S - S_t$，（1）式写为：$y = S\alpha e^{-\beta t}$

两边取对数，$\ln y = \ln(S\alpha) - \beta t$

令：$y' = \ln y$，$a = \ln(S\alpha)$，$b=$ 上式写为：$y' = a - t$

通过直线回归分析，确定 a、β 值，然后还原。

3.3 算例 1

南堤 2+500 米堤顶 T4 点 2013 年 12 月至 2017 年 12 月沉降观测资料，其中 2017 年 7 月前为施工期，累计沉降 4.22m。

地基最终沉降量 S 可以用"分层总和法"计算，但往往难算准确，计算结果总是偏小。为了最大限度拟合实测沉降过程线，可先假定 S 值，在非线性回归分析中，以相关系数最大的原则来确定 S 以及相应的 α、β。

本沉降点的 $\ln y \sim t$ 的关系见图 2。试算得：当 $S=457$cm 时，$R_2=0.9964$ 为最大。沉降量公式为 $S_t = 457(1 - e^{-0.65t})$，沉降过程线如图 3。

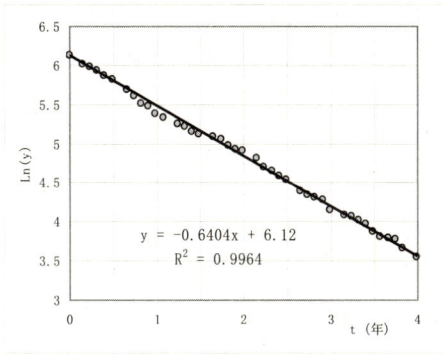

图 2　南堤 2+500 米，堤顶 T4 点

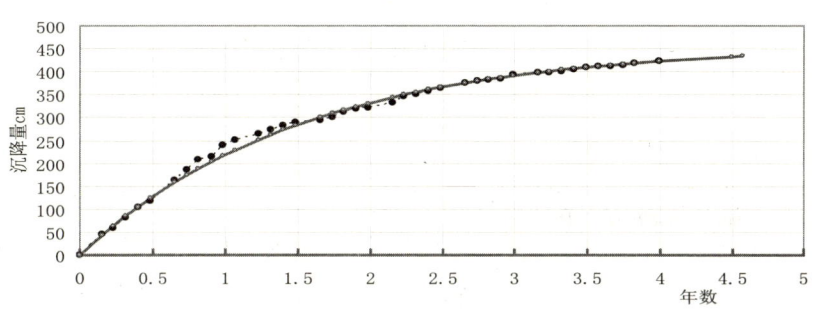

图 3　南堤 2+500，堤轴线处 T4 点沉降过程线

3.4　一些沉降特性

（1）最终沉降量分析成果

用同样方法求得南堤各观测点的 $S \sim t$ 数学公式，参数分组平均值见表 2。其中海堤抛石部位 $\alpha =1.014, \beta =0.666$；闭气土方部位：$\alpha = 0.988$，$\beta =0.286$。

表 2　沉降量公式参数表

分组	S	α	β
堤顶 T4 组	432.5	1.097	0.673
外海平台 T3 组	338.3	1.002	0.605
外镇压层 T2 组	224.7	0.928	0.564
外镇压层 T1 组	213.7	1.015	0.694
内坡土方区 T5 组	338.8	0.988	0.286
子堤 T6 组	208.8	1.026	0.792

2+100 米典型断面 T1～T6 沉降点的过程线如图 4。

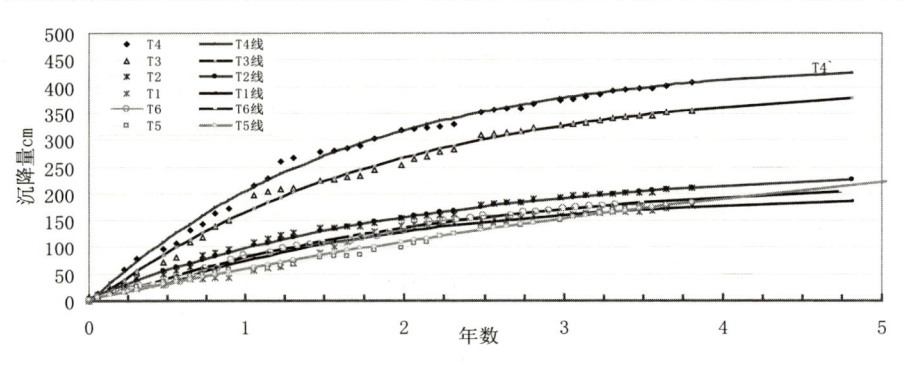

图 4　南提 2+100 米典型断面沉降过程线

（2）完建时的工程性态

海堤从涂面填至设计堤顶高程平均施工期 3.22 年，完工时海堤抛石部位地基平均固结度达到 88%，堤顶部位剩余沉降量约 0.4m，沉降速率 2mm/月，沉降基本稳定。闭气土方部位则不然，从 T5 组情况看，平均固结度仅为 60%，剩余沉降量约 1.4m，沉降速率 2.7mm/月，后续沉降量较大。原因是 T5 组沉降点靠近排水板地基边缘，其内海侧是不设排水板的截水槽闭气土方区。

（3）排水板的处理效果

从本工程情况看，地基经排水板正常处理的抛石部位沉降指数 $\beta=0.666$，排水板边缘地基 $\beta=0.286$。另外，作者有过奉化小狮子口围垦标准海塘的建设经历，该海堤同处象山港北岸、奉化市松岙乡境内，距本海堤约 10km，该海堤长 2000 米，平均坝高 6.7 米，软土层性态及填筑过程与本工程类似，地基未处理，于 2000 年 4 月建成。从该海堤沉降观测资料分析，$\beta=0.126\sim0.175$。可以认为：软基在没有排水板处理的情况下 β 在 0.14 左右。

有排水板的地基，土中孔隙水主要发生水平向渗流向排水板消散，渗径大大缩短，再经排水板流向地面。固结速率呈指数衰减，初期很大，衰减得也很快。本工程看，前几级填筑期固结速率很大，经过一段时间（约 3 年）固结度达到一定水平后固结速率就很小了。以 3 年工期而论，排水板地基比无排水板地基的总固结度提高了 2.5 倍。从固结时间上讲，同样达到完工时的 88% 固结度，无排水板地基需 15 年，是有排水板的 4.7 倍。

四、瞬间加载固结过程分析——变指数法

4.1 基本假设和计算公式

前一节分析的沉降过程中，将海堤填筑期视为一个连续的加载过程，并以 β 值来表征固结的快慢程度，建立了统一的沉降过程公式。

实际海堤是间隔一段时间逐级填筑上去的，每次加载强度为 p_i，通过若干次加载达到设计顶高程，总加载压力 $P=\sum p_i$。下面分析分级加载情况下的固结度发展过程。

假设：每一个加载是独立的，产生的沉降量 S_i 与加载强度 p_i 成正比，总沉降 S 是各单个沉降 S_i 在时间上的叠加。每一个加载是在开始填筑到填筑完毕的时间的中点一次瞬间加上去的。基于与沉降量过程线趋向一致性的考虑，每一个瞬间加载沉降过程必取总沉降过程相似的指数函数形式，即：

一个瞬间加载 t 时的沉降量：$s_{i,t} = s_i(1-e^{-\lambda_i \cdot t_i})$

总荷载下 t 时的总沉降量：$S_t = \sum_{i=1}^{n} s_{i,t} = \sum_{i=1}^{n} s_i(1-e^{-\lambda_i \cdot t_i})$ （2）

t 时的总固结度：$U_t = \sum_{i=1}^{n} \frac{s_i}{S}(1-e^{-\lambda_i \cdot t_i})$

因各级沉降量与该级加载强度成正比例，$s_i/S = p_i/P$，上式总固结度也可写成：

$$U_t = \sum_{i=1}^{n} \frac{p_i}{P}(1-e^{-\lambda_i \cdot t_i}) \quad (3)$$

式中，

s_i，s_{it}……为第 i 个瞬间加载产生的最终沉降量和 t 时刻的沉降量；

S，S_t……最终总沉降量和 t 时刻的总沉降量，$S=S_\infty=s_1+s_2+\cdots+s_n$，经上节分析，最终总沉降量 S 已知。

t_i……第 i 级荷载作用的时间，即从该级荷载开始至完成加载的时间中点起

算的时间长度,以年为单位。

p_i,P……第 i 级加载荷载强度和总荷载强度,$P=p_1+p_2+……+p_n$。

λ_i……第 i 级瞬间加载的指数。

加载初期,地基强度低,持力层厚度较浅,排水板的通水性良好,表现为固结速率很大,λ 也较大。随着加载的进行和沉降的发生,一方面由于前几级加载使地基强度提高、渗透系数减小,持力层厚度加大,以及当级加载在堤身的应力扩散作用使其对地基的敏感度减弱;另一方面大变形情况下排水板会严重曲折,其滤水性、通水性会下降;因此,随着加载的进行,λ 会逐渐减小,最后趋向于总沉降过程一致。

对于第一级加载的指数为 λ_1,我们可用砂井公式对它做出估计。

砂井排水平均固结度公式为:

$$U_r = 1 - e^{-\frac{8}{F(n)} T_r} \tag{4}$$

其中,
$$F(n) = \frac{n^2}{n^2-1} Ln(n) - \frac{3n^2-1}{4n^2}$$

式中,
$$T_r = \frac{c_H}{d_e^2} t$$

Tr——径向固结时间因素

CH——水平向固结系数

n——井径比,为每个砂井有效影响范围直径 d_e 与砂井直径 d_w 之比,$n=d_e/d_w$,正方形排列时为 1.128 倍孔距;d_w 为砂井直径。

实际工程中,考虑排水板与砂井(理想井)不同,以涂抹、井阻因子对 $F(n)$ 加以经验性修正。

与式(4)对应,可以用式(5)来估计 λ_1。

$$\lambda = \frac{8}{F(n)} \cdot \frac{C_H}{d_e^2} \tag{5}$$

对于最后一级瞬间加载的指数 λ_D,可约取总固结度的指数 β。

4.2 用实测沉降资料分析瞬间加载固结度

试算法的具体做法:

1)按填筑过程计算 p_i/P。如各级填筑材料密度相同,$p_i/P = h_i/H$,h_i 为每次填筑厚度，H 为总填筑厚度。

2）用式（5）估计的基础上，假设 λ_1，并使 $\lambda_D=\beta$，其间 $\lambda_{(2)}$ λ_3…随时间按直线关系内插。用式（6）计算每一个加载对总固结度的贡献值，得 $ui \sim t$ 关系；

$$u_{i,t} = (1-e^{-\lambda_i \cdot t})\frac{p_i}{P} \qquad (6)$$

3）按填筑过程将各 $ui \sim t$ 关系线在统一的时间坐标上叠加，取得累计加载的总固结度与时间关系 $Ut \sim t$；

4）$U_t \sim t$ 过程乘总沉降量 S 即为沉降过程线 $S_t \sim t$；

5）绘制 $S_t \sim t$（或 $U_t \sim t$）曲线，并与实测沉降过程比较；

6）以不同的 λ_1 进行试算，直至与实测沉降过程弥合较好。可建立实测沉降量与计算沉降量（或固结度）的相关图来检验 λ 合适性，以斜率最接近 1 和相关系数最大为准则。

工程设计时最关心的是中后期的固结度，以估计土的抗剪强度的增值，故要重点关注两条曲线在中后期的弥合情况。

[举例] 南堤 2+500 米 T4 点。

1）填筑过程如图 5。该点填筑高程 –0.7 ~ 6.85 米，分八次加载，最终沉降量 4.57 米。该点的沉降过程为 $S_t = 457(1-e^{-0.65t})$

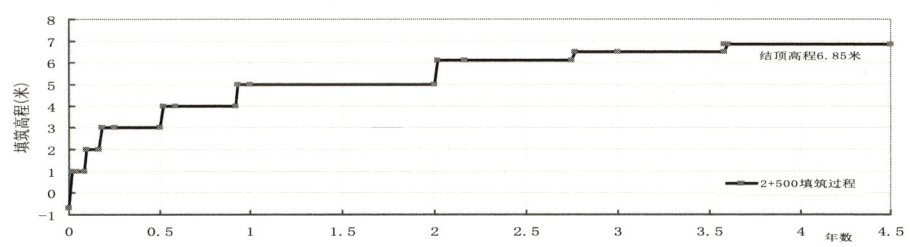

图 5　南堤 2+500, 堤顶 T4 点填筑过程

2）假设 λ_1=1.97，λ_8=0.65，$\lambda_{(2)}$ λ_3…在其间按加载时刻内插。

表3 2+500米 T4点瞬间加载固结度计算参数表

	一级	二级	三级	四级	五级	六级	七级	八级	合计
p/P	0.225	0.132	0.132	0.132	0.132	0.146	0.053	0.046	1.00
分级沉降量 s_i(cm)	102.9	60.5	60.5	60.5	60.5	66.6	24.2	21.2	457
加载时刻 $T_{1/2}$（年）	0.01	0.092	0.175	0.5083	0.925	2.0917	2.925	3.508	
λ	1.97	1.936	1.906	1.784	1.631	1.234	0.959	0.65	

p_1 对总固结度的贡献值 $u_{2,t} = 0.132(1-e^{-1.936 \cdot (t-0.092)})$

p_2 产生的总固结度 $u_{8,t} = 0.046(1-e^{-0.65 \cdot (t-3.508)})$

……

p_8 产生的固结度

将时间 t 代入，得各加载下的固结度。为便于与实测点的比较，t 可取与实测观测日期。当计算的固结度 <0 时，取 0 值。见表4的 (4) ~ (11) 列

3）在同一时间上将它们合计得总固结度 U，由 Si=S*U 得沉降过程，见（12）、（13）列。

4）绘制 Si ~ t 关系线和实测沉降过程线，图6。两者配合较好，λ 即为所求。

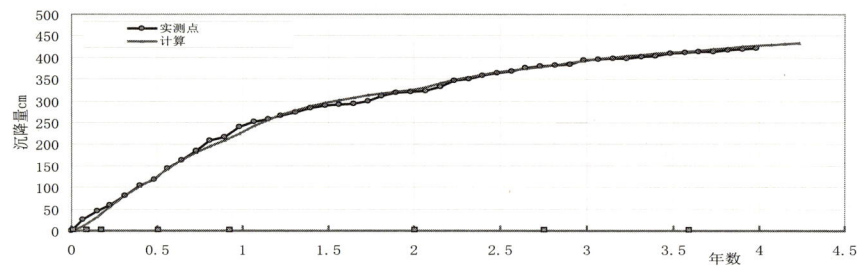

图6 2+500,堤顶 T4点瞬间加载计算沉降量与实测沉降量过程线图

表4　2+500米T4点瞬间加载固结度、沉降量计算表

年月日 (1)	t (年) (2)	实测值 (cm) (3)	u1 (4)	u2 (5)	u3 (6)	u4 (7)	u5 (8)	u6 (9)	u7 (10)	u8 (11)	U=Σu (12)	$S_i=S*U$ (cm) (13)
2014-1-1	0	0	0.000	0							0.000	0.0
2014-2-25	0.151	45.5	0.055	0.013	0						0.069	31.4
2014-3-25	0.227	59.2	0.078	0.031	0.013						0.122	55.6
2014-4-25	0.312	81.4	0.101	0.046	0.031						0.178	81.2
2014-5-25	0.395	104.9	0.120	0.059	0.045						0.224	102.2
2014-6-25	0.479	118.3	0.136	0.070	0.058	0					0.264	120.7
2014-8-25	0.647	163.5	0.161	0.087	0.079	0.029					0.356	162.5
……	……	……	……	……	……	……					……	……
2017-12-25	3.984	422.2	0.225	0.132	0.132	0.132	0.132	0.133	0.037	0.01	0.934	426.6

4.3 瞬间加载固结度计算成果

用同样方法算得堤顶部位瞬间加载固结度曲线如图7。第一级加载固结度指数 λ_1 变化范围1.4～3，最后一级加载固结度指数为0.62～0.74。本法考虑了塑料排水板性能的动态变化，使固结度计算值与实测值在整个过程中拟合较好。

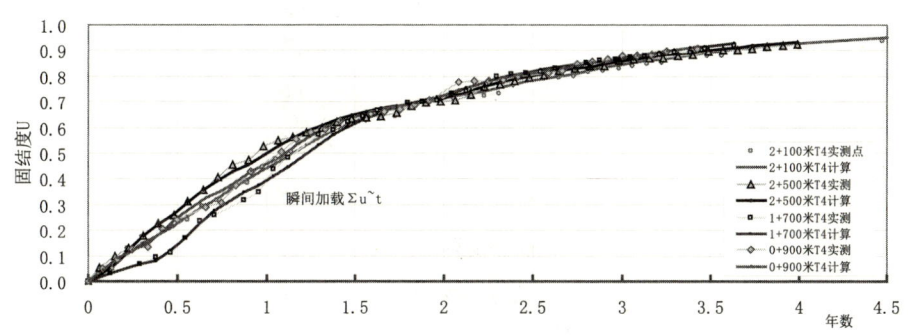

图7　堤顶组瞬间加载固结度曲线

五、地基土的"压力——应变"关系

5.1 堤基压力及附加应力计算

堤坝荷载对软土地基的压力为各填筑层厚度与重度的乘积之和，以平均低潮位划分水上、水下。

抛石：湿重 $\gamma=18.5kN/m^3$，浮重 $\gamma'=10.8kN/m^3$；

闭气土方：湿重 $\gamma=16.6kN/m^3$，浮重 $\gamma'=6.6kN/m^3$。

地基附加应力采用布辛内斯克的弹性理论求解，平面问题费拉曼公式计算。

5.2 地基应变计算

地基竖向应变为总沉降量除以软土层厚度，$\varepsilon z=S/H1$

H1——①-1、①-2 软土地基厚度，将施工期视作一次填筑过程，取土层的初期厚度；

S——①-1、①-2 软土地基内的最终沉降量，采用第 3 节的推测成果。

本工程 2+100 米、0+500 米的 T（2）T（4）T5 部位各埋设了 3 支分层沉降管，孔深 34 米，每隔 3 米安装一个磁环测头。从观测值看，随着填筑的进行，分层沉降量从浅层向深层发展，浅层沉降量较大，20 米以下基本无沉降量，这个深度在排水板控制范围内。故认为推测的沉降量全部在①淤泥层中发生。

5.3 附加应力与应变的关系（$\sigma z \sim \varepsilon$）

取淤泥层平均附加应力与地基应变点绘关系图，见图 8。

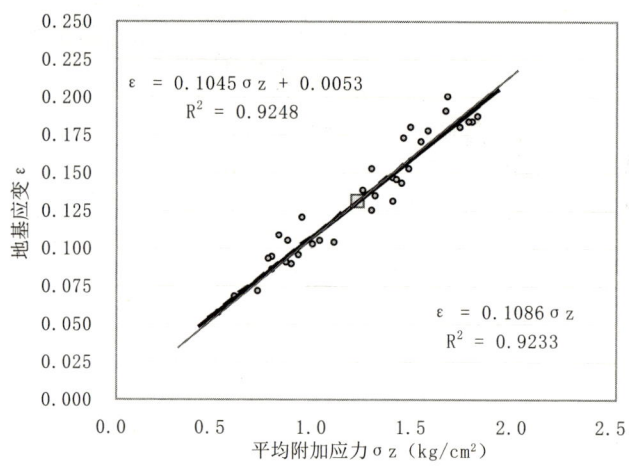

图 8 软土层"附加应力——应变"关系

$\sigma z=1\sim2 kg/cm^2$ 时，$\varepsilon z=0.1098\sim0.2143$，土的变形模量 $E=\Delta\sigma z/\Delta\varepsilon=9.57(kg/cm^2)$。如果截距设为 0，则 $E=1/0.1086=9.21(kg/cm^2)$。

这是依据现场资料算出的变形模量,包含了土的侧向变形因素,是实际侧限条件下的压缩模量,较好地反映了实际地基的变形特性。

5.4 侧向膨胀系数 μ 的估计

室内压缩试验与实际地基的应力状态不同,室内试验测得的压缩模量 Es 在有侧限、无侧胀条件下进行的,Es 也称线变形模量,而实际地基土存在侧胀。

本海堤软土层厚度 14～25m,荷载宽度 100m 左右,地基可压缩层厚度与建筑物尺寸比较相对较小,比值 0.2 左右,可视为薄压缩层地基,近似地看作无限均布荷载的情况。

广义虎克定律给出了 E 与 Es 的关系:

$$E = E_S(1 - \frac{2\mu^2}{1-\mu}) \qquad (7)$$

式中:

E——土的变形模量;

Es——土的无侧胀变形模量,也称压缩模量;

μ——土的侧膨胀系数,泊桑比,为土的侧向应变与竖向应变之比。

分层沉降观测表明的沉降量绝大多数发生在软土层的上半部,考虑这一情况,本工程室内试验得到①层淤泥平均压缩模量 Es(1～2kg/cm²)=1.60 MPa。原位观测资料分析得土层的变形模量 E(1～2kg/cm²)=0.95MPa,用上式算得 μ=0.36。

5.5 用现场资料分析的"应力——应变"关系计算沉降量

工程设计中依据室内试验测得的"e-p"曲线用"分层总和法"计算的沉降量总是偏小,其中一条原因是没有考虑土的侧向变形。

事实上,在分级加载、伴随着水平向位移的竖向大变形情况下,地基土的持力层厚度、土的渗透性、压缩性等物理力学性态都在变化,土的压应变、附加应力及变形模量也是随填筑过程变化的,使得沉降量难以准确计算。

南堤 2+100m 的外镇压层和子堤处(对应 T1、T6 位置)埋了两组孔深为 30m 的水平位移观测点,T1 处测得涂面以下 0～10m 内水平位移量 75～60cm(向外海侧),T6 处测得 0～5m 内水平位移 64～45cm(向内海侧),向深处位移量逐渐减小。可见,土的水平向变形是不可忽视的。用现场资料分析的"应力——应变"关系计算沉降量则已包含这一因素。

从本工程看，变形模量 E 在横断面上分布呈现中间大、两头小的特征，见表 5。海堤的内外边缘部位临近变形自由面，水平位移最大，则 E 较小。

表 5　南堤变形模量平均值在横断面的分布

点位	T6	T5	T4(堤顶)	T3	T2	T1
E（kg/cm²）	8.983	9.223	9.317	9.352	9.083	8.978

也可以归结到变形模量与荷载（附加应力）大小的关系，见图 9。

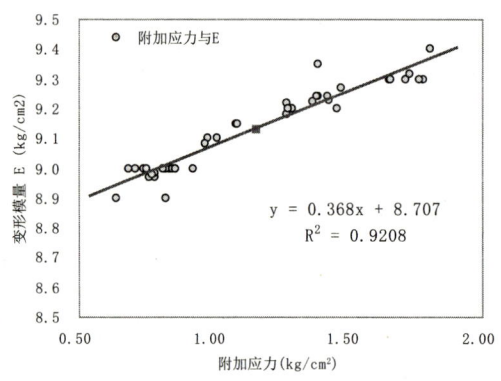

图 9　附加应力 ~E

沉降量计算公式

$$S = \sum_{i=1}^{n} \varepsilon_i h_i \text{ 或 } S = \sum_{i=1}^{n} \frac{\sigma_{zi}}{E} h_i \tag{8}$$

式中：ε_i——为荷载在第 i 土层中产生的平均应变，$\varepsilon = f(\sigma z)$；

　　　σ_{zi}——为第 i 土层中产生的平均附加应力；

　　　h——土层分层厚度；

　　　E——地基土层变形模量。

ε、E 的取得：

①从类似工程的现场观测资料分析取得。本工程分析的"应力——应变"

呈直线关系，$\varepsilon z=0.1045\sigma z+0.0053$，对应的变形模量：$E=0.368\sigma z+8.71$。如果"应力——应变"呈曲线关系，取分段割线值 Ei。

②如果 E 未知，可以用室内试验得到的土的压缩模量 Es，泊桑比 μ 用类似工程的经验值，近似用式（7）求得 E 值。本工程分析得平均泊松比 $\mu=0.366$。

本工程设计采用"e-p"对数曲线、"分层总和法"计算沉降量，计算结果比原位观测成果小 1.2～1.45 倍，沉降量较小时相差较小，反之较大。改用式（8）计算后与实测值基本一致，当然这是必然的。

六、结语

对于软土地基及筑坝工程的研究，原型观测无疑是一种直接和有效手段，随着工程实践的丰富，从原位观测资料分析海堤的一些综合变形特性有助于提高软土地基的认识，有助于我们及时了解工程地基性态，科学施工，保证海堤填筑安全。要利用施工中不断测到的原位观测数据，分析其变形规律，进行固结度、地基抗剪强度计算和海堤稳定安全复核，最后为预留工后沉降量提供依据。特别是在填筑达到一半高度以后，对每一次加载的填筑工况都要进行稳定分析，实现海堤安全性的动态管控。本工程以原位观测数据及中间分析成果为施工指导，保证堤坝不滑坡，海堤变形正常，其特征规律符合土力学理论，运行性态良好和按时完工，取得了设计和施工的圆满成功。

构建围海"经济识别区"

财经作家 江厦智库秘书长　魏玉祺

我向来以关注企业变革为乐。从一个企业不同阶段的发展节点组合成一条路线图，或直线，或曲线，但总能看出一个企业成长的轨迹并摸索出规律来。

在与围海的接触和服务中，我惊讶地发现，这一变革的轨迹恰恰是一部分国企在特殊时期依靠领导力的成就而持续摸索的改革典范：被边缘化的国企机构——力争上游的力量证明——混合制改革的尝试——股份制改革的变迁——登陆资本市场——多元机构的探索。今天，已经踏过三十而立门槛的围海集团，已经发展成为拥有1家上市公司、6家子公司，以水利建设开发、水电投资与建设、围垦开发、港口码头投资开发、房地产开发等为重点的跨行业、跨地区的现代化企业集团。集团先后获得"全国优秀水利企业""全国文明单位""中国十大科技建设成就奖""鲁班奖""詹天佑奖""建国六十周年百项经典工程奖"等百余项重大荣誉。

我们可以从围海30多年的脚步中，勾勒出围海在中国企业不断变革的坐标系中行走的曲线图。

1984年，在宁海胡陈港成立了浙江水利厅围垦开荒机具管理站。

1988年，登记成立全民所有制企业。

1991年，组建企业法人单位——浙江省围垦工程处，驻地迁至宁波市宁海县城关镇。

1992年，更名为浙江省围海工程公司。

1999年，驻地迁至宁波市科技园区。

2002年，获得水利水电工程施工总承包一级、港口与海岸工程施工专业承包二级和房屋建筑工程施工总承包二级企业资质。

2003年，改制创立浙江省围海建设股份有限公司。同年，创立投资控股公司——浙江仁元投资有限公司。

2006年，浙江仁元投资有限公司更名为浙江围海控股集团有限公司。

2007年，浙江省围海建设股份公司全面实施集团化管理模式，改制全面完成，国有股完全退出。

2011年，浙江省围海建设集团股份有限公司在深圳证券交易所成功挂牌上市，股票简称围海股份，股票代码为002586。

2012年，航道工程施工专业承包一级。

2013年，围海置业成立宁波围海恒太酒店开发管理有限公司，涉足酒店管理。

2014年，马来西亚子公司成立，开拓海外市场。

2015年，成立九水生态科技有限公司，进军水处理和泥处理领域。

2016年1月，《围海控股集团2016—2020年发展规划》新鲜出炉，重新定位，再起航。

可以看出，三十多年的围海，都是将自己的脚步紧紧踏在国家深化改革发展的快车道上的。一直以来，围海集团做的一件事就是"围海"，见多了风暴肆虐下的灾难和孤苦无助的百姓，所有的围海人三十多年来都有一种使命感——通过技术革新，构建"海上长城"，拓展人与自然和谐共存的生态空间。这种使命感不仅仅让围海缔造了千里海上长城，更是为自己建构了一个超越新加坡面积的"经济专属区"。这个"经济专属区"成为围海足以自豪的试验田——孵化和派生越来越多的新生力量。

2016年，《围海控股集团2016—2020年发展规划》新鲜出炉了。规划首次明确了"开放、整合、创新"的发展理念，并将这一理念上升为未来企业发展的原动力。而今天，成为"中国围海第一股"的围海品牌，已远不能局限于海洋的"围"，"一带一路"新理念的提出，为围海人拓宽发展空间提供了新的思维——以开放的心态走出去，才是围海在海洋经济中寻找的新坐标。

走出去，绝不是简单的一句口号。"一带一路"建设的出发，都面临着投资结构调整、资源要素配置、水土文化融合、人力资源调配等关键问题，企业尤其是成熟型的企业，在发展战略中一定要建立自己的"经济识别区"。"经济识别区"决定着人力、资产、资源、信息等要素的方向，自然决定着企业的投资方向和发展路径。

笔者认为，在复杂多变的经济时代，作为一个有着一定实力和基础的企业，围海应该着力建立以企业的主要产业为海岸基线、发展产业为岛链、培育产业为基点的"经济识别区"。巩固围海经济专属区。从近年围海股份承接的上百亿元的围海工程来看，这一主业的经济基础非常扎实，成为海岸海岛建设不可或缺的重要力量，尤其高达28亿元的杭州湾海涂围垦项目，足以表明三十多年的围垦经验、资历和人才队伍的建设，让围海工程牢牢树立了自己的海岸基线。

发展围海新的岛链经济。2016年，围海股份以PPP模式中标20亿元的宁海智能汽车小镇基础设施建设项目，看出围海集团在发展以PPP为主要投资方式的特色小镇项目上的新布局。特色小镇建设是当前我国城镇化建设的重要内容。值得一提的是，在以PPP模式为新的投资方式前提下，围海应该更快、更多布局打造政府资源＋投资机构＋专业咨询的特色小镇产业板块生态链，向全国成熟的地区辐射。

当然，投资以水处理、土壤改良、沙漠治理等新能源产业项目，也会成为围海新的第二岛链经济热点。

培育围海新的产业基点。2016年12月，围海股份收购北京聚光绘影41.11%的股份，正式打响围海文化系的第一枪。此前，围海股份还出资3250万元投资北京橙乐新娱文化，打造文化娱乐产业平台。笔者认为，这种控股或者持股的纯财务投资，对于围海来说或许是"无心插柳"的培育基点，而要真正打造以围海文化板块的产业系，必须是基于以人为主体的产业融合，而要充分发挥围海本身在人才、资源等方面的优势，或许以文化娱乐为主要内容的投资建设与运营为一体的特色小镇是更好的方式。作为企业，建立经济识别区，不仅仅是为了防卫而识别，更是为了更好的投资发展而识别。只有建立以投资为导向的防空识别区、以人才为核心的经济专属区、以资源为基准的蓝海战略区，才能砥砺前行，乘风破浪。

关于围海业务国际化的几点思考

中银国际证券总经理 郑伟

围海集团业务要"走出去"、要"内外结合",我认为非常必要。在此,谈一谈我对围海集团加快实施"走出去"战略的几点认识。

一、"新常态",中国经济告别了高歌猛进的要素扩张时代

1984年,党的十二届三中全会提出中国经济是公有制基础上的有计划的商品经济。中国经济以增加产能、满足人民群众日益增长的物质文化需要作为主要的目标。中国经济进入发展快车道,尤其是2001年加入世贸组织以来,以投资和出口作为经济发展的引擎,经济总量不断扩大。现在,中国已经发展成为制造大国,稳居世界第二大经济体。过去30年,中国经济的快速发展主要依靠高储蓄率,不断加大土地、劳动力、资金等要素的投入,规模发展快,但创新动力不足。2008年,欧美金融危机影响全球,全球经济复苏持续低迷,内生增长动力不足。预计2015年,全球经济难以恢复到危机前3.4%的增速,但有望达到3.0%以上,逆转过去几年徘徊在2.5%左右的颓势。中国经济增速放缓,预计2015年达到7%左右。亚洲新兴经济体领跑全球,预计2015年增速将达到 6.6%。

中国经济处在转型调整期间。截至 2014 年 10 月，工业品出厂价格已经连续 32 个月下降，超过 1997 年亚洲金融危机时期连续 31 个月负增长的记录。近几年，国务院及相关部门先后出台相关政策，规范 BT 业务和 PPP 业务。2012 年，中国的服务业已经取代制造业和建筑业成为中国经济的第一大产业。未来几年，对中国经济而言，调结构、去产能、去杠杆将会是经济发展的主旋律。国内建筑市场的拓展压力越来越大。

二、"走出去"，国际市场蕴藏着巨大机遇

2013 年，习近平主席在访问中亚和东盟期间先后提出共建丝绸之路经济带和 21 世纪海上丝绸之路的战略构想，意义深远。"一带一路"建设的实施，不仅拓展了中国的贸易市场，更重要的是开拓了中国"过剩产能"的新市场。"一路一带"沿线 65 个国家，总人口约 44 亿，经济总量约 21 万亿美元，分别占全球的 63% 和 29%。沿线已有 50 多个国家明确提出要和中国建立制度性的安排，共建"一带一路"。这些国家大多是新兴经济体和发展中国家，有的能源资源富集，有的市场广阔，有的亟待建设基础设施。围海集团可以到这些国家去兴建基础设施，参与亚欧大陆桥、新亚欧大陆桥、孟中印缅经济走廊、中巴经济走廊等骨干通道建设，参与这些国家的港口建设，畅通陆水联运通道。

三、"傍大并小练内功"，走向国际市场的路径思考

一是"傍大款"，如中国交建等特大型企业，其海外年收入都已达到数百亿规模，作为海堤施工的专业机构，围海集团可以与这些机构合作，拓展境外市场。

二是"并小船"，在福建、广东等沿海省份，有许多企业已从事海外业务多年，在涉外业务方面积累了丰富的经验、在海外市场积累了相当数量的订单。与这些企业合作，有助于围海集团大幅度缩短开拓境外市场的时间。

三是围海集团内部提高对海外业务的重视程度，加大对海外业务的人力、财力投入，积极培养自己的海外经营人才，加大拓展海外市场的力度。

四是与中国银行、金砖国家银行、丝路基金和亚洲基础设施投资银行等金融机构合作，为围海集团的境外投资和境外施工提供融资支持，积极尝试境外业务人民币结算，降低汇率风险。

滨海胜地

　　海洋是浙江的重要资源和发展潜力所在，港口是浙江具有比较优势的发展平台和开放窗口。浙江省政府颁布《加快建设海洋强省国际强港的若干意见》，就全面加快建设海洋强省、打造国际强港提出意见。《意见》提出，到2022年，浙江在海洋开发、利用、保护和管控等方面形成居国内前列的综合实力，拥有比较发达的海洋经济、全球一流的海洋港口、较为完善的现代海洋产业体系、可持续的海洋生态环境、先进的海洋科技和较强的海洋综合管控能力，做大做强优势产业。

　　发挥临港区位优势，重点发展绿色石化、工业机器人特种装备等临港先进制造业。同时，发展主题旅游、新兴旅游和邮轮等产业，推动海洋旅游向多元化、跨界化发展。

近年来，奉化区委区政府主动对接宁波沿湾发展战略，坚持"绿色发展"和"健康美丽"的建设要求，统筹沿海三镇一体化发展，明确了以打造"宁波滨海旅游休闲区"，建设"宁波湾滨海大花园"为战略目标，确立"海上引领性开发、路上利用性开发、山上保护性开发"的三维开发建设理念，全力推进各项重大研究谋划与国家级资源利用，全面提速重大平台的项目招商落地。先后获批：联合国开发计划署绿色发展中国试点、中国社科院研究生院教学科研基地、国家级航空飞行营地示范基地、亚太游钓艇及水上休闲展和亚太水上休闲产业发展论坛常设会址。

2017年，批准成立"宁波滨海旅游休闲区管委会"，总投资30亿元的"时光宁波"文旅小镇开工建设，总投资300亿元的恒大健康旅游小镇和总投资120亿元的华侨城运动休闲小镇引进落地。围绕"规划统筹、资源统筹、配套统筹、服务统筹"，加快各项基础工程谋划建设，高度重视对"宁波湾""天妃湖"两大地标的文创培育，推动"全域联动、全域生态、全域旅游、全域共享"的工作格局和发展形象基本形成。

区域功能

宁波滨海旅游休闲区地处象山港畔的奉化东部，包括莼湖、裘村、松岙三镇，2016年，该区域已列为"联合国开发计划署绿色发展中国试点"。区域总面积383km^2，其中：陆域面积287km^2，海域面积96km^2，海岸线长61km。辖

81个行政村，5个居委会，10.68万户籍人口，12万常住人口。

区域交通优势明显。是宁波城市旅游圈的中心节点，距宁波市中心、机场、铁路客运站、东钱湖、梅山保税港、象山影视城、宁海温泉景区、溪口风景区均为半小时左右车程。还可与普陀山连接海上航线，观光航程仅为一个半小时。

宁波滨海旅游休闲区位于象山港腹地地区，所在地属沿海亚热带气候特征，四季分明，气候适中，阳光充足，雨量充沛，湿度宜人。并拥有东海众多港湾中屈指可数的一片天然蓝海和未经开发的曲折多姿的8千米的原生态海岸线。

宁波滨海旅游休闲区的独一无二，在于它特殊的地理位置。拥有悬山岛、凤凰山岛、鸟岛三座海岛，同时周边有多座远近不同的天然海岛，岛上有奇树异珍，有多种鸟类繁衍生殖，岛上还有猴子等动物。独特的海岛资源将为游客留下难忘的视觉景观享受。

这里蕴含的海洋生物资源在全国具有重要意义，港湾内浮游动物现有167余种，潮间带生物190余种，是国家级意义的"大鱼池"。海鲜产品主要有网箱养殖的珍贵鱼种：美国红鱼、大黄鱼、石斑鱼等，外加放养的奉蚶等名贵海鲜。同时，网箱养殖带也是堪称浙江一绝的风景带，参观、游览、亲身经历渔家营作的苦与甜，也是海上旅游一大乐趣。

宁波滨海旅游休闲区在地理位置上处于象山港的尾端，在整个象山港区域是山海景观结合最为有机的部分。它的北端拥有重峦叠翠的山峰，南端拥有4km绵长的海岸线，面朝平静美丽的海湾。海面比较平静，适宜滑水，快艇、降落伞等体验型旅游项目的开展。宁波滨海旅游休闲区拥有的大面积海涂资源，对于发展海涂美容、海涂休闲、海涂浴等项目具有强大的旅游资源支撑。

宁波滨海旅游休闲区中心腹地是一个背山面海的阳光海港，这里是天然的避风港湾，未来具备良好的发展前景；北仑港邮轮、宁海强蛟群岛旅游区、象山松兰山海滨旅游度假区、象山中国渔村和石浦渔港的旅游开发目前都各具特色，它们将与宁波滨海旅游休闲区形成错位竞争、优势互补的良好发展态势，打造集自然环境与人文景观完美结合的纯绿色生态旅游系统。

1. 四大主题功能片区

结合空间结构与功能布局,以主要交通道路和行政区界为边界,规划四大主题功能片区,包括滨海旅游核心发展区、产城融合文化创意区、森林养生休闲度假区、国际合作绿色示范区。

(1)**滨海旅游核心发展区**。以阳光海湾为核心,串联桐照风情渔港、裘村横江新城、湿地公园等重点项目和桐照村、栖凤村、杨村、石盆村、马头村、石沿村等特色村庄,形成串珠状的滨海旅游核心区。

将优势资源向阳光海湾集聚,优先开发、全力打造,引爆滨海旅游核心。建设桐照风情渔港,展示特色文化风貌。将横江湿地公园与裘村新城统一打造,提升生活服务和滨海生态休闲场所品质,注重保护与发展并行,推动滨海旅游体验多元化发展。

(2)**产城融合文化创意区**。依托莼湖快速通道,串联滨海新区、莼湖新、老镇区,形成莼湖发展轴,特色村庄及其他历史遗迹在两侧成簇群式布局。

集中力量建设滨海科技创新示范区,合理布局产业、居住、生产服务、生活服务等功能,打造产城融合典范。组团式布局新老镇区,灵活拓展发展空间,预留生态廊道。重点打造南岙、舍辋、同山、洪溪、下陈等特色村庄。

(3)**森林养生休闲度假区**。以裘村镇为中心,强化镇村联系,形成多个特色主题村庄环绕的放射状空间形态。

结合城际铁路站点,以裘村镇区为载体打造旅游集散服务中心。深度挖掘地方文化、饮食等要素,打造千年吴江、宋风曹村、梅岩袁岙、针织阎家等历史主题旅游村庄。依托黄贤国家森林公园,建立山林养生中心和森林运动基地。依托乡村文化和地域特色,融入社区营造理念,建设"中国最美乡村",重点打造灵动甲岙、竹乡岭下和田园岭西。

(4)**国际合作绿色示范区**。以松岙健康新城、松岙镇区为中心纵向延伸,依托交通要道和绿地廊道将滨海景观与山地景观相连接,融合旅游服务和城镇生活功能。通过沿海中线和滨海景观路强化国际帆船港与松岙镇和健康新城的联系,形成"三足鼎立"的空间形态。

重点打造松岙健康新城,为中欧城镇化合作提供良好的交流平台。建设国际帆船新港,利用老旧船厂营造富有历史记忆的城市公园。以绿色建筑和绿色交通为手段推进绿色镇区建设。利用王家山村和五百岙村清幽的自然环境吸引艺术家及外来游客进驻。

2. 三类核心发展载体

构建"两区两城两港三镇六村"的发展支撑平台。因地制宜，突出特色，打造支撑全域发展的重要节点和空间载体。其中，"两区""两城""两港"在沿海区域，分别指天妃湖旅游度假区、滨海科技创新示范区、松岙健康新城、裘村横江新城、桐照风情渔港和国际帆船新港，构成了滨海旅游发展带。"三镇""六村"在腹地区域，是指莼湖镇区、裘村镇区、松岙镇区、南岙村、黄贤村、甲岙村、马头村、王家山村和五百岙村，共同支撑五大发展轴。

天妃湖旅游度假区。发展定位：集滨海运动、国际交流、养生度假、健康服务于一体的综合旅游度假区。功能板块："时光宁波"文旅小镇、宁波湾滨海华侨城、悬山岛、凤凰山、天妃湖、南沙岛鸟类自然保护区。

打造复合型的活力承载场所。将度假区打造成为集娱乐、运动、康体、商务为一体的旅游目的地，为外来游客提供休闲化、体验化、高品质的旅游服务，形成新的核心竞争力。设置国际会议永久会址，承接中欧城镇化论坛、联合国绿色增长论坛等国际活动。为了更快集聚活力，也要提供让市民享受公共生活的场所。通过梳理自然资源，构建生态绿化网络，赋予特定空间文化内涵，结合海洋文化（天妃文化）演绎空间，集聚人气。将本地居民生活融入旅游开发中，使外地游客能够更好地认知城市，借此树立标志性的城市形象，体现城市文化活力。

构建山、海、岛、滩多样化的空间形态。充分利用山海相连的核心资源优势，构建多样化的空间形态，提供富有多变趣味的空间场所，让各类开发项目都能找到适宜的空间落地，增强项目吸引力，给外来游客和本地居民更多的选择余地。

山：形成山体生态景观，突显康体养生、休闲度假主题。

岛：确保生态空间保护，对悬山岛、凤凰岛进行适度性开发。

海：结合围坝方案加强水资源优化利用，突显海洋文化。

滩：对区域内滩涂进行生态复育和改造，打造湿地景观。

滨海科技创新示范区。发展定位：集绿色智造、创新研发、科技服务于一体的产城融合新区。功能板块：北部绿色智造基地、南部创新创业体验园、科技海塘、航空飞行营地。

打造产城融合的新型科技示范区。联动莼湖南部新城，以振兴路附近区块为重点，作为连接莼湖镇区与滨海新区的重要区块，引入规模大、品质好的配套设施，共同服务莼湖与滨海新区的发展。联动宁海西店新城，增强西店对滨海新区的配套服务联系度。在滨海新区北部布局生态型制造业、新兴海洋产业，同时布局酒店业与服务业培训学校、服务业产业园、区域批发中心、海产品和农副产品加工园、创新研发等生产性服务业；在南部建立创新创业体验园，激发"大众创业、万众创新"的活力，配套完善的居住与生活性服务设施，让在此工作的人群能够享受宜居宜业的城市环境。

采取环保、集约、弹性的开发策略。立足绿色发展理念，在不污染环境、不破坏资源的原则下，适度发展现代制造和创新研发产业。建立负面清单制度，优化工业经济结构，大力发展循环经济，构建一套科技含量高、经济效益好、资源消耗低、环境污染少、人力资源得以充分发挥的现代工业化体系。按照集约集中的原则，合理利用土地资源。在没有适合产业的时候，考虑预留弹性用地，为长远发展做好准备。

松岙健康新城。发展定位：集度假地产、商务会议、高端医疗于一体的中欧城镇化合作发展平台。功能板块：宁波滨海健康旅游小镇。

打造高品质、多功能、国际化的合作平台。与国际知名医疗机构合作，建立康疗基地，建设医疗中心和医疗社区，为外来游客提供专业化的健康护理服务，为本地居民补充完善基本公共医疗服务。

裘村横江新城。发展定位：集旅游集散、智慧社区、生态观光于一体的绿色低碳新城。功能板块：旅游服务中心、智慧社区、横江湿地公园。

打造"城景相融"的空间形态与城市景观。横江新城主要为城镇新增居民提供居住与服务功能，同时也为外来游客打造度假休闲的第二居所。结合横江湿地公园，建设裘村新镇区，构建"水脉串城、绿脉融城"的空间格局。在沿海中线南侧设置旅游服务中心，承担接驳城际铁路与高速公路的服务枢纽。建设智慧社区，充分利用物联网、云计算、移动互联网等新一代信息技术的集成应用，为社区居民提供一个安全、舒适、便利的现代化、智慧化生活环境。重点打造滨河景观带与湿地公园，作为区域的公共绿化核心，同时满足游客游览和集散的作用。

桐照风情渔港。发展定位：集海钓休闲、渔文化体验、渔业节庆、渔业电商于一体的特色渔港。功能板块：风情栖凤、艺术半岛、灯塔公园、第一渔村桐照。

构建"小而美"的特色小镇形态与空间。保持桐照渔港的原生性和鲜活性。以独具特色的民居、公共建筑和配套特色商店、酒店为"壳"，以特色民俗文化、"渔文化"为内核，以构建景观风貌独特、生活气息浓郁、产城人文交融的特色形态为目标，打造桐照风情渔港特色小镇。避免"高大洋"，遵循小尺度开发建设的理念，让特色小镇能够鲜活地呈现各类特色元素，吸引符合小镇预设功能的特色经营者和慕名而来的游客"入住"小镇。集中展现风貌民情，融入渔村元素。从桐照渔村提炼"渔文化"元素，通过外立面整治、招牌匾额、路灯、垃圾桶等景观小品设计，体现纯美民风。改建和保护结合，新旧相融，在修缮栖凤村、桐照村的同时，新建艺术半岛、灯塔公园，满足延续历史文脉和顺应时代发展的要求。发展渔业相关业态，以满足外地游客需求为基础，利用当地渔业资源提供各类特色商品，采用经济手段激励当地民众融入产业转型升级。

国际帆船新港。发展定位：集运动休闲、赛事运营、体育平台服务于一体的国际帆船基地。功能板块：船厂、大列岛、水上体育中心。

退二进三，改造老旧船厂，开发城市公园和水上体育中心。打造"船厂1969"项目，在原有"设计"基础上产生新的形式，艺术化地再现原址的生活和工作情景，戏剧化地讲述船厂的故事，提供休闲、娱乐和商业商务的场所，充分满足本地游客与原住民的需求和欲望，创造一个全新的城市公园和产业用地相结合的优秀典范。同时，设置水上体育中心，定期举办帆船、网球、篮球、游泳、高尔夫等多项国际体育赛事和训练活动，吸引运动品牌企业进驻，打造区域产品发布和销售中心。

3. 六大特色村庄

（1）**南岙村**。发展定位："颐养南岙"，以养生度假、青梅农庄为主的颐养中心。

南岙村是浙江有名的长寿村之一，土壤中硒含量是全国平均水平的5倍多。南岙村村民普遍长寿的奥秘，除了得天独厚的自然环境外，与其土壤内所蕴含丰富的硒元素密不可分。做足"长寿文化"的文章，利用硒元素科普馆为游客打开了解和认识南岙村的新窗口。对老旧民居进行整治改造，引入养生度假、休闲农庄项目，开发高端民宿，打造精致颐养村庄。

（2）**黄贤村**。发展定位："活力黄贤"，以山地户外、民宿休闲为主的活力村庄。

深化拼贴文化，依托已有的土楼、海上长城、森林公园等旅游资源，强化旅游吸引力，提升旅游品质。进一步加强旅游配套设施的建设，积极发展民宿经济，促进乡村旅游健康发展。

（3）**甲岙村**。发展定位："灵动甲岙"，以古道旅游、山地拓展为主的运动基地。

结合风车天路打造以山地运动和古道风光为特色的灵动村落。合理设置各类设施服务点，如主题驿站、观景平台、休憩小站、单车租赁点等，为游客提供餐饮娱乐以及住宿等服务。除此之外，还可通过更多创意元素的植入（如夜光车道）来进一步增加风车高地的时间层次性以及活动多样性。

（4）**马头村**。发展定位："水墨马头"，以文化创意、古建旅游为主的水墨古村。

马头村迄今已有1100多年历史，村内现仍保留着一大批明、清、民国时期的古建筑群、古樟、古井，有"割翠庄""狎鸥庄""东野耕舍""江浒故庐"等古迹遗存。严格保护村庄原生态，合理利用古宅旧居，围绕民国风情文化，打造集观光、体验、休闲于一体的文化村落。

（5）**王家山村**。发展定位："艺术王家山"，以文化创作、民宿休闲为主的艺术家聚集区。

王家山村的很多年轻人都已移居到城市里生活，留下了年迈的村民、破旧的老屋，也留下了清澈的溪水、宁静的大山和成片的竹林，因此没有车马喧闹的清幽环境是王家山村最好的资源。充分利用这些条件，通过设立精巧、专业的艺术空间，配套齐备的设施，来营造吸引艺术家集聚的良好平台，争取将王家山村打造成为宁波滨海旅游休闲区的一张艺术名片。

（6）**五百岙村**。发展定位："清幽五百岙"，以休闲旅游、文化体验为主的清幽村庄。

深入挖掘"朱氏家训"等文化资源，有序进行村庄综合环境整治，恢复与改善村庄风貌和配套设施，打造以"古代乡村教育文化"为主题，融合宗族文化和自然山水美景的历史文化名村。

锚地建设

锚地建设，是宁波滨海旅游休闲区的关键。

宁波市高度重视避风锚地的建设。港区基础设施不断改善，服务能力不断提高，在防灾减灾、保障渔民群众生命财产安全、服务渔业、致富渔民等方面发挥了重要作用。但前几年的"云娜""麦莎""卡努"以及"桑美"等台风袭击，仍然暴露出有避风锚地面积偏小、标准偏低、布局不合理等问题。

前些年，象山港内没有大型、正规的避风锚地供渔船避风靠泊，港内渔船均在附近渔港以及分散的小型避风锚地停靠，在规模上不能满足渔业发展的需要，在安全上不能抵御强台风和超强台风的袭击。象山港避风锚地与当地海洋渔业的发展现状形成较大差距，特别是在台风季节，大量渔船进入渔港停泊，造成渔港内停靠拥挤、船只碰撞、走锚等现象。为确保这些渔船的避风避台安全，促进当地渔业经济的不断发展与社会安定，在象山港内建设规模避风锚地项目是十分必要和迫切的。

为此，早在2006年宁波市发展和改革委员会和宁波市海洋与渔业局联合出台了《宁波市渔港（避风锚地）布局与建设规划》，提出了宁波市避风锚地的布局与建设的总体思路，对进一步加快我市避风锚地建设步伐，全面提高防灾减灾能力，保障渔民生命财产安全，建设和谐渔区和平安宁波具有重要的作用。

锚地是指港口中供船舶安全停泊、避风、海关边防检查、检疫、装卸货物和进行过驳编组作业的水域。又称锚泊地、泊地。其面积因锚泊方式、锚泊船舶的数量和尺度、风浪和流速大小等因素而定。

作为锚地的水域要求水深适当，底质为泥质或砂质，有足够的锚位（停泊一艘船所需的位置），不妨碍其他船舶的正常航行。海港中的锚地分为港外锚地和港内锚地。港外锚地设在港外，供船舶在进港前停泊等待引航或接受海关、边防检查以及检疫等用。在有天然掩护条件的港外锚地可进行部分减载的过驳作业，使吃水较深的船舶能够进入水深不足的港池。港内锚地一般设在有掩护的水域，主要供船舶等候靠泊码头或进行水上过驳作业用。停泊在港内锚地的大船如遇台风，一般驶到开阔的港外锚地去应付台风。

河港一般只设供驳船队编解和进行水上过驳或供船舶待泊用的锚地。河港的水上装卸作业锚地通常靠近码头作业区，不占用主航道或影响码头装卸和船舶靠离码头作业用的水域，同桥梁、闸坝、水底管线保持一定距离。如果受客观条件限制，一个锚地不能满足船舶全年使用要求，可根据需要分别设置枯水期、中水期、洪水期锚地。船舶在锚地的停泊方式有两种。一是船舶自行抛锚停泊，在港外锚地一般采用此种方式；二是系缆停泊，即船舶系缆于浮筒（有单浮筒、双浮筒、多浮筒）或系船桩墩等，在港内锚地多采用此种方式。

避风锚地是渔业生产十分重要的基础设施，是沿海地区防灾减灾体系的重要组成部分，是渔区经济、社会发展的重要基础。宁波市现共有大小渔港（避风锚地）57处，其中锚地18处，主要分布于象山港、石浦港、三门湾属内湾港地，可提供约4020艘大型渔船锚泊，这些避风锚地由于自然条件参差不齐，渔船的锚泊设备不规范，渔民的锚泊操作水平不高等影响，在大风浪情况下走锚现象时有发生。

2009年初，当时的奉化市政府就宁波滨海旅游休闲区概念性规划提出围坝建设的初步概念，目的是打造清水平台、保持水位、全气候开展海上休闲运动，提高项目的品质。为此，当时的奉化市政府提出了在悬山岛、南沙山岛以及凤凰岛附近海域建设连岛海堤、水闸和船闸及海洋景观规划方案。

2011年6月取得立项批复，并于2011年至2012年间取得项目通航安全影响论证批复、水土保持方案批复、海洋环评审批意见以及项目用海预审意见等有关批复，同时完成了潮流、冲淤数学模型和物理模型的专项研究。在此基础上，当时的奉化市政府组织进入可行性研究阶段。

宁波滨海旅游休闲区锚地建设的主要任务是通过建设高标准海堤、水闸及船闸等避风锚地配套建筑物，形成安全可靠的避风锚地区，有效解决当地及周边地区渔船停泊问题，完善渔业配套设施建设，促进渔村的经济发展；同时抵御海洋灾害，提高莼湖沿海地区的防洪御潮标准。

1. 发展现代渔业的需要

现代渔业相对传统渔业而言，是遵循资源节约、环境友好和可持续的发展理念，以现代科学技术和设施装备为支撑，运用先进的生产方式和经营管理手段，形成农工贸、产加销一体化的产业体系，实现经济、生态和社会效益和谐共赢的渔业产业形态。发展现代渔业相比传统渔业更需要配套的基础设施作为支撑。奉化渔业发展取得长足的进步，特别是远洋渔业，奉化象山港区域有外海捕捞作业渔船近600艘，在象山港内进行捕捞作业的小型渔船400余艘，邻近的宁海县、象山县也有大量的渔船。但是当年，奉化象山港相应的渔业配套设施却不够完善。

首先，奉化象山港地区避风锚地总容量不能满足现代渔业发展的需要。根据宁波市发展和改革委员会和宁波市海洋与渔业局于2008年6月发布的《宁波市渔港（避风锚地）布局与建设规划》，奉化区象山港共有渔港11处，除了渔港内有小部分避风锚地外，莼湖到松岙沿线没有任何大型的避风锚地。由于奉化地处浙江省东南沿海，每年夏秋季经常遭遇台风侵袭，严重威胁象山港区内外各类渔船的安全，在台风来临时渔民只能采用分散抛锚来抗台避风，特别是前些年标准海塘建设、滩涂养殖和大规模的围填海，造成适合渔船搁滩的滩涂面积急剧减少，台风季节渔船停泊时，渔船碰撞、走锚等现象时有发生，每年造成渔民的经济损失数百万元。

其次，原有配套设施无法有效防潮防涝。由于象山港区是我国潮位变化较大的沿海地区，最大潮差为5.6m，同时受海洋性气候的影响，季节性降雨量较大，容易形成内涝，船只安全无法得到保障。

建设鸿峙避风锚地，主要用于当地近岸捕捞及养殖小型渔船停泊及避风。该项目的实施为栖凤村至松岙沿线渔船提供避风锚地，成为众多渔业船舶的避风良港和栖息地，因此，该项目符合规划要求。通过该项目的实施，能够完善渔港（如桐照渔港、栖凤渔港）配套设施，也可以作为港内锚地的补充，为渔港的发展奠定基础，充分发挥其渔货集散作用，促进现代渔业的发展。通过避风锚地的建设，还能有效提高防潮水平（50年一遇），利用避风锚地的纳潮作用来调节区位的水利条件，能有效改善奉化滨海地区的水利建设，避免出现内涝，为渔业发展创造良好的发展环境。

因此，建设避风锚地对发展现代渔业是十分必要和迫切的。

2. 建设社会主义新农（渔）村的需要

避风锚地是渔民生命财产的保障线，是沿海防灾减灾体系的重要组成部分，也是渔区社会主义新农村建设的重要内容。

奉化渔村数量较多，以桐照村为代表，该村有养殖面积 7500 亩和各类渔船 505 艘，渔业经济规模比重大，其中海洋渔业经济收入近 10 亿元，95% 以上的劳动力从事渔业生产。桐照村周边避风锚地的实际容量与"中国第一渔村"的需求不匹配。虽然桐照村南面即为桐照渔港，渔港南侧配有相应的防台锚地，但是由于宁波沿海一级公路经过桐照渔港，占用了部分渔港南侧防台锚地，导致桐照渔港锚地实际使用面积缩小，出现靠泊困难、锚地紧张的现象。而随着该村海洋渔业的持续发展，渔船数量将不断增加，现有避风锚地在数量和质量标准上都无法满足实际需要。

避风锚地解决渔船停泊不便等问题，完善渔业配套设施建设，促进渔村的经济发展，更好地发挥"中国第一渔村"对当地渔业发展的带动作用，建设结构优化、生态和谐、环境友好的新型渔业经济体系，为建设社会主义新农（渔）村提供硬件保障。

3.促进渔区社会和谐的需要

宁波市渔业发展的基本任务之一是促进农村渔区社会和谐发展。渔民是渔区社会的主体，由于资源配置不均衡，部分渔民的发展权利得不到维护和实现，就无法建立良好的渔区社会秩序，渔民就无法安居乐业，社会矛盾因此可能被激化，难以实现社会的安定。前些年，奉化象山港渔业支撑保障体系比较薄弱，配套锚地严重不足，无法满足各渔民泊船的需要，渔区矛盾时有发生，渔民生命财产安全得不到有效保护，这些不安定因素不同程度地影响着渔业健康发展，与新形势下建设社会主义新农村和谐渔区的要求不相适应。

桐照村周边共有渔船 150 多只，虽然渔船数量不及桐照村，但同样也面临靠泊难的问题。前些年，国华电厂航道拓宽，该厂的运煤船只进出频繁，原来靠泊在该海域的外海渔船必须向岸边挤靠，使得该港区锚地变得非常拥挤，渔船靠泊成了一大难题。而在休渔期，靠泊问题更加突出，由于锚地不足，大部分船舶只能停放在航道上，原本较窄的航道区（宽 150m 左右）变得更加拥挤，这对航道的正常通行产生了较大影响，也使得泊船和通行船只发生冲突，引发船主之间的矛盾。"靠泊难"的问题也引发了渔区不和谐现象。

新建充裕的避风锚地，解决目前泊船难的问题。通过锚地合理规划还能达到资源整合、充分利用的目标，形成渔船靠泊和船只通行互不干扰的状态，使渔业生产有序进行，充分保障渔民财产安全，化解渔区根本矛盾，促进渔区社会和谐发展。

4. 抗御海洋灾害，提高沿海地区防灾减灾能力的需要

奉化沿海属亚热带海洋性季风气候，雨量充沛，易遭暴雨和台风袭击。避风锚地实施后，将建成约3515m的标准海堤，设计标准为50年一遇，大大提高了莼湖沿海地区的挡潮抗台能力。通过海堤及水闸的建设，调蓄能力较强的内湖，很好地解决了内陆的排涝问题。避风锚地的建设实施，降低了莼湖沿海地区遭受潮灾和洪灾的风险，提高了防灾减灾能力，对人民生命财产安全和经济建设意义重大。

台风是一种破坏力很强的灾害性天气系统，但有时也能起到消除干旱的有益作用。其危害性主要有三方面：大风，热带气旋达台风级别的中心附近最大风力为12级以上；暴雨，台风是带来暴雨的天气系统之一；风暴潮，一般台风能使沿岸海水产生增水。

台风过境时常常带来狂风暴雨天气，引起海面巨浪，严重威胁航海安全。台风登陆后带来的风暴增水可能摧毁庄稼、各种建筑设施等，造成人民生命、财产的巨大损失。从小范围来说，对人民群众将造成生活的不便捷。台风灾害（热带或副热带海洋上发生的气旋性涡旋大范围活动），伴随大风、巨浪、暴雨、风暴潮等，对人民群众生产生活具有较强破坏力的灾害。台风由于挟有狂风和暴雨，可以直接造成很多严重灾害，也可以间接引起很多灾害。

综上所述，避风锚地是沿海渔区重要的基础设施之一，是沿海防灾减灾体系的重要组成部分。奉化象山港避风锚地的建设是发展现代渔业的需要，是建设社会主义新农（渔）村和促进渔区社会和谐的必要条件。

5. 促进当地生态旅游发展的需要

根据《象山港区域保护和利用规划》的战略定位，宁波滨海旅游休闲区所在海域重点发展生态旅游业这一先导产业，使之成为未来象山港区域发展的支柱产业。具体的产业形态之一是发展商务度假旅游：在悬山岛开发建设海洋休

闲、旅游商务和国际会议大型设施,在奉化莼湖海岸和宁海薛岙海岸等地开发一批高品位、人性化别墅群,形成国际会议中心和宁波最佳人居海景社区。具体产业形态之二是发展休闲渔业旅游:充分利用国家一级群众渔港莼湖和桐照港、强蛟峡山渔业基地、南沙岛海域科技兴海示范区等地海产品养殖和捕捞的良好基础,开发建设各类休闲渔业区,开展出海捕捞、海岛垂钓、自助海鲜、渔文化体验等旅游项目。

宁波滨海旅游休闲区所在区域自然风光优美、生态环境较好,西侧为拥有"中国第一渔村"美誉的莼湖镇桐照村,东侧为海上旅游用地开发区域,北侧为海湾开发区域,整个项目区拥有充足的海洋旅游资源。因此,宁波滨海旅游休闲区结合休闲旅游进行综合开发利用,如人工沙滩海滨浴场、水上运动项目、水产养殖及垂钓等,充分利用优越的海域资源,对促进奉化和莼湖镇社会经济的可持续性发展,具有重要作用。

6. 发展滨海旅游产业,促进海洋经济建设的需要。

近几年来,宁波的滨海旅游资源开发、旅游产品策划、基础设施配套建设以及客源市场拓展等方面都取得了较好的发展。宁海强蛟群岛、奉化悬山、奉化峰景湾和象山黄金海岸等滨海旅游带开发雏形基本形成,象山港滨海旅游区开发已经引起重视。将充分发挥东方大港、象山百里黄金海岸等旅游资源优势,以创新和发展为动力,推进滨海旅游产业的发展。

宁波市海洋功能区划重点考虑了围海造地区、围塘养殖区、港口航运区、海洋旅游区和海洋保护区等五个主要海洋功能用海。按照区域海洋功能相近性原则,结合区域地理资源环境特点,将宁波市海域分为九大区域和172个海洋功能区。其中在象山港中底部(九大区域之一),自象山港大桥至象山港底,重点区划海洋渔业和海洋旅游,兼顾重要渔业品种保护和现有港口,保障军事用海和电厂用海。

作为海洋功能区之一的旅游区包含7个风景旅游区和7个度假旅游区,其中"奉化凤凰山悬山度假旅游区"为7个度假旅游区之一。宁波滨海旅游休闲区的建设实施,不仅具有避风锚地的功能,同时是旅游开发的基础配套设施,对发展滨海旅游产业,促进海洋经济建设,具有较大的推进作用。

生态发展

奉化区旅游资源是宁波及象山港周边旅游资源不可分割的部分。

宁波滨海旅游休闲区处于象山港敏感区域，开发建设对周边环境及航道可能产生一定的影响。开发之前，就委托国家海洋二所对三条围坝编制水文泥沙测验及潮流冲淤数学模型试验报告。而后，委托奉化市海洋局组织市发改局、环保局、水利局、旅游局、指挥部及专家组对该报告进行了评审，认可报告提出的东、西两条坝开口对中心航道影响淤积甚小。2010年1月，浙江围海建设集团股份有限公司正式启动了海堤、水闸、船闸工程EPC设计施工总承包框架协议的起草工作和方案设计前期工作。委托了代表浙江省海堤设计最高水平的浙江广川工程咨询有限公司承接海堤方案设计，委托中国美院和潘天寿景观设计院进行竞争性海堤景观方案设计。同时相继委托国家海洋二所编制海洋环评、海域使用论证报告，委托奉化水利设计院编制水系专题研究报告，委托华东师大编制水位水质专题研究课题。2010年5月新加坡阳光海湾公司与浙江围海建设集团股份有限公司举行景观大坝水闸船闸EPC设计施工总承包框架协议签约仪式。当时的奉化市委市政府提出"时不待人，开放竞争"要求，并决定与围海公司进行B.T合作。

根据原《阳光海湾项目概念性规划及总体规划》，项目总体定位是充分利用山海自然人文资源打造国际化水准的高端旅游度假区，成为以生态休闲、滨海度假、海岛旅游为特色的中国著名的曲岸休闲海湾和顶级度假胜地。海堤建设是基础设施建设中的先行，海堤设计除了满足防浪挡潮等基本功能外，还需解决区域内交通问题。因此，本次海堤设计在堤顶布置总宽12m的交通道路，其中7m为机动车道，5m为电瓶车道。

根据《浙江省海洋功能区划》（修编），奉化象山港区避风锚地建设项目所在海域的主导功能区为"奉化桐照渔港区"，奉化桐照渔港区，位于奉化市桐照，象山港北岸。为国家一级渔港，可泊渔船约500艘。宁波滨海旅游休闲区避风锚地建设，目的即为渔船建设避风锚地，因此符合《浙江省海洋功能区划》在该区域的功能定位。

宁波滨海旅游休闲区由于范围较大，在《宁波市海洋功能区划》和原《奉化市海洋功能区区划》中，项目所在区域涉及的功能区较多。同时，也符合

《浙江海洋经济强省建设规划纲要》《宁波海洋经济发展规划》和原《奉化市国民经济和社会发展第十一个五年规划纲要》等相关规划和社会经济发展需要,也符合《浙江省标准渔港布局与建设规划》《宁波市渔港(避风锚地)布局与建设规划》等相关渔港规划。

1. 保护性地使用海洋

宁波滨海旅游休闲区象山港区避风锚地建设项目位于象山港区,象山港是一个由东北向西南深入内陆的狭长形半封闭型海湾,理想的深水避风港。工程区有大片的滩涂发育,总体地形平坦,坡度平缓,滩面高程大部分在0~2m之间;作为锚地区,本项目高程在-1.0m以上的区域需要通过疏浚来达到水深条件要求。工程区域地质构造比较简单,工程区地震活动水平低,强度弱,区域稳定性良好,无不良地质构造,经过地基处理后,该区域可以适合海堤建设,因而符合《浙江省海洋功能区划》在该区域的功能定位,符合国家产业政策,可以有效解决当地及周边地区渔船停泊问题,完善渔业配套设施建设,促进渔村的经济发展;同时对抵御海洋灾害,提高莼湖沿海地区的防洪御潮标准,具有重要的社会意义。因此,用海选址是基本合理的。

海堤布置根据地形条件,结合海堤景观和旅游度假功能规划要求以及结合船闸和水闸布置的要求布置,堤线平面布置合理。同时堤线地基处理根据对环境的影响程度以及投资等多方要素的比选,最终确定用塑料排水板+土工织物加筋方案处理地基,施工技术成熟,投资省,对环境的影响小;子堤高度较高,便于闭气土方施工,海堤工程结构合理。

水闸布置根据《水闸设计规范》(SL265-2001)进行闸址选择,根据水闸的功能、特点和运用要求,综合考虑地形、地质、水流、潮汐、施工、管理、周围环境等因素,最终西堤水闸布置在鸿峙村南部、西堤北侧。东堤水闸布置在东堤南端。两个水闸主要布置在岩基、浅滩上,尽量少地占用海域面积,水工结构合理,符合规范要求。

根据地形、地质条件及船队(舶)在台风期间进港避风对船闸的要求等,以及为减小临时工程施工难度,降低工程造价,船闸布置在南沙山西北处,东堤南端。船闸布置合理。并根据船闸的防渗要求,采用不透水式钢筋砼双铰底板,用海工程结构合理。

宁波滨海旅游休闲区涉海工程总用海面积为 695.2996 公顷，其中非透水构筑物用海面积 47.1614 公顷，锚地区用海面积 648.1382 公顷。用海面积严格按照《海籍调查规范》量算，界定方法可靠，面积量算准确；同时项目用海面积既能满足项目用海的需求，又利于海域管理；避风锚地面积的确定主要根据渔船的数量及大小决定，因此用海面积是基本合理的。建设项目主要为渔船提供避风场所，属公益性用海，因此按最高申请期限 40 年申请用海，符合《中华人民共和国海域使用管理法》的有关规定。

2. 保护性地开发资源

前期通过科学方式，利用先进的三维数值模式 ECOM-si，利用数值模拟的手段研究了象山港阳光海湾湖区在不同工程方案下的水体置换效率，对水闸位置、水闸宽度、水闸深度、水闸运行方式、湖内最低水位、风况和周围海域水质等可能影响工程区域水体置换的因子进行了评估，并对水闸的设计提出了一些建议。

数值模拟也叫计算机模拟。依靠电子计算机，结合有限元或有限容积的概念，通过数值计算和图像显示的方法，达到对工程问题和物理问题乃至自然界各类问题研究的目的。在计算机上实现一个特定的计算，非常类似于履行一个物理实验。这时分析人员已跳出了数学方程的圈子来对待物理现象的发生，就像做一次物理实验。数值模拟实际上应该理解为用计算机来做实验。比如某一特定机翼的绕流，通过计算并将其计算结果在荧光屏上显示，可以看到流场的各种细节：如激波是否存在，它的位置、强度、流动的分离、表面的压力分布、受力大小及其随时间的变化等。通过上述方法，人们可以清楚地看到激波的运动、涡的生成与传播。总之数值模拟可以形象地再现流动情景，与做实验没有什么区别。

数值模拟包含以下几个步骤：首先建立反映问题（工程问题、物理问题等）本质的数学模型。具体说就是要建立反映问题各量之间的微分方程及相应的定解条件。这是数值模拟的出发点。没有正确完善的数学模型，数值模拟就无从谈起。牛顿型流体流动的数学模型就是著名的纳维－斯托克斯方程（以下简称方程）及其相应的定解条件。数学模型建立之后，需要解决的问题是寻求高效率、高准确度的计算方法。由于人们的努力，目前已发展了许多数值计算方法。计算方法不仅包括微分方程的离散化方法及求解方法，还包括贴体坐标的建立，边界条件的处理等。这些过去被人们忽略或回避的问题，现在受到越来越多的重视和研究。在确定了计算方法和坐标系后，就可以开始编制程序和进行计算。实践表明这一部分工作是整个工作的主体，占绝大部分时间。由于求解的问题比较复杂，比如方程就是一个非线性的十分复杂的方程，它的数值求解方法在理论上不够完善，所以需要通过实验来加以验证。正是在这个意义上讲，数值模拟又叫数值试验。应该指出这部分工作绝不是轻而易举的。在计算工作完成后，大量数据只能通过图像形象地显示出来。因此数值的图像显示也是一项十分重要的工作。目前人们已能把图做得像相片一样逼真。利用录像机或电影放映机可以显示动态过程，模拟的水平越来越高，越来越逼真。

3. 研究得到的监督结论

研究采用叶绿素浓度作为湖区透明度的指示，数值试验表明，采用东进西出的水闸运行方式下，湖内内部形成凤凰岛南北两支水流，除闸门附近外，水体流速量级在 10cm/s 以下。湖区内部水深处水体置换效果较好，但在湖区北部及凤凰岛南侧区域水体置换条件较差，水体透明度较低，在今后的运行和建设中须加以特别关注。叶绿素是植物进行光合作用的主要色素，是一类含脂的色素家族，位于类囊体膜。叶绿素吸收大部分的红光和紫光但反射绿光，所以叶绿素呈现绿色，它在光合作用的光吸收中起核心作用。叶绿素为镁卟啉化合物，包括叶绿素 a、b、c、d、f 以及原叶绿素和细菌叶绿素等。叶绿素不很稳定，光、酸、碱、氧、氧化剂等都会使其分解。酸性条件下，叶绿素分子很容易失去卟啉环中的镁成为去镁叶绿素。叶绿素有造血、提供维生素、解毒、抗病等多种用途。

水闸的位置选在深槽中比在浅滩上更有利于湖内水体的置换。这是由于浅滩大量消耗了进入湖区水体的动能，使水流速度减慢，从而降低了水循环效率。建议将水闸建设在深槽中。深槽是一种普遍存在的河床地貌形态。弯曲型河道的弯顶上下端为深槽，两弯之间的过渡段为浅滩。顺直型河道的深槽出现于主流弯曲的弯顶处，两个深槽之间的过渡段为浅滩。深槽和浅滩的存在，使河底纵剖面表现出一系列的起伏。其空间分布服从一定的规律，相邻两深槽的平均间距大约相当于河宽的 5～7 倍。深槽—浅滩地形的演变具有多年及年内周期性变化。前者与来水来沙的多年周期变化有关,后者取决于年内水流状况的变化。浅滩一般表现为涨水期淤积,退水期冲刷;洪水期淤积,枯水期冲刷。深槽与此相反。浅滩是因输沙不平衡而造成的局部淤积。当水流绕过交错边滩或凸岸边滩时,环流的方向将发生改变。在环流发生转折的地方,因环流的消失或反向环流的干扰,水流挟沙能力降低,致使泥沙落淤而形成浅滩。理查兹(K.S.Richards)根据大尺度漩涡水流脉动与床面形态关系的理论,对深槽—浅滩的成因进行了分析。他认为,基本流速场的脉动对深槽—浅槽起作用,并推导出浅滩之间的间距应为河宽的 2π 倍。这与实测资料较为吻合。浅滩的演变与航道的状况密切相关,故浅滩的成因及演变规律的研究在航道整治上有重要意义。

水闸越宽,水体置换效率越高。但水体置换效率的提高并不随水闸宽的增加而线性增长;40m 宽水闸的效率明显高于 20m 宽的水闸,但 60m 宽的水闸的效率比 40m 宽水闸的效率高不了多少,因此在同时考虑水闸的效率和建设水闸的经济成本后采用 40m 宽的水闸。水闸深度越大,水体置换效率越高。通过实验表明,0.5m、1.5m 和 2.5m 三种水闸的效率 2.5m 最高,1.5m 次之,0.5m 最低。但考虑到水闸建设的经济成本,选择 1.5m 水闸深度作为建设方案。修建在河道和渠道上利用闸门控制流量和调节水位的低水头水工建筑物。关闭闸门可以拦洪、挡潮或抬高上游水位,以满足灌溉、发电、航运、水产、环保、工业和生活用水等需要;开启闸门,可以宣泄洪水、涝水、弃水或废水,也可对下游河道或渠道供水。在水利工程中,水闸作为挡水、泄水或取水的建筑物,应用广泛。关闭闸门,可以拦洪、挡潮、蓄水抬高上游水位,以满足上游取水或通航的需要。开启闸门,可以泄洪、排涝、冲沙、取水或根据下游用水的需要调节流量。水闸在水利工程中的应用十分广泛,多建于河道、渠系、水库、湖泊及滨海地区。中国修建水闸的历史悠久。公元前 598—前 591 年,楚令尹孙叔敖在今安徽省寿县建芍陂灌区时,即设五个闸门引水。以后随建闸技术的提高和建筑材料新品种的出现,水闸建设也日益增多。1949 年后大规模现代化水闸的建设,在中国普遍兴起,并积累了丰富的经验。如长江葛洲坝枢纽的二江泄水闸,最大泄量为 84000km^3/s,位居中国首位,运行情况良好。国际上修建水闸的技术也在不断发展和创新,如荷兰兴建的东斯海尔德挡潮闸,闸高 53m,闸身净长 3km,被誉为海上长城。

当前水闸的建设，正向形式多样化、结构轻型化、施工装配化、操作自动化和远动化方向发展。开敞式水闸当闸门全开时过闸水流通畅，适用于有泄洪、排冰、过木或排漂浮物等任务要求的水闸，节制闸、分洪闸常用这种形式。胸墙式水闸和涵洞式水闸，适用于闸上水位变幅较大或挡水位高于闸孔设计水位，即闸的孔径按低水位通过设计流量进行设计的情况。胸墙式的闸室结构与开敞式基本相同，为了减少闸门和工作桥的高度或为控制下泄单宽流量而设胸墙代替部分闸门挡水，挡潮闸、进水闸、泄水闸常用这种形式。如中国葛洲坝泄水闸采用 $12m \times 12m$ 活动平板门胸墙，其下为 $12m \times 12m$ 弧形工作门，以适应必要时宣泄大流量的需要。涵洞式水闸多用于穿堤引（排）水，闸室结构为封闭的涵洞，在进口或出口设闸门，洞顶填土与闸两侧堤顶平接即可作为路基而不需另设交通桥，排水闸多用这种形式。水闸由闸室、上游连接段和下游连接段组成。

闸室是水闸的主体，设有底板、闸门、启闭机、闸墩、胸墙、工作桥、交通桥等。闸门用来挡水和控制过闸流量，闸墩用以分隔闸孔和支承闸门、胸墙、工作桥、交通桥等。底板是闸室的基础，将闸室上部结构的重量及荷载向地基传递，兼有防渗和防冲的作用。闸室分别与上下游连接段和两岸或其他建筑物连接。上游连接段包括：在两岸设置的翼墙和护坡，在河床设置的防冲槽、护底及铺盖，用以引导水流平顺地进入闸室，保护两岸及河床免遭水流冲刷，并与闸室共同组成足够长度的渗径，确保渗透水流沿两岸和闸基的抗渗稳定性。下游连接段，由消力池、护坦、海漫、防冲槽、两岸翼墙、护坡等组成，用以引导出闸水流向下游均匀扩散，减缓流速，消除过闸水流剩余动能，防止水流对河床及两岸的冲刷。水闸关门挡水时，闸室将承受上下游水位差所产生的水平推力，使闸室有可能向下游滑动。闸室的设计，须保证有足够的抗滑稳定性。同时在上下游水位差的作用下，水将从上游沿闸基和绕过两岸连接建筑物向下游渗透，产生渗透压力，对闸基和两岸连接建筑物的稳定不利，尤其是对建于土基上的水闸，由于土的抗渗稳定性差，有可能产生渗透变形，危及工程安全，故需综合考虑闸址地质条件、上下游水位差、闸室和两岸连接建筑物布置等因素，分别在闸室上下游设置完整的防渗和排水系统，确保闸基和两岸的抗渗稳定性。开门泄水时，闸室的总净宽度须保证能通过设计流量。闸的孔径，需按使用要求、闸门形式及考虑工程投资等因素选定。由于过闸水流形态复杂，流速较大，两岸及河床易遭水流冲刷，需采取有效的消能防冲措施。对两岸连接建筑物的布置需使水流进出闸孔有良好的收缩与扩散条件。建于平原地区的水闸地基多为较松软的土基，承载力小，压缩性大，在水闸自重与外荷载作用下将会产生沉陷或不均匀沉陷，导致闸室或翼墙等下沉、倾斜，甚至引起结构断裂而不能正常工作。为此，对闸室和翼墙等的结构形式、布置和基础尺寸的设计，需与地基条件相适应，尽量使地基受力均匀，并控制地基承载力在允许范围以内，必要时应对地基进行妥善处理。对结构的强度和刚度需考虑地基不均匀沉陷的影响，并尽量减少相邻建筑物的不均匀沉陷。此外，对水闸的设计还要求做到结构简单，经济合理，造形美观，便于施工、管理，以及有利于环境绿化等。

闸址和闸槛高程的选择，根据水闸所负担的任务和运用要求，综合考虑地形、地质、水流、泥沙、施工、管理和其他方面等因素，经过技术经济比较选定。闸址一般设于水流平顺、河床及岸坡稳定、地基坚硬密实、抗渗稳定性好、场地开阔的河段。闸槛高程的选定，应与过闸单宽流量相适应。在水利枢纽中，应根据枢纽工程的性质及综合利用要求，统一考虑水闸与枢纽其他建筑物的合理布置，确定闸址和闸槛高程。水力设计，根据水闸运用方式和过闸水流形态，按水力学公式计算过流能力，确定闸孔总净宽度。结合闸下水位及河床地质条件，选定消能方式。水闸多用水跃消能，通过水力计算，确定消能防冲设施的尺度和布置。估算判断水闸投入运用后，由于闸上下游河床可能发生冲淤变化，引起上下游水位变动，从而对过水能力和消能防冲设施产生的不利影响。大型水闸的水力设计，应做水力模型试验验证。防渗排水设计，根据闸上下游最大水位差和地基条件，并参考工程实践经验，确定地下轮廓线（由防渗设施与不透水底板共同组成渗流区域的上部不透水边界）布置，须满足沿地下轮廓线的渗流平均坡降和出逸坡降在允许范围以内，并进行渗透水压力和抗渗稳定性计算。在渗流出逸面上应铺设反滤层和设置排水沟槽（或减压井），尽快地、安全地将渗水排至下游。两岸的防渗排水设计与闸基的基本相同。结构设计，根据运用要求和地质条件，选定闸室结构和闸门形式，妥善布置闸室上部结构。分析作用于水闸上的荷载及其组合，进行闸室和翼墙等的抗滑稳定计算、地基应力和沉陷计算，必要时，应结合地质条件和结构特点研究确定地基处理方案。对组成水闸的各部建筑物（包括闸门），根据其工作特点，进行结构计算。

高水位运行不利于湖内水体置换。模拟结果显示，湖内水位越低，湖内水体容量少，开闸进水时间长，水体更容易置换；反之则不利于湖内水体的置换。考虑到阳光海湾旅游观光的效果，湖内水位不能过低；因此建议将湖内水位设置在2.2m。水闸东进西出的运行方式要比"两进两出"对水体置换的效率更高。数值模拟表明，采用"两进两出"的运行方式时，湖区中部一直处于辐聚或辐散状态，水体很难得到置换。实验表明顺风的运行方式有利于湖区水体的置换。采用东进西出时，东南风有利于入湖水体向湖区扩展，并有利于湖区北部和凤凰岛南侧两个死角的水体向周围扩展、置换；西北风则阻挡入湖水体向内扩展、不利于水体置换。考虑到冬季偏北风多，夏季偏南风多，建议冬季水闸采用"西进东出"的运行模式，夏季采用"东进西出"的方式运行。进湖水体的叶绿素浓度直接影响到湖内水体的置换效率，建议尽量维持湖外部水体的叶绿素含量低于2μg/L以下，以保证湖内水体的置换效率。

在考虑各种因素的影响后，将水闸的位置放在深槽处，水闸的设计采用40m宽度，1.5m深度，水闸的运行采用夏季"东进西出"、冬季"西进东出"的方式，并将湖内水位设置在2.2m作为最佳参考方案。根据原《奉化市象山港区避风锚地建设项目水体交换研究》和原《奉化市象山港避风锚地工程物理模型试验研究报告》的相关结论得出水闸运行方式为：以"西进东出"为主，如确有需要采用"东进西出"运行时，应在闸内外水位差较小时排水，避免大流量泄水，有效减小泄水对相邻码头安全的影响。

通过对四个方案进行比选，采用了最佳方案。即闸孔总净宽40.0m，闸底高程-2.0m为其规模。船闸主要考虑的渔船船型（典型渔船）全长为32.2m，型宽6.7m，吃水深度2.2m；最大渔船船型全长为41.62m，型宽7.2m，吃水深度3.0m。根据《船闸总体设计规范》(JTJ305—2001)，确定船闸尺度。针对各设计船队，分别计算船闸闸室规模，最终确定闸室规模为$L_x \times B_x \times H = 75m \times 16m \times 4.8m$。船闸通航过程如下：先将船舶所在侧输水廊道闸门开启输水，使闸室内水位与船舶所在水域的水位相平，关闭输水廊道闸门，开启（打开）闸门，船只驶入闸室内，将船只绳索扣在固定式系船钩上，关闭船只通过侧闸门，开启船只预到达水域侧的输水廊道闸门进行输水，使船只预到达水域侧水位与闸室内的水位一致，关闭输水廊道闸门，打开（开启）

船只预到达水域侧闸门，解开系扣在固定式系船钩上的绳索，船只到达预到达水域。

船闸采用单向过闸方式，船舶一次通行只进不出或只出不进，正常情况下最大通过方式为双排双列船队布置，一次过闸船舶只数为4只（典型船只）。本项目正常水位维持在2.0m，最高允许水位2.2m，最低水位0.72m。中间没有隔堤，也无水渠。所以，东西两堤水闸的排水和纳潮应联合调度，其运行方式如下。

仅区域遭遇20年一遇设计暴雨时，此时水闸只排暴雨洪水。当区域遭遇20年一遇设计暴雨时，且外海潮位低于2.2m时，打开排水闸进行排水，开闸水位为2.2m；若潮位上涨，且高于湖内水位时，则关闭闸门，等到外海潮位再次低于湖内水位时，再次打开排水闸进行排水，如此重复，将暴雨洪水全部排出。

仅进行湖内换水。区域内无上游来水，湖内正常水位为2.0m，当外海潮位低于2.0m时，打开排水闸进行排水，开闸水位为2.0m；若潮位上涨，且高于湖内水位时，则关闭闸门，等到外海潮位再次低于湖内水位时，再次打开排水闸进行排水，如此重复，直至湖内最终水位控制在0.72m。

换水排水后，湖内水位为0.72m，且外海潮位高于0.72m时，打开纳潮闸进行纳潮，若潮位下降，低于湖内水位时，则关闭闸门，等到外海潮位再次高于湖内水位时，再次打开纳潮闸进行纳潮，如此重复，直至湖内最终水位控制在2.0m。

根据华东师范大学原编制的《奉化市象山港区避风锚地建设项目水体交换研究》结论："实验表明顺风的运行方式有利于湖区水体的置换。水闸采用东进西出时，东南风有利于入湖水体向湖区扩展，并有利于湖区北部和凤凰岛南侧两个死角的水体向周围扩展、置换；西北风则阻挡入湖水体向内扩展、不利于水体置换。"考虑到冬季偏西北风多，夏季偏东南风多，水闸运行方式为：秋冬季水闸主要采用"西进东出"的运行模式，春夏季主要采用"东进西出"的方式运行。

根据南京水利科学研究院原编写的《奉化市象山港避风锚地工程物理模型试验研究报告》相关结论，工程后桐照码头前沿在排水期受到泄流冲刷影响，在非排水期又受到回流、缓流淤积影响。工程后1年、3年和5年后码头前沿的一般淤积厚度为0.5m、0.8m和0.9m。工程前码头前沿海床高程在 -6.1 ~ -6.6m，淤积后低潮位时水深亦在3.5m以上，基本能满足渔船靠泊的水深要求。

4. 监督海域使用措施得力

对海堤建设，并对围区内滩涂区域实施浚深，期间将清除围区内所有的养殖，对区内的养殖将产生直接影响。施工位于浅海和潮间带区域，工程抛石筑堤和围区内的浚深施工产生的悬浮物会对围区内的底栖生物、浮游生物和渔业资源产生明显影响，同时也会对附近的养殖区产生影响。建设工程完成后，大量的渔船进出产生的油污水也会对围区内侧养殖区的水环境和生态环境产生明显影响。

建设单位制定了安全施工措施；明确海域使用界限；建设单位应严格在批准的用海范围内进行工程建设，严格执行海洋功能区划，禁止从事与海洋功能区划不相符的开发活动；严格遵守海域使用位置、面积、用途、期限等要求，并接受海洋管理部门的监督管理；严格按照《海域使用面积测量规范》的有关规定执行；建设单位严格按照审定后的工程建设方案进行施工；科学选择和安排施工工艺，尽量减小施工产生的悬浮泥沙的影响范围，避免对周边的海洋功能区产生不利影响；海堤施工以及疏浚施工应尽量避开鱼类产卵盛期。

加强工作人员安全知识培训，加强防范意识；合理安排施工作业时段和范围，落实通航安全的管理要求，保障通航安全；制定溢油应急预案，落实工程必备的应急设备和设施，加强防范船舶溢油泄漏等风险事故的发生；严格按照环境保护标准和污染物控制要求，切实落实本工程环境评价报告中指出的环境保护对策措施；检查和督促建设单位按规定要求和环保标准施工，依照施工期及营运期监测计划定期对海水水质、海洋生物等进行跟踪监测的方案，对因造成海洋环境和生态的明显不良影响，采取切实有效的改进措施；建设单位主动落实增殖放流等生态补偿措施，保护海洋生态环境，并根据本项目施工造成的渔业资源的损失价值，在渔业行政主管部门的督促下实施。

5. 节能降耗保护环境

中国绿色低碳旅游启于全球市场的推动，更因中国经济与社会的发展而不断提升，加快这一产业，需要包括政府在内的社会与经济各界的努力。

宁波滨海旅游休闲区在以控制性详细性规划的指导下，以"点核扩散、面域生长"方式分步实施。其中，一期以生态山岭度假区为启动区，开发建设阳光海湾体育公园、阳光海湾国际会议中心和阳光海湾旅游度假村等三个精品项目，作为动力增长核心项目，带动以后开发建设；二期，启动建设阳光小镇，打造游艇码头和东海文化标志，形成区域的城市地标，并打通海岛与陆地交通，推进海岛旅游、居住等开发建设，形成独具特色的海岛高档居住、商务中心。根据土地的供应情况确定三期共10年开发。面对中国绿色低碳旅游转型升级的快速发展，宁波滨海旅游休闲区不仅拥有跨越发展的黄金地利，还有崛起腾飞科学发展的天时，更有诚招天下客商的诚意。

宁波滨海旅游休闲区主要建设工程为海堤、水闸、船闸等，海堤分为东堤、西堤、南堤三部分，堤线总长3515米，其中南堤长2766米，西堤长294米，东堤长455米；在东、西海堤上各建设一座水闸，规模为闸孔总净宽40.0米；在东侧海堤上建设一座船闸，规模为75米×16米×4.8米。主要能耗发生在施工期，施工期主要消耗能源为用于运输石方和原材料等运输工具消耗的柴油、用于充填堤身土方泥浆泵消耗的电能、用于混凝土拌和和养护用的淡水资源及压缩空气，分别为5580吨、5897万度和138万立方米、950万立方米。

节能措施。从工程的设计、建设、管理、运行等各个环节紧紧围绕节能这项工作；工程的开发与建设应坚持开发与节约并举、节能优化、效率为本的原则。

工程结构优化。配套的主要建筑物为海堤、水闸及船闸，其投资占整个工程投资的比重很大，因此对海堤和水（船）闸结构进行优化，施工期间的节能具有十分重要的影响。通过对海堤和水（船）闸进行了多方案比较，选择最为经济合理的结构作为推荐方案。针对当地的地质条件，海堤地基处理采用了塑料排水板排水固结法和爆破挤淤法进行方案比选，采用海堤地基处理采用塑料排水板排水固结法，这样不仅大大节省了工程投资而且还大大减少了石料的开采和运输。

降耗措施。主要消耗的能源为柴油和电能。根据计算施工期直接消耗的柴油约5580吨，用电5897万度。因此相应的措施为：（1）本地区能源供应基本能满足工程的需求，夏天用电高峰期，服从电力部门的高度安排，适当进行错峰施工。(2)柴油主要消耗于石方和原材料运输,因此通过加强交通运输节能来减少柴油消耗。建设及运行管理过程中应积极推进节能型综合交通运输体系,尽量少用能耗大的汽车、船舶,鼓励使用节能环保型的运输工具。(3)电力主要消耗于吹填土方的泥浆泵和水泵,因此主要通过泥浆泵等设备的保养、更新、维护,提高泥浆泵的出土效率来节约电能;同时通过延长临时高压线路架设,减少电能在输电线路上的损耗。(4)工程管理房和水闸启闭机房采用以下节能措施。管理用房和水闸、船闸启闭机房,按照《公共建筑节能设计标准》进行设计。管理房和水闸启闭机房采用新型节能墙体材料、高效节能办公设备、电器、照明产品等。水闸启闭机房内不设空调,采用自然风。所有照明灯或景观灯均采用节能灯。施工和运行期间,管理房、建设单位用房、施工单位用房和设计代表用房等严格控制室内空调温度,夏季室内空调设置不低于26℃,冬季室内空调设置不高于20℃。优化施工用电方案,推广应用高效节能技术、提高电能使用效率,改进用电调度原则,实现电力节能、环保和经济调度。

  节水措施。随着经济的发展,污水的排放,可开发利用的水资源变得越来越少。水资源的优化配置、合理开发,并在开发利用中加以保护受到人们的关注和重视。工程用水绝大部分为泥浆泵进行水力冲填堤身土方时的用水,这部分采用堤身附近的海水,且可重复利用不消耗淡水资源。需要消耗淡水的主要用于混凝土的拌和和养护。混凝土拌和共需用水约21万立方米,水质要求较高,采用附近海涂水库水;混凝土养护用水约117万立方米,水质要求相对较低,尽量采用附近河道水。

  锚泊面积。根据报告"5.1避风锚地面积计算"可得,本项目锚泊方式采用多船并排收尾双锚系泊方式,每组渔船锚泊面积为8315平方米,各组渔船之间安全距离为30米。台风期控制本项目船闸只进不出的原则,按照台风预警(接到台风预警可能在浙江沿海登陆的台风)可提前5天实施避风预案安排避风渔船通过东堤船闸进港内避风,并进行合理调度。

  渔船在船闸智能控制系统统一调度下合理停靠到泊船区位置,保持有序的秩序,有船员需要上岸的船舶可以选择停靠码头上岸,避风锚泊时需离开码头等建筑物抛锚,上岸的渔民可以统一安排至就近避灾点临时安置。

  安置措施。避风渔船上岸的渔民就近安置生活地点,考虑渔民上岸后临时安置住宿生活的方便性及可行性，当地渔民可当渔船锚泊时上岸各自回家住宿，其他外来人员可临时安置在就近避灾点。

绿化工程。背坡绿化主要针对背坡闭气土方区域，因该区土方主要为海涂填筑而成，土壤的含盐量较高，是不适宜植物生长的，但是配套一些排盐措施，同时采用种植土改良，可以将土壤的含盐量降低到植物能够生长的程度，再选择一些耐盐碱的植物种类，配合合理的种植以及养护措施，使周边形成良好的绿化防护环境。

防潮保护。根据防潮保护对象的规模和重要性，按照《水利水电工程等级划分及洪水标准》（SL252—2000）及《海堤工程设计规范》（SL435—2008），确定工程等级为Ⅱ等。海堤、水闸、船闸等主要建筑物为2级，施工围堰等临时性建筑物为4级。

防汛抗台。度汛标准为：龙口度汛按汛期10年一遇高潮位及其典型潮型设计；堵口采用非汛期5年一遇高潮位潮型设计；海堤度汛按汛期10年一遇风浪设计。工程度汛主要分为2个时期：龙口合龙前堤身的度汛、龙口合龙后堤身的度汛。基本度汛工作：（1）建设单位设置专门的防台防汛办公室，并由项目法人代表兼任主任，各施工单位、工程监理单位的主要负责人应是本项目防台防汛办公室的重要成员。（2）建设单位、施工单位和工程监理单位都应该加强对有关人员的汛期安全和应急措施的教育。（3）工程防台防汛办公室在汛期即将到来前，和宁波奉化市防台防汛办公室、气象、航运、港口等部门加强联系，加强对台风、气象、潮位等观测和预报工作，为度汛抢险赢得更多时间，并制定详细的台风预警措施和条例。在台风到来前，做好堤身防台保护，做好施工人员和船只的转移工作。（4）对安全度汛的风险进行分析，对施工中龙口度汛、堤身度汛的方案进行论证，并将论证后的方案报市防汛防台主管部门审查备案。（5）向保险部门投保工程险。（6）建设、监理单位应督促施工单位落实防台防汛的有关措施，汛期做好工程船舶的进港避风及其施工设备及有关人员转移和保护工作。（7）电信部门汛前对通信设施做一次检查，并加强薄弱环节的维修，确保汛期通信线路畅通无阻。供电部门做好供电设备维修，提高供电可靠性，确保汛期安全供电。

协同发展

宁波滨海旅游休闲区是目前浙江省投资最大的单体旅游项目,是省、市推进海洋经济发展示范区建设的重要区域,将有力推动象山港生态经济型港湾和宁波国际强港的建设,提升推进浙江省旅游经济转型升级和拓展浙江海洋休闲综合功能。

宁波滨海旅游休闲区自然条件能满足作为一个滨海城镇的所有想象。平静的海面,适宜滑水、快艇、降落伞等体验型旅游项目。悠长的海滩,能够发展海涂美容、海涂休闲、海涂浴等项目。项目内的悬山岛、凤凰山岛、鸟岛三座海岛上,不但有奇树异珍,还有猴子、海鸟等飞禽走兽,将满足旅客的体验式需求。丰盛的海洋鱼类也能一饱人们的口福,将大大缩短宁波人拥抱海洋的距离,圆几代宁波人的海洋之梦。

宁波滨海旅游休闲区对整个宁波海洋经济的发展来说,又可以和梅山岛的开发,以及象山港湾其他地块的综合开发治理,一起成为宁波科学利用海洋资源,发展海洋经济的一次意义深远的尝试。从长三角地区南端的杭州湾、宁波象山港湾、台州三门湾以及温州湾等港湾看,既有优良的生态环境、优美的山海景观、便捷的交通,还有蜿蜒崎岖的山岙港湾和能躲避每年夏季台风影响的港湾,唯有宁波象山港,而宁波滨海旅游休闲区的枕山面南、有丰富的"海、港、渔、岛、涂"资源优势特点,正是宁波市象山港区域发展休闲度假的绝佳之地,是象山港区域其他地方无可比拟的风水宝地。更何况宁波滨海旅游休闲区交通便利,北靠宁波主城区,南望象山半岛,位居宁波正中,四通八达,可以说,宁波滨海旅游休闲区的建成将大大弥补宁波大型休闲度假项目的缺口,成为宁波的又一张名片。

宁波滨海旅游休闲区打造的就是巴厘岛式的度假旅游方式,打造国际级的滨海度假城,从大自然的生态环境出发创造唯美的滨海仙境。

随着我国旅游业的蓬勃发展,旅游业逐渐成为服务业的新支柱产业,对经济、社会发展的贡献率日益提高,旅游业对其他产业的投资拉动效应越来越受到各方瞩目。宁波滨海旅游休闲区在奉化区的城市经济发展、劳动力就业、城市形象、产业结构优化、国际交流与合作、市民素质的提高、环境与社会和经济的协调发展等方面发挥着巨大的推动作用:(1)带动相关产业;(2)增加就业机会，稳定社会发展；(3)调整产业结构，优化资源配置；(4)增进国际交流，拓宽世界视野；(5)促进招商引资，利于国际接轨；(6)协调环境、经济与社会。

区域以独特的区位和资源优势为依托，确立"三维开发"理念，按照"生态优先、绿色发展""共建共享、健康美丽"原则，构建"全域景区"的规划与建设格局。

1. 海上引领性开发。以海岸观光专线为骨架串联，突出海上联动先行，把沿海中线南部作为引领项目发展区，使之成为未来长三角独具特色的湾区经济发展示范区。重点布局"二区二城二港"六大特色功能板块，包括：滨海科技创新示范区、天妃湖旅游度假区、裘村横江新城、松岙健康新城、宁波百年渔港、国际帆船新港。

2. 路上利用性开发。利用区域中各有乡愁韵味的美丽村镇、文化名村、生态古村，以及产业资源、山地风貌，点线结合，串点成线，构建乡村旅游休闲带，营造区域内村村是景点、处处是风光的文旅休闲环境。重点推进沿海中线迎宾线、大埠至栖凤海岸观光线，以及舍辋至南岙线、黄檗至金峨线、楼隘至岭下线、莼湖至裘村线、阎家至杨村线、曹村至黄贤线、下陈至同山线（工业文创）等生态风情线建设。突出扮靓以黄贤为龙头，莼湖老街、松岙古街、五百岙、石沿、马头、石盆、吴江、南岙等特色文化村落和传统街区。

3. 山上保护性开发。借助全域200多千米的古道修复，重点打造莼湖茭湖、银杏研究所、河泊所与裘村黄贤片区的山上生态景区，以及裘村甲岙至松岙街横、王家山山上风车岭景区的联动保护与开发。推进茭湖和王家山两个山上古村落主题文旅项目建设。严格管控海上小岛生态保护与开发。

4. 以绿色产业为基础，推动产业转型升级。深入践行"绿水青山就是金山银山"的重要思想，积极建设联合国可持续发展议程创新示范区，推动形成绿色发展方式和生活方式，为人民群众创造良好生产生活环境。一是要不断淘汰一批高能耗、低效益的企业，引导制造业向制造+旅游发展，推进浙江造船厂大型船舶制造主题公园改造；二是培育一批健康保健、养生养老、文化创意、运动休闲等幸福产业，着力打造"时光宁波文旅小镇、宁波湾滨海华侨城、恒大健康旅游小镇、滨海航空飞行营地、银泰旅游度假村"等五大平台，加快产业转型升级。

5. 以美丽建设为载体，全面优化生态环境。 树立保护生态环境就是保护生产力，改善生态环境就是发展生产力的理念。一是要加大美丽城乡建设力度，实施"千村景区化"改造；二是统筹山水林田湖草系统治理，加快实施山塘水库治理工程，推进海岸线生态治理工程；三是进一步加大环保基础设施建设力度，深入推进"五水共治"，实施区域污水管网提升工程和再生水厂建设工程；四是强化自然生态保护，以保护为主，治理结合的思路，加快完善生态保护红线划定，打造一批以黄贤公园为样本的自然保护地示范区。

6. 以交通建设为先导，推进一体化发展。 加快融入宁波大湾区一体化发展，重点推进象山湾疏港高速公路工程和S203省道工程；提升内部交通网络建设，实施环象山港景观公路（沿海旅游专线）和沿海中线奉化段拓宽工程，形成内外健全的交通网络体系。

7. 以"旅游+"产业为纽带，构建全域旅游体系。 一是统筹资源，挖掘天妃平安、船帮渔俗、长寿生态、浙东民俗、红色经典等五大文化，开创"宁波湾海上嘉年华"和"天妃（湖）福文化节"两大旅游休闲活动品牌，全力培树"宁波湾"和"天妃湖"两大文化地标，吹响"东海福地、心灵港湾"的集结号；二是完善提升旅游基础设施，加快三级旅游服务体系建设，打造养生、运动等不同风情的古道游览线，联动山海，连点成片，构建全域旅游的纽带和载体；三是加强智慧景区建设，搭建智慧应用系统和智慧管理系统。

8. 以改革创新为驱动，搭建平台引领创新。 一是破除行政区划壁垒，确立以"宁波滨海旅游休闲区"为大平台，以宁波滨海旅游休闲区管委会为组织主体，统筹沿海三镇一体化发展；二是优化区域管理服务机制，按照"市场主导、政府搭台、统筹发展"的思路，以供给侧结构改革为导向，引入社会资本，创新投资模式，探索产城一体发展，村镇统筹发展，鼓励社会资本联动村庄实施田园综合体，鼓励社会资本参与美丽乡村建设；三是明确以联合国的绿色发展试点为目标，落实新发展理念，高起点、高质量、高标准绿色发展引领建设。

围海历程

习近平主席在2018年新年贺词指出:"2018年,我们将迎来改革开放40周年。改革开放是当代中国发展进步的必由之路,是实现中国梦的必由之路。我们要以庆祝改革开放40周年为契机,逢山开路,遇水架桥,将改革进行到底。"

党的十九大报告提出:激发和保护企业家精神,鼓励更多社会主体投身创新创业。

自1978年党的十一届三中全会开启我国的改革进程以来,弹指一挥间,中国的改革事业已经走过了40年的光辉岁月。

40年来,我国历经从计划经济到商品经济再到市场经济的探索,我国从无到有构建了中国的社会主义市场经济体系并不断进行完善,我国走向依法治国并不断提高国家治理水平。可以自豪地说,中国的改革事业取得了不可磨灭的成就。

中国的改革事业当然也并非一帆风顺,改革的航程历经千难万险,改革的开拓却从未停歇,改革者在波澜壮阔的改革进程中演绎了一首首动人的赞歌。

2018年10月24日9时，港珠澳大桥开通仪式在广东珠海举行，中共中央总书记、国家主席、中央军委主席习近平出席仪式并宣布大桥正式开通。

港珠澳大桥正式通车，承担大桥正常运营的人工岛备受关注。浙江围海建设集团股份有限公司参与港珠澳大桥东人工岛（香港国际机场东侧）的深水区域基础处理工程建设，运用该公司自主研发的处于国际领先地位的"塑料排水板插设"技术，成功破解了深水软基处理的历史性、世界性难。

该区域施工时，浙江围海建设集团股份有限公司投入了两艘自主研发的专用塑料排水板插设船（宏阳工102、宏阳工106），排水板插设时采用梅花形布置，间距为1.2m，每根所占面积为$1.2471m^2$。设计高水位为+2.1mPD，设计低水位为+0.3mPD；施工区域水深最浅处为C2a与A区交界处，泥面标高为–4.5mPD左右，水深最深处为E1区北侧，泥面标高为–11.5mPD；施工区域机场限高最低处C2a与A区交界处西侧，限高为+40mPD，最高处为E1区，限高为+60mPD。

在东人工岛建设中，浙江围海建设集团股份有限公司还因地制宜，通过技术创新，实现插板设备的自动化控制，多功能自动桩头、水下剪板装置的应用，提高效率，减少人工，改善操作条件，为实现"当年开工、当年成岛"的目标立下了汗马功劳。

中国改革开放40周年，正是我们承前启后，继往开来的关键节点。在这个新的历史起点上，我们有必要回顾和梳理中国改革40年的成就、经验和教训，为我们新的改革探索积累更多的可供借鉴的经验。

逢山开路，遇水架桥。这是一个比喻，更是一个"将改革进行到底"的决心！改革的进程中，冯全宏掌舵着围海公司，三次转制创新、三次转型升级……从"小船"发展到"旗舰"，创造着"百年围海"的基业。

它，起航于东海之滨、三门湾畔，是国内最早从事海堤工程施工的企业。

它，自1985年诞生之初，先后经历三次改制，从一个只有十余人、几台简陋设备的机具管理站，历经三十多年风雨兼程，现已发展成为一家以水利建设开发、水电投资与建设、围垦开发、港口码头投资开发、公共基础设施建设、文化等为发展重点的跨行业、跨地区的现代化企业集团。

它，2011年的6月2日，在深圳中小板上市。这是从宁波市走出来的全国专业海堤建设第一股。

它，集团总部位于宁波国家高新区，下辖6家子公司，现已形成"一体两翼"、相关产业协调发展的产业格局。

它，就是浙江围海建设集团股份有限公司。

横是海堤，竖是丰碑。浙江围海建设集团股份有限公司先后荣获"全国文明单位""全国十大建设科技成就奖""中国建筑工程鲁班奖""詹天佑奖""国家优质工程金质奖"和"新中国成立60周年100项经典暨精品工程"等荣誉称号。

浙江围海建设集团股份有限公司的故事，就是我国改革开放的伟大潮流进程中的一篇可歌可泣的乐章。

我们就先从"围海"开始说起。

围海工程

围海工程(coast reclamation works)是指在沿海修筑海堤围割部分海域的工程。它可挡潮防浪，并控制围区的水位。常配套建筑水闸、船闸、潮汐电站、抽水站、鱼道等。

围海工程按其所在位置不同，可分三类：

1. 顺岸围海。在较平直海岸(包括河口沿岸)的潮间带范围内围海。所围面积一般不大，海堤堤身较低。虽然多数为淤泥质滩地，由于滩面露出水面时间较长，土质稍硬，故此类围海工程中的软基筑堤、堵口闭气和海堤防浪等问题较易处理。中国已建围海工程项目中,顺岸围海所占比例较大。

2.海湾围割。在海湾口门或湾内适当部位筑堤堵海。口门港道深、地基软、吞吐潮量较大,筑堤技术问题较复杂。荷兰须德海工程、中国厦门杏林海堤均属此类。

3.河口围海。在河口或河口岔道上筑坝挡潮围海。潮汐河口受径流和潮流共同作用,河床演变显著,在河口筑坝涉及航运、水利、水产多方面的利益,必须十分慎重。在潮差大的大、中型河口筑坝,施工的困难也较大。荷兰三角洲工程与法国朗斯潮汐电站均属河口围海工程。

围海工程主要有:

1.海堤。围海工程的主体。海堤直接承受风浪、暴潮、急流的作用,工程量一般比较大。围海工程中,软基筑堤和堵口闭气是海堤施工的重要技术问题。

软土地基的抗剪强度很低,要采取有效措施才能建造一定高度的海堤而不至于塌陷。常用技术措施有:(1)堤身两侧加筑压载,防止堤身滑塌;(2)采用水平沙垫层、沙井、碎石桩、塑料排水插板等措施加速地基固结,增加抗剪强度和地基承载力;(3)分期间歇施工,使软土地基有足够的时间消散孔隙水压力,增大抗剪强度;(4)改善海堤上部结构,减轻海堤自重等。

修建海堤时,为了施工安全,在堤线上常预留一个或几个口门让潮水自由吞吐,这种口门称为龙口。待海堤填筑出水达一定高度时,封堵这些龙口,称为堵口。堵口常采用抛石截流的方法,在龙口抛投大块石或人工块体、填石竹笼、填石铁丝笼等进行缩窄和封堵,最后形成一道截流堤。堵口截流要先进行水力计算,通过模型试验搞清龙口水力特性,确定合理堵口顺序和施工方法。荷兰还采用浮运水闸式沉箱到龙口定位沉放的堵口方法。但定位沉放需较长的平潮时间,只能在潮差较小的海域中使用。堵口截流后龙口段截流堤是透水的,堤身较单薄,应立即进行"闭气"加固。闭气是用黄土、砂、海底黏土等材料截断堆石堤内的渗流。由于潮汐影响,堆石堤内的渗流是双向的,又是在水中抛土,必须满足堤身、地基和渗流稳定的要求。

2.促淤。为使滩面更快淤高,提前进行围海工程,常采取促淤的工程措施。促淤一般采用丁坝、顺坝等建筑物;也可以在滩面种植红树林、大米草等植物;而采用长丁坝与潜顺坝相结合的布置,促淤效果较好。开始围海筑堤时,常以原有促淤丁坝和顺坝为基础，加高加宽，可以给施工带来方便。

3. 水闸。围海工程的重要建筑物，用以挡潮、排涝、泄洪和控制堤内水位。在堵口过程中，还可起分流作用，减少内外水位差。有些堵口难度较大的工程，则必须设置专门的分流闸，堵口后分流闸填埋在堤中。这些分流闸泄水条件很差，应尽量建在岩石地基上。

围海造田。即在海滩和浅海上建造围堤阻隔海水，并排干围区内积水使之成为陆地，又称围涂。围海造田多数是与大陆海岸相连，但亦可孤悬浅海中形成人工岛。在与大陆相连的围海造田中，又有两种围涂方式。一是，在岸线以外的滩涂上直接筑堤围涂；二是，对入海港湾内部的滩涂，有时先在港湾口门上筑堤堵港，然后再在滩涂上筑堤围涂。采用何种方式，主要取决于当地的技术经济条件。

民生所需

"精卫填海"，一个美丽的神话传说。对内陆人来说，"海塘"也许还是一个陌生的字眼。

只要在网上随意搜索一下"海塘"，就会知道海塘是人工修建的抵御海潮的堤坝。但如果你要真正领会这两个字的含义，却并非如此轻松。

我国海域辽阔，拥有18000千米大陆岸线，沿海地区约占全部国土面积的14%，近300万平方千米的蓝色国土，养育了近一半的人口。同时，拥有14000千米岛屿岸线，沿海岛屿6500余个，滩涂资源丰富，海平面以上的滩涂面积约3000万亩，海平面至水深10米的浅海滩涂面积约1.17亿亩。

大海，给我们以恩惠，带给我们丰富资源的同时，也带给我们巨大的灾难。浙江省位于东南沿海，正是我国台风的重灾区，新中国成立以来的几次强台风，如1958年的"8.1"台风，1997年的11号台风，均在浙江登陆，给浙江省造成了惨重人经济损失和人员伤亡。风暴潮的侵袭，给浙江沿海人民的生命财产带来了极大的威胁。

由于自然环境的影响，沿海地区经常遭受风暴潮，造成人畜伤亡。所谓风暴潮，就是当台风移向陆地时，由于台风的强风和低气压的作用，使海水向海岸方向强力堆积，潮位猛涨，水浪排山倒海般向海岸压去。强台风的风暴潮能使沿海水位上升 5～6 米。风暴潮与天文大潮高潮位相遇，产生高频率的潮位，导致潮水漫溢，海堤溃决，冲毁房屋和各类建筑设施，淹没城镇和农田，造成大量人员伤亡和财产损失。风暴潮还会造成海岸侵蚀，海水倒灌造成土地盐渍化等灾害。

同时，台风会造成多种灾害。台风会造成风灾及水灾，由于风之压力直接吹毁房屋建筑物、吹毁电信及电力线路、吹毁农作物，并使稻麦脱粒、农作物枯萎。狂风时必有巨浪，台风所产生的巨浪可高达一二十米，在海上造成船只颠覆沉没，此外波浪逐渐侵蚀海岸，而生灾变。盐风，则是海风含有多量盐分吹至陆上，可使农作物枯死，有时可导致电路漏电等灾害。还有风暴潮，暴风使海面倾斜，同时气压降低，致使海面升高，而导致沿海发生海水倒灌；摧毁农作物，使低洼地区淹水；甚至引起河水高涨，河堤破裂而发生水灾、冲毁房屋、建筑物、毁损农田。此外，大海潮水侵蚀海岸，导致泥土流失。根据中国国家海洋局北海分局的调查，1928 年，胶州湾的海域面积为 535 平方千米；而目前，胶州湾的总海域面积仅为 367 平方千米，75 年内面积缩小了 35%。

海塘之于浙江，就是生命线、生存线和幸福线。这对于浙江东南沿海人民来说，是几千年来用生命做代价总结出来的惨痛教训。而这种痛是痛在一脉相传的血液里、骨髓里，这种痛也许只有生活在这里的人们才会感受得到，感受得如此之深。

海堤建设事关国计民生、事关群众生命财产安全、事关陆海统筹发展，是一项造福全社会功德无量的千秋大业。

这，就凸显了围海工程保障民生、利用资源的必要性。

第一是民生线。历年来，沿海地区风暴潮、洪水等自然灾害频发，海水淹没村庄，良田化为乌有，房屋顷刻倒塌，百姓伤亡惨重，情景触目惊心、惨不忍睹！

1956 年 8 月 1 日，编号为 5612 的强台风（俗称"八一"台灾）在象山港登陆。据史料记载，这次台灾共冲毁海塘 208 处，田 3614 亩，地 291 亩，倒塌房屋 31667 间，死 182 人，是历史上罕见的一次灾害。五年才过，另一个编号为 6126 的强台风又在三门湾登陆。史料记载，这次台灾共造成 13 万亩土地被淹，冲毁农田 9936 亩，倒塌房屋 21242 间。这两次台灾不仅在浙江省水利史上留下了惨痛的一页，也给浙江人民留下了难以磨灭的创伤。

1994年，9417号的强台风无疑再次给浙江人民留下了惨痛的记忆。这次台风是从温州瑞安登陆的，是新中国成立以来最大的一次风潮灾害，温州等地海塘一下子遭毁530千米，几乎全线崩溃，有的甚至于被夷为平地，连坝址都难以辨认，直接经济损失124亿元。

三年才过，另一个编号为9711的强台风又在浙江省温岭石塘登陆，而且还是最凶猛的风、暴、潮三碰头。台州、宁波等地一共有776千米的海塘被毁损，直接经济损失近200亿元。全省11个市（地）的86个县（市、区）、1530个乡镇、27270个行政村、1890.1万人口不同程度受灾；有28个县级城市进水，227万人一度被海潮、洪水围困；全省死亡人数236人，倒塌房屋8.5万间共211.6万平方米；损害海塘、江堤2005千米；停产及半停产企业10.35万家；公路中断1190条次；供电中断2885条次、11851小时；损坏通信线路4092千米……全省直接经济损失197.7亿元。这比1996年同期地方财政还多出50亿元。这是新中国成立以来造成浙江省经济损失最大的一次台风。

2008年火爆一时的中国首部灾难片《超强台风》被人们称是导演发挥了超强的想象力，但如果经历过浙江的台风，恐怕就会体会到，大自然本身真正具有的超强力。

风暴潮洪已经成为经济社会发展的心腹大患。加强高标准海堤工程建设，是沿海各级政府"民生工程"之一。

第二是经济线。沿海地区人多地少矛盾突出。基于水利、农业、港口、交通等需要所修筑的围海海堤、填海造地海堤、交通海堤、渔港防波堤、港口海堤等"经济线"工程，对缓解土地资源供需矛盾，具有十分重要的意义。

土地，是人类赖以生存、社会赖以发展的根基。浙江沿海地区都是依山傍水，土地资源十分稀缺。然而，苍天偏偏有眼，从远古走来的大江经过几千千米的跋涉，在深情地投入大海的时候，没有忘记赠予大海一份厚礼：每年由1万亿立方米流量夹带的5亿吨泥沙。亿万年间，这泥沙在浙江沿海沉积，造化出沃野万顷的冲积平原，成为浙江极富希望的"新大陆"。

浙江濒临东海，海域辽阔，岛屿罗列，岸线曲折，港湾众多，海域来沙比较丰富。据《浙江省水利志》文献分析，浙江沿海泥沙来源有三：一是本省直接入海河流输沙，根据实测资料统计分析，浙江各河流多年平均入海泥沙总量为1305万吨每年，绝大部分沉积在河口区域；二是北邻长江口的输沙南移，长江年径流总量9250亿立方米，输沙总量4.7亿吨，约有20%～30%沿海岸线扩散南下，成为浙北沿海主要泥沙来源之一；三是大陆架供沙。大陆架细颗粒沉积物在一定的波浪和潮汐等动力作用下，发生再悬浮和随潮向岸运移，参与近岸的泥沙运动和滩涂的淤积，形成当地以堆积地貌为主的海岸滩地，从而提供了广阔的海涂资源。

浙江海涂主要分布在钱塘江河口两岸和浙东沿海。凭借得天独厚的海涂资源，海涂围垦成为浙江扩大陆域面积的一个重要途径，这对缓解浙江人多地少的矛盾和发展区域经济具有重要的战略价值。正因如此，自古以来，浙江海涂的围垦利用始终与海塘的修建互为依存，并且经历了悠久的发展历史。

西汉时，杭州湾南岸"三北平原"（余姚、慈溪、镇海之北），古谓之为泻卤之地，即为早期形成的海涂。明弘治年间（1488—1505）大古塘向东延伸至龙头场。随着滩涂淤涨外伸，遂以大古塘为头塘，逐步进占围垦，到新中国成立前夕（1948）已建成七塘和部分八塘，共外伸10余千米，围垦总面积500平方千米，使"三北平原"扩大到650平方千米（大古塘南至山麓约150平方千米）。

自鄞奉平原向南，直到温瑞平原，唐、宋以来都有筑塘御潮围涂的记载。鄞奉平原以南的宁海、象山两县，濒临东海和象山港、三门湾，由于港湾众多，历代多筑塘围田，象山县历史上的岳头塘，史传为晋人陶凯所筑，计围田2万多亩，但未经百年而为海潮所吞噬，后来，于明成化年间（1465—1487）再筑而成，计围田2万多亩。

在钱塘江河口，江道主流于清乾隆四十二年（1777）改走北大门（河庄山与北岸海宁盐官之间江道）后，至今未再变迁。原南大门（龛山与赭山之间江道）与中小门（赭山与河庄山之间江道）故道连成一片平陆，原属北岸海宁县的赭山，嘉庆十八年（1813）划归南岸的萧山。到1949年，在历代修筑的北岸海塘之外，在杭州上泗和余杭乔司等地，又淤有大片涂地，以上泗片8万亩为最大。南岸萧绍海塘外，又逐步筑堤围有比较稳定的涂地303平方千米，俗称南沙。萧绍以下、曹娥江以东上虞百官一带，康熙五十七年（1718）至雍正三年（1725），自百官至沥海过夏盖山直达余姚县现为市界，筑起土塘和海塘，其中百官至夏盖山一段后称百沥海塘。新中国成立前，自钱塘江主流走北大门之后，百沥海塘外滩涂已基本稳定并围垦利用的有王公沙塘、三汇南港塘、新港至余姚界段等 3 片，共约 5 万亩。

温黄平原自元代以来，历代都随着海涂的淤涨，逐步向外增筑海堤。在温岭县的诸多海塘中，金清港南岸的海塘已从头塘进展到七塘。黄岩县在金清港北岸的海塘从正德年间（1506—1521）建成洪辅塘后，又先后建有头塘、二塘、三塘、四塘、五塘，并于光绪二十二年（1896）筑到六塘。该县自清初至民国三十二年（1943），筑塘"垦熟之地，南北长约四十里，东西阔约二十里，占全县耕地七分之一"。

温州所属的乐清、温州、瑞安、平阳沿海，在明、清时期屡屡修筑、重筑石塘，以巩固所属之田。乐清县境的蒲岙、水宁西塘，于明洪武初（1368 前后）坍毁，天顺二年（1458）重筑，"复田约 40 倾"；古屿、江山两塘于永乐二年（1404）坍毁，天顺元年重筑，"复田约 30 倾"；至清乾隆时，县境海塘总长已达 70 余里。乾隆初（1736），瑞安城东沿海沙涂涨出 10 里之遥，遂筑新横塘长 45 里，御潮开垦。

舟山等沿海岛屿，主要是修筑分散、封闭的海塘，围涂成田。早的始于元、明，大多筑于清代。规模较大的有象山县南田岛筑于清末的龙泉大塘，成田 1.5 万亩；鹤浦大塘成田 8400 多亩。

更为有趣的是，沿海的这些滩涂并不是静止的，而是不断发育生长的。以胡陈港东南端的下洋涂为例，据 1914 年与 1930 年的图件对比，下洋涂滩尖黄海零米线向东西延长了 1500 米；1930 年与 1964 年的图件相比，下洋涂滩尖又向外涨了 1500 米；1964 年与 1973 年的图件对比，下洋涂滩尖又向外涨了 3000 米。从 1914 年到 1973 年的 59 年间，下洋涂滩尖共向外涨了 6000 米。据当年胡陈港工程地质钻探，这里的淤泥质海岸发育距今已经有 6000 多年的历史，这就是说在河姆渡时期这里的海岸就已经开始发育了。

这些被人们誉为"新大陆"的共和国最年轻的国土，也寄予了人们丰厚的希望，在实现土地占补平衡、缓解人多地少的矛盾、拓展新的发展空间、促进地方经济社会的可持续发展等方面发挥了最大功效。

第三是生态线。海洋生态建设是整个生态系统建设十分重要的内容之一。作为海洋与陆地连接的海堤生态修复、促淤堤建设、海口海湾综合整治、滩涂湿地保护等"生态线"工程，将对保护海洋环境和生态资源起到重要的作用。

而"水祸"不仅来自海上，在有些沿海陆地上、各岛屿上，人民反而还缺乏水资源。比如玉环本岛,属于缺水岛屿,同样的,还有舟山。舟山地处海岛,山低源短,无过境客水,水资源全靠降水补给。全市人均水资源拥有量为707立方米,是全国人均水资源拥有量的1/4,全省人均水资源拥有量的1/3。当地居民有句谚语:"海岛美,气候爽,海水多,淡水少,十年就有八年旱。"

浙江全省共有3500多座水库,其中大中型水库143座。这些水库大都是在20世纪五六十年代建设的,"先天不足,后天失调,老化失修,病险严重,安全隐患十分突出"。为了保障地方人民的生活用水,为了缓解水资源紧缺的矛盾,为了提高地方防汛和蓄水能力,为了确保一方百姓的平安,急需能供水蓄水、能泄洪纳潮等功能的水库,急需一支专业化的高技能的队伍!

历史机缘

《山海经·北山经》中写道:北二百里,曰发鸠之山,其上多柘木,有鸟焉,其状如乌,文首,白喙,赤足,名曰"精卫",其名自詨。是炎帝之少女,名曰女娃。女娃游于东海,溺而不返,故为精卫,常衔西山之木石,以堙于东海。漳水出焉,东流注于河。

神话、历史,及至当今的现实中,水患一直是困扰人民群众生活、威胁人民群众人身财产的一道坎。

有人说,浙江的水利史就是一部围垦史。古志所载,"秦则海也,汉则涂也,唐则灶也,宋则民居也",就是对浙江围垦海涂发展过程的总概括。

据研究表明,自地质年代第四纪晚更新世以来,中国东部平原区发生了三次海侵,东海、黄海大陆架经历了两次海退。以每次海侵各具特征的有孔虫属名作为三次海侵的代表名称,由老及新分别为:星轮虫、假轮虫、卷转虫海侵。据《浙江省水利志》介绍,由于从全新世起掀起的中国东部沿海的卷转虫海侵,今省境内的所有平原地区都沦为海域。在距今5000—40000年海退开始以后,省境内现有的主要平原如杭嘉湖、宁绍、温台等,都是一片泥泞沮洳的沼泽地。《管子·水地》称:"越之水重浊而洎,故其民愚疾而垢。"为此,江浙先民在历史时期之初就开展了改良水环境条件的艰苦斗争。他们依靠简单的工具,修建了各种水利工程。在此以后经过了10个世纪的水环境改造和水利建设,到了东晋,这个"重浊而洎"的泥泞沼泽之区,就成了"山阴道上行,如在镜中游"的风景秀丽、文化优越、民阜物殷的鱼米之乡。可以说，浙江境域的开拓史，同时也是一部水利史。在浙江的古代水利中，有史籍可考的早期工程出现在春秋战国时期，如越王勾践为富国强兵，治理开发滨海斥卤之地，修筑了富中大塘和吴塘；秦代开凿了嘉兴至杭州的陵水道，开江南运河之先河。汉代以来，已有众多的湖陂、堰坝工程出现，最为著名的是绍兴鉴湖，鉴湖存在的近千年历史中，使当地田地"亩值一金"，由"荒服之地"成为"珍宝所聚"的鱼米之乡。晋代的湖州狄塘、山阴运河，南北朝梁时的丽水通济堰，隋代的江南河，唐代的杭州西湖，五代吴越国的捍海塘。继之宋、元、明、清，水利工程历代有建树，特别是钱塘江海塘，经历代修筑，至明、清时已形成坚固的鱼鳞大石塘。由此可以看出，海涂围垦在浙江有着非常悠久的历史。

浙江人多地少，人地矛盾十分突出，浙江省委、省政府对新中国成立以来的围垦成就非常重视，改革新形势下更迫切地需要围垦事业的大发展，并将此提升到战略高度来看待。

20世纪50年代"一五"计划开始的时候，党和人民政府即着手规划围垦海涂。1953年，浙江省农林厅成立勘测队进行大片海涂、荒地的勘测、规划工作。1958年7月，浙江省人民委员会决定成立浙江省围垦海涂指挥部。1959年浙江省人民委员会颁发《浙江省围垦海涂建设暂行条例》，并召开浙江省第一次围垦海涂工作会议，会议确定围垦海涂的工作方针是："依靠群众，先易后难，大、中、小型同时并举。"初期围垦措施，主要是沿用"长草围涂"，即高滩围垦；在围垦政策上，小片围垦以群众自办居多，大片围垦以国家投资举办国营农垦场居多。1960年5月，浙江省计划确定在浙江省水利局设立围垦处。1972年，浙江省水利局设立围垦海涂处。1978年改为浙江省水利局省水利局围垦处。

从20世纪60年代到70年代，浙江的围垦工程也从高滩围涂发展到中滩围涂、促淤围涂（低滩围涂）和治江围涂、堵港围涂等多种类型，围垦工作有了新的发展。特别是在海涂涨塌多变的钱塘江河口段，结合江道整治，进行大规模围垦，取得了突破性进展。这一时期，萧山、绍兴、上虞、余杭、慈溪、宁海、象山、温岭等8县围垦规模大，成绩显著，共围海涂103.17万亩。

当时浙江省的围垦开发还处于地方各自为政、土法施工为主的状态，各地的海塘建设基本上还是以群众自办为主，施工队伍五花八门，施工手段原始落后。由于没有统一的技术规范，致使工程质量难以保证，使得海塘线屡建屡毁。这一切都表明着浙江的水利建设，急需专业化的围垦施工队伍。

而且，在围海公司之前，我国高等院校包括水利专业院校，都还没有设立海洋地基处理的专门学科，可以说，在海洋地基处理尤其是软基处理方面还是一片空白。

软基，在专业上的全称为"淤泥质软土地基"，是东南沿海专有的一种地质现象。它的形成是由于内陆江河带入到海洋中的泥沙，在潮汐的作用下经年累月向岸边冲刷堆积而成，其中高于海面的部分形成了海涂，属淤涨型海滩，在东南沿海历史上的围垦，就是在这些海边滩涂地带进行围海垦荒，发展种植业和养殖业。

在东南沿海一带，这种淤泥质软黏土的层厚一般在几米到几十米，含水量一般高达50%～70%，给海洋水利建设施工带来了技术上的复杂性。如何处理这种淤泥质软土地基，当时在国际上也是一大难题。据记载，20世纪50年代，浙江省最早兴建的车㟃港截咸堵港工程开创了新中国成立以来堵港工程的先例，但第一次堵港失败造成13亿元（第一套人民币币值，折合第二套人民币13万元。第二套人民币的1元相当于第一套人民币的1万元）的经济损失。20世纪70年代，当时浙江省规模最大的截咸蓄淡工程——胡陈港堵港工程取得一次性堵口成功，但在施工中也发生过七次滑坡沉陷，其中较大的滑坡就有两次。当时，有专家曾从自然条件方面做过分析，认为造成失败与挫折的主要原因有：一是淤泥质软黏土地基；二是深水作业；三是潮差大、潮流急；四是港面宽，风浪大。

在这样一摸黑的艰难形势下，围海公司开始走上了历史的舞台。

除了体制上的因素之外，围海公司得以建立，很大的一个原因就是浙江沿海海塘建设的现实需要。大的形势对围海公司的发展非常有利，也提供了广阔的发展空间，但与此同时，围垦事业也面临着严峻挑战，也面临着转型变轨的历史机遇。

从机械设备看，不仅数量非常有限，而且技术装备也比较陈旧和落后，工效更远远不能适应现代化、大规模的围垦建设需要。更何况当年的围垦已经向低滩深水发展，按照这种技术装备水平，一个大的围垦工程常常要建设几年、十几年甚至更长的时间，半个世纪建成两三个工程，根本无法满足改革开放新形势的需要。

转型升级

没有比人更高的山，没有比脚更长的路。

浙江围海建设集团股份有限公司在发展历程中，从机具站、围垦工程处、围海工程公司到围海股份有限公司的变身，从事业单位转到国有企业单位、再由一个单国有所有制企业转变为混合所有制企业、再由一个混合所有制企业转变为全民营企业的转型，紧紧伴随我国的改革开放进程，三次改制，转型升级，踏着稳健的脚步，昂首挺立地坚定向前。

1. 从机具站到公司

浙江省。宁海县。胡陈港码头。

一座白色的小楼，依然耸立在山脚之下，只是早已人去楼空。茂密的橘林，依然清嶂叠翠，果实含笑，只是它要迎接的不只是主人的眷顾，更有八方宾客的仰慕。一阵阵积水拍岸，噬食着码头上的青石，没有了船舶的靠泊，但却见证了昔日的繁盛与光荣，依旧在向人们吟唱着一段逝去的岁月中，一个人、一个团队、一家公司，在波澜壮阔的历史洪流中勇立潮头的乐章。

30多年前，浙江围海建设集团股份有限公司的前身——浙江省围垦开荒机具管理站便是诞生在这个胡陈港码头。

1984年10月，党的十二届三中全会通过《中共中央关于经济体制改革的决定》，确定社会主义经济是"公有制基础上的有计划的商品经济"，改革的重点逐渐从农村转向城市，以搞活国有企业为中心环节全面展开。对国有企业实施了承包制、租赁制等改革措施，积极进行以厂长负责制、工效挂钩、劳动合同制为内容的企业领导、分配、用工等管理制度的改革，增强企业的内在活力。《中共中央关于经济体制改革的决定》提出社会主义经济是公有制为基础的有计划的商品经济，这是经济体制改革的重大突破。

1984年12月20日，浙江省宁海县水利局收到了浙江省围垦开发中心（围垦处）的正式复函，至此，浙江省围垦开荒机具管理站——这个孕育在春天里的蓓蕾，在浙江省围垦事业现实需求的召唤下，在改革开放的春风沐浴中孕育而生。

当年机具站的全部家当如下：

主要设备：船舶6艘，工程车辆10部以及包括其他施工机械，共计原值209.8万元。

人员经费：核定编制20人（尚未完全到位），每年由围垦开发中心从事业经费中补贴人头费3万元。

就在机具站组建的同时，国家对水利系统的投资体制进行了重大战略调整。由20世纪70年代单一的国家无偿投资，银行低息贷款，群众投劳的"民办公助"模式，逐步向集资、贷款、外资、垦成土地出租、出让使用权等多种模式转变。

从《中国围海工程》（中国水利学会围涂开发专业委员会编写，2000年11月第1版）一书中可以查找到这样一份资料，从中可以看出我国各个时期围海工程投资主体和经营方式的变化情况。

1949年以前，投资主体和经营方式有两种：一种是农民群众自围，其经营方式为个人使用；另一种是资本家投资，其经营方式为资本家经营。

20世纪50年代，投资主体和经营方式有四种：一种是农民群众自围，其经营方式为个人使用；第二种是以工代赈，其经营方式为农民集体使用；第三种是国家兴办国有林场、农场，其经营方式为国家组织经营；第四种是国家补助、农民集体投劳，其经营方式为谁围、谁有、谁用。

20世纪60年代至20世纪70年代，投资主体和经营方式是："民办公助"，国家无偿投资、群众投劳，其经营方式为谁围、谁有、谁用。

20世纪80年代以来，投资主体和经营方式有三种：一种是"民办公助"，国家无偿投资、群众投劳，其经营方式为谁围、谁有、谁用；第二种是专业围海股份有限公司（集资、贷款、外资、垦成土地出租、出让使用权等），其经营方式为公司合资经营，招标承包，出租，转让土地使用权；第三种是单位联合体，其经营方式为公司合资经营，招标承包，出租，转让土地使用权。

通过这份资料可以看出，国家水利系统的投资主体是随着经济改革逐步发展演变的。正是在这一背景下，从1985年起浙江省正式施行有偿周转金办法。

这一年，浙江省安排围垦开荒经费仅1046万元，其中无偿补助金884万元、有偿周转金162万元。无偿补助金主要用于围涂工程，有偿周转金主要用于开发利用和经营。由于这一改革措施的出台，浙江省安排的围垦开荒经费到了浙江省围垦开发中心那里可以说是一个萝卜一个坑，根本就没有机动的余地。过去，浙江省每年围垦水利投资中，设备采购及维护经费占到了25%，而机具站所能得到的仅有每年3万元的人头费。

这3万元的人头费对机具站来说，简直就是杯水车薪。办法是想出来的。在这困难时刻，机具站开始采用一种新的两条腿走路的发展模式：一方面机具站将继续按照事业单位编制，发挥对全省围垦开荒机具管理的职能；另一方面则走向市场，对围垦工程建设施工实行企业化管理，从而实现有限的人、财、物和无限的市场需求对接，发挥市场对资源的配置功能，盘活资产，实现经济效益。

机具站发展的大政方针已定，在抓紧抓好基地建设的同时，机具站的业务开展也要做好准备工作。首先，是完善机构设置，根据机具站的职能管理和业务开展需要，建立起机具站最初的职能和业务管理部门，设立了财供股、工程股、车队、船队、象山办事处和办公室6个部门，并配备了各部门的管理骨干人员；其次，是根据部门的设置和管理、业务职能的需要，确定了双线管理模式：凡属生产经营的部门，均实行以承包为核心的多种形式的经济责任制；凡属管理性质的部门，均实行以岗位责任考核为核心的工作责任制。按照这种思路，基本明确了各部门的职责和权利，理顺了机具站的内部管理。

在浙江省水利局围垦开发中心的支持下，机具站很快就接到舟山小郭巨促淤工程，这是机具站走向围垦工程市场的第一个工程，也是具有里程碑意义的一项工程。但是，舟山小郭巨工程在一开始进展得并不顺利。当时，机具站在工程现场指挥部内部对承包形式发生了较大分歧和争议，部门与部门之间相互争钱和争物资，但在具体工作中又相互扯皮，该做的准备工作没有到位。由于部门之间在互相配合上出现的问题，给工程进度造成了严重影响。

为吸取小郭巨工程的教训，冯全宏决定实施"三湾整编"这套与工程管理相适应的创新性的管理模式。

首先，借鉴了农村联产承包责任制的精髓，在施工中开始推行以联产计酬为核心的经济承包责任制，将职工收入与工程量挂起钩来，工程量越大，薪酬也就越高。改革的效能再次显现出来，经济的杠杆作用也再次发挥出来，广大干部职工的生产积极性充分调动起来了，工程指挥部的主要工作得以围绕安全和进度而展开，工程管理和工程质量得到了加强，施工效率也得到了极大提高。

第二项措施是对人事管理制度改革。机具站想要进入工程市场，单单依靠十几人的事业编制是远远不够的。无论是搞围垦工程，还是开展经营工程，都需要大量的人力资源。另一方面，施工中使用的船只和车辆不仅价值高，而且操作技术性也很强，如果对这些技术工人长期以临时工身份使用，无论是对机器的维修保养，还是对工程队伍的稳定，都是不利的。

想要打胜仗首先要有一支过硬的队伍。同样，想要在市场中闯出一条活路来，也必须要有一支过硬的施工队伍。然而，想要组建起一支过硬的施工队伍，事业单位的用人制度就成为一道必须逾越的栅栏。当时的机具站应时而变，采用了合同制的办法，将以前大量闲散的临时工、船老大、开机器的师傅们，通过签订劳动合同的方式与之建立起长期稳定的劳动关系，并通过劳动合同进一步明确了双方的责权利。接下来，又经过一个时期的科学测量，建立起了相对合理的薪酬体系和福利保障体系，使这批船老大和师傅在机具站找到了家的感觉，从而发挥出了人机的最大效能。

这次的人事制度改革，对机具站初期发展具有决定性的作用。在理顺了小郭巨工程管理之后，承包责任制延伸到了机具站的各个部门。小型冷冻厂、水泥预制厂、苗圃、鱼塘等，都按照这个思路相继建立起了各具特色的责任制。一年下来，机具站不但实现了经费自足，而且职工的福利待遇也大为改革。在接下来的几年中，机具站连年被评为浙江省水利系统的先进单位。

1986年，是我国第七个五年计划的开局之年，也是机具站建站后的第一个规划年。冯全宏亲自编写了机具站《1986年度经营计划》：

（1）开展汽车运输业务。对四辆货车进行修理，实行承包运输。对四辆自卸车，除基地建设需要外，计划承接象山丹城镇城建街道路基填方业务。

（2）开展砂石料加工业务。宁海、象山溪流较多，砂石资源丰富，当地群众均采用手工采挖，工效低、单价高。目前城乡建设对砂石料需求很大，产品供不应求，故计划开展砂石料加工、运输和销售业务。

（3）开展预制件加工销售业务。利用基建兴办的预制场，在保证基地建设需要的前提下，开展对外加工销售业务。

（4）开展汽车修理业务。现有各种车辆11部，为保证运输业务的开展，及时进行车辆的维修保养，计划建立汽车修理厂，采取业务内外结合、联产分成的方法，以利调动双方的积极性。

（5）建立苗圃与鱼塘。以供应自身绿化为主，结合对外销售，以利扩大自身积累和扩大再生产。对经营者也采取联产分成的办法。

这一年春节刚过，机具站在进一步完善各项经济责任制的同时，又进行了制度建设，形成了一整套《浙江省水利厅围垦开荒机具管理站企业管理制度》，这标志着机具站的工作全面走上了正轨。

当时，水利建设市场还是一个混沌初开的世界，各种各样的开发方式并存，各种各样的施工队伍共生。机具站由于是事业单位，严格说是没有资格进入工程市场的。于是，机具站通过与省水利水电工程承包开发公司协商，对外承包工程采取挂靠形式，挂靠在省水利水电工程承包开发公司下。

经过一年多的探索，机具站再次进行了一次内部改革，对站属各单位干部开始全面推行聘用制，并进一步调整了机构设置。机构调整后，机具站设置有船队、车队、施工队三个主要工程队，这意味着机具站的业务重心前移到了工程承包领域。随着工程市场的不断拓展，时机成熟，机具站不仅能够做到"以站养站"，而且可以进一步放开手脚，有能力走上市场化、企业化的发展轨道。

1987年10月，党的十三大在北京召开，这次会议进一步明确了中国经济改革的方向，全国各地的经济改革步伐明显加快了。

事有巧合，这时，当地媒体上报道了宁海县通用厂"推行工资总额同经济效益总挂钩"的经验。这篇报道为机具站的进一步改革提供了新的方向。

1988年3月10日，机具站的掌门人冯全宏向浙江省围垦开发中心提交了《关于要求试行（工资总额与上缴税利挂钩的办法）的报告》。在这份报告中，在经济责任制形式的表述上，明确为"工资总额与上缴税利挂钩的办法"，从而避免了"经济效益指标"可能在概念上造成的模糊性。

换言之，就是自行断"奶"，将3万元人头费的属性变成了周转资金，这意味着机具站将完全走向"以站养站"，不再向上级要任何补贴性的经费。随着机具站实力的不断增强，这3万元周转资金随之消失。

实质上，试行《工资总额与上缴税利挂钩的办法》后，机具站已经走向企业化发展的路子，但有意思的是，这时的机具站还不是一个完整意义上的企业，而是一个事业单位。

这个具有超前思维的改革方案，真正实施起来也不会是一帆风顺。有人说：一切发展中的问题都可归于"体制"二字。套用这句话：一切改革中的问题说到底就是体制上的问题。尤其在改革初期，可以说改革在很大程度上就是向传统体制的一种挑战。

1988年5月，机具站召开了一次重要的"务虚会议"。各部门、各组的负责人和生产骨干人员全部集中起来，进行了一场主题为"用最短的路程，达到最好的效益"的专题讨论会，专门解决机具站在改革和发展中的思想上、认识上的问题。这次会议开得异常热烈，大家畅所欲言，提出了一系列改革的新思路。最后，大家的思想统一到了"改革"和"发展"这个主题上，认为机具站深化改革势在必行，不改革，机具站就没有出路可言。改革的目的是发展，发展的出路在市场。

1988年12月，机具站又召开了一次干部、党员会议，对机具站建立以来的改革和发展进行了一次系统性的总结，并明确了今后几年发展的总体思路：将工作的重心放到提高企业效益上来，放到市场开拓上来。为适应工作重心的转移，积极参与到市场竞争中去，会议还研究决定对机构设置进行调整，其中最重要的调整就是将原来的生产组调整为几个工程队。

紧接着，又召开了一系列有关完善落实经济责任制的专题会议，对新成立的工程队及施工业务部门，研究制定了经营承包责任制和考核奖惩办法。对承包责任制合同一签三年，对干部实行两年聘任制。通过经济承包责任制的建立，使企业的目标、效益实现了层层分解，真正体现出"责、权、利"的高度统一。

这一系列会议在围海公司的发展历史上占有非常重要的地位，起到非常重要的作用，解决了企业发展中的方向性问题。

在这样的背景下，机具站建立后的第一个三年（1989—1991）计划也就应时而出了。在这个三年计划中确定的发展目标是：通过3年的努力，将机具站的工程承接能力达到专业公司的实力，进而组建专业公司，发展经济实体。

就这样，"组建专业公司"的最高目标第一次被写入正式文件里，并作为机具站3年发展的最高目标。

从组建机具站到创建围海公司，这6年的时间实际上完成了第一阶段的改革。这一时期的改革，解决了两个最基本的问题：一是实现了事业单位企业化运作，建立起最基本的企业管理体制；二是与市场实现了对接，并积累了一定的经济实力。这为日后成立围海公司奠定了基础。

这看似是两个问题，而说到底就是一个问题，就是将机具站这个被困在圈里的羚羊放牧到了草原上。

在围海公司建立前，机具站建立后的第一年（1985）为基地建设时间，以后的6年时间可以划分为两个阶段：前三年（1986—1988）为市场摸索期；后三年（1989—1991）为围海公司筹备期。也可以说，从走向市场到建立围海公司，用了6年时间进行了充分的准备。经过3年时间的摸索，又经过3年时间的积累与准备，创立围海公司的条件已基本具备。

这6年的时间是围海公司的创业初期，也是围海公司不可分割的一段历史。因为，没有机具站也就没有今天的围海公司。在这个时期，尽管还没有建立围海公司，但围海公司却在其间孕育而成。

常言说，十月怀胎，一朝分娩。围海公司经过了6年的怀胎期，而当时全国如火如荼的改革热潮无异于是为围海公司的诞生进行了胎教。经过一个较长时期的市场磨难，积累了一定的市场经验，也具有了一定的经济实力和工程承接能力，抗风险能力增强了，人们的观念也更新了。

2. 从围垦到围海

20世纪80年代中期到20世纪90年代中期，中国是一个"时间就是生命"的年代，是一个一年可能造就一个时代的年代。许多成功的企业家，就是在这个时期淘到了第一桶金，也是在这个年代造就了一些著名的企业。相比之下，机具站还不能称作是一个企业，即使非要说是一个企业，那也只是一个"跛脚"的企业，因为它的另一只"脚"还被套在事业单位的编制中。

从组建机具站开始到现在已经6年过去了，机具站已今非昔比。

从队伍上看，已经带出了4支专业施工队伍：工程一队、工程二队，工程三队和工程船队。除此之外，还有松散型的联合工程建筑队和爆破队。

从装备上看，初步具备了与浙江围垦事业相适应的施工机械设备，如工程自卸车、吊车、装铲车、推土机、混凝土拌和机、空压机等，还有当时浙江省唯一的围垦工程深水抛石设备——液压对开驳。

从设备养护能力上看，下属修造机械厂有车床、刨床、铣床、钻床等，机修设备一应俱全。

从规模实力上看,从建站之初仅有209.8万元代管设备,每年3万元事业经费的小小事业单位,已经发展成为拥有固定资产510万元,自由流动资金130万元的企业规模,具有每年可完成土石方60万立方米的企业化施工与经营的围垦队伍。

这支队伍由最初的15个人,发展到拥有各类技、经人员与技工191人,其中有职称的工程技术人员13人,还聘用了4名土木、地质、建筑、预算等高级工程师。随着企业的发展,还陆续接受了一批大、中院校的毕业生,并对职工进行了多渠道的培训,队伍素质已经有了显著提高。在这6年的发展过程中,这些人大都经过围垦实践的磨炼,参加过大、中型水利水电工程建设,担任过相应的技术、施工管理职务,一些人具备10年以上从事水利工程的资历。这些骨干力量,不但具有一定的理论基础和施工实践经验,而且也练就了较强的施工组织能力。在这个时期,他们先后承接了舟山小郭巨潜坝抛石、螺门海堤、象山热电厂劈山填基、大田港堵口、隔水王造桥、象山大目涂海堤、象山东港船只打捞、宁波机场跑道袋装砂井处理等工程项目,同时,还承担过镇海电厂、普陀开发区、台州电厂等地质勘探工作。尽管师出无名,但他们在浙江省的水利建设工程领域已是小有名气。

围垦工程方面,他们拥有20立方米的对开驳、拖轮、空压机等一套机械设备,形成一套海上抛石的施工方法,能够在风大流急的条件下,竣工断面基本上保持设计断面。他们先后承担了舟山小郭巨促於工程、螺门围垦工程、临海大田港堵口工程等,每项工程均验收合格,获得了业主的好评。

在地质勘探方面,他们先后在宁波北仑港电厂灰坝、镇海电厂海堤加固、瓯海围垦、舟山东港开发区等工程上,承担过取土、静力触探、十字板试验等地质勘探任务,提交的地质报告均被作为设计采用数据。

在地形测量方面,他们在承担以上地质勘探项目中,其三角测量、断面测量、水准测量和放样定点等,均由机具站自己的队伍完成。其中由李祖兴、蒋裕忠、谢远富等人承担的宁海下洋涂105平方千米的海陆地形测量、三角测量、水准测量项目荣获宁海县科技成果三等奖。

在桥梁码头方面,他们承建过宁海隔水王10级桥梁、薛岙煤码头、胡陈港航管站码头等,所有项目均验收合格。

在科研方面，他们承担过宁海下洋涂网坝促淤工程和宁波北仑港电厂灰坝试验堤工程的各种仪器埋设、测试，土方机械试验等，所提供的试验数据准确无误。

在软基处理方面，他们承担过宁波飞机场的袋装砂井施工，宁波北仑港电厂灰坝和象山大目涂海堤的土工布铺设，宁海隔水王桥基的灌注桩造孔与浇汁，所承担的项目均已通过验收。

在房屋建筑方面，他们承建过宁海胡陈港煤场房屋，机具站宿舍，上虞垦殖场用房及社会上的民房建造。

除此之外，机具站还承担有象山大目涂围垦工程、宁波姚江地质勘探、宁海黄坦水库倒虹吸管工程、乐清土方机械试验等一批在建项目……

之所以不厌其烦、林林总总地罗列出这些，是想让大家对此时的机具站有一个全面而透彻的了解。透过这些大大小小、也许还有一些称不上项目的项目，不难看出，尽管机具站已经有了一定的发展，但总体上还是处在有钱就挣的创业初级阶段。但有一点也应该看得清，机具站的业务主线已经相对集中在水利建设领域，并形成了自己的原始积累。

客观地讲，围海公司的建立是被市场逼出来的。

在这6年里，尽管机具站获得了发展，但一直是挂靠在省水利水电工程承包开发公司，师出无名。到了这个时候，机具站还是一个没有执照、没有许可、没有资质的"三无"企业。随着改革的不断深入，国家开始对建筑市场进行清理整顿，行业管理开始加强，市场的准入门槛开始提高。而这时，机具站挂靠的单位也出现了变故，省水利水电工程承包开发公司已不再对外承接工程。这样，机具站就由一个"冒牌正规军"变成了一个地地道道的"游击队"。

正面战场上有"正规军大兵团"的围堵，后面也有市场监管的追击，市场的大门正在徐徐向他们关闭。可以说，机具站已经陷入了四面楚歌的重围之中。

外部环境的变化在客观上助了一臂之力，机具站开始进行一场"突围战"。突围战是由两个战术性战役组成的。第一个战术性战役，也可以称为前哨站，在宁海城关设立一个办事处，为突围后新组建的公司寻找一个立足之地。

1991年1月24日，机具站得到省里关于机具站在宁海城关设立办事处的正式批复文件。接下来，要做的就是核心战役部分——组建公司。

事实上，早在 1990 年 8 月，机具站就向省厅递交了《关于要求建立"浙江省围垦工程公司"的报告》。但是几个月过去了，这份报告石沉大海，杳无音讯。

在当时的历史条件下，作为一个事业单位要建立一个企业，是有相当难度的。经历了一次次的研究，一次次的沟通，机具站要求建立"浙江省围垦工程公司"的报告，终于从被提上浙江省水利厅的议事日程，到专题讨论，再到批文下来。新建公司的名称被正式定为"浙江省围垦工程处"，注册资金扩大到 1400 万元，而且新公司在宁海城关风风光光地举行了成立的挂牌仪式。

为便于管理和业务开展，工程处的管理组织结构进行了精心设计。设立两室四科，即办公室、总工室和工程技术科、财务计划科、质检安全科、经营科。下设三处两队，即工程一处、工程二处、工程三处和工程船队、工程车队。下属两厂一场，即车辆维修厂、机械修造厂和水泥预制场。

不久，企业申请的水利水电建筑暂定二级施工企业资质也通过审核。至此，"一套班子、两块牌子"下的"围垦工程处"这部机器正式开始运转起来。这是一个特殊时期的特殊产物，是一个极具中国特色的历史产物。尽管从它出生的这一天就注定了它的寿命是短暂的，但它却是夜空中划过的一颗流星，虽然其生命短暂，但却在漆黑的夜幕上留下一道绚丽的光迹。它在围海公司的历史上同样会占有极其重要的一页，乃至在中国经济体制改革史上也应被写上一笔，因为它为改革的艰难和曲折历程进行了最好的注释。

随着浙江省围垦工程处的成立，标志着机具站实现了由事业单位向企业单位的成功转型，紧接着围海公司又将改革引向了更深的层面，"以坚定的改革信念，不断深化企业改革，转化经营机制，全面推行经营承包责任制"。

从 1991 年底批准建立浙江省围垦工程处后，围海公司内部便开始准备搬迁工作。这时，围海公司已经承接了第一个主体大工程——舟山东港一期工程。这个工程，使得围海公司一战成名。围海公司由此得以"鸟枪换炮"，一步跨入到机械化、现代化军团的作战序列。舟山东港一期工程与漩门二期工程、上海洋山港东海大桥陆桥连接段海堤工程并称为"三大战役"，在围海公司发展史上都占有举足轻重的地位，但却起到了不同的作用。

1991 年 10 月 24 日，位于观音脚下这块沉睡千年的荒凉滩涂上爆响了填海筑坝的第一炮，拉开了舟山东港建设的帷幕。

这一声炮响，也是围海公司诞生的礼炮。

而经过多方运作，围海公司取得了宁海县委、县政府的大力支持，终于在城关征用了 5 亩综合业务楼用地，批租了 7 亩职工宿舍楼和仓库用地。进入 1992 年，围海公司的总部正式开工建设，而东港工程建设也如火如荼。

1992 年 3 月 26 日，《深圳特区报》发表的长篇通讯《东方风来满眼春——邓小平同志在深圳纪实》，在全国引起了轰动。小平同志的南方谈话犹如一声春雷，整个神州大地顿时春风浩荡，也为中共十四大系统地提出建设中国特色社会主义理论提供了依据。1992 年 10 月，中共十四大召开，江泽民同志在《加快改革开放和现代化建设步伐，夺取中国特色社会主义事业的更大胜利》的报告中强调，要以实践作为检验真理的唯一标准，解放思想，实事求是，尊重群众的首创精神。强调改革也是一场革命，是解放生产力，是中国现代化的必由之路，停滞僵化是没有出路的。

正是这股春风，当时的工程处有了成立专业公司的希望。从"围垦"到"围海"只是一字之差，但它反映出的却是不同的境界，不同的胸怀，不同的目标。

围海公司邀请了经验丰富的闵龙佑担任总工程师。又经过一年的漫长等待，在 1992 年 10 月 20 日递交了《关于要求更改企业名称的报告》。不久，上级有关部门正式批准了"浙江围垦工程处"更名为"浙江省围海工程公司"。至此，1989 年开始的创立专业公司的计划，终于实现了。

1992 年 12 月 27 日，宁海城关再次举行了一场"浙江围海工程公司"的挂牌仪式。它在围海公司的历史上具有划时代的意义，它标志着围海公司的发展进入了一个全新的时代，也见证了中国的改革开放进入了一个全新的时代，中国经济社会也迈入了一个新时代。

围海公司历史上新的一页已经揭开了！

到了 1993 年春天，东港工程进入关键时期，围海公司的总部建设也进入高涨时期。综合业务楼设计为 9 层，是当时宁海县城最高的建筑之一，总建筑面积为 6000 平方米，土建投资 300 万元，1993 年已完成 3 层建筑，已完成投资 150 多万元。职工宿舍集资建房 50 套，总投资 200 万元，这时已完成投资 50 万元。另外，还有象山办事处正在建造综合楼及宿舍 200 平方米，预算土建投资 80 万元，已完成投资 40 多万元，完成两层建筑。

搬迁不是一件轻而易举就可以决策、就可以完成的事情，它涉及员工的安置问题、土地征用问题、户籍迁移问题和资金的问题等。机具站运作时期虽有收获，积蓄了一定的资本实力，但对于刚刚成立的一个新公司，需要花钱的地方很多，总部基地建设要花钱，工程设备要上一个档次也要花钱。当时，第一次独立承接舟山东港这个主体大工程，尽管机具站管理着浙江全省围垦开荒的全部机具设备，但进入大工程与人家一比才知道自己的差距。没有建立公司前自己是"游击队"，师出无名；建立了公司，与"国"字号大企业一比，才知道自己还是一支"土八路"。想要成为专业化的水利建设施工企业，就必须具备专业化的管理水平、专业化的装备水平和专业化的技术水平。但甲方往往第一眼就是看你的装备，没有与技术相匹配的施工装备，再好的技术也发挥不出来。

由于冯全宏、谢远富、闵龙佑以及围海建设者们的敬业精神，取得了东港工程负责人的同情、认可，破例额外提前划拨了300万元工程款，不仅保证了资金运转，而且也使围海公司的装备迈上一个新台阶，跻身水利施工企业先进行列，具备了与大企业同台竞争的能力。

我们很难想象，如果围海公司还偏居一隅停留在胡陈港，围海公司如何协调同时若干个不同地域的工程项目，如何捕捉瞬息万变的市场信息？

在海上航行过的人都会发现这样一种有趣的现象，海鸥总是追逐着船在飞。据渔民说，在帆船时代，帆升得越高招来的海鸥也就会越多。海鸥为什么会追船？有人说，这是因为船在海上航行时，由于受到空气和海水阻力，在船的上空产生一股上升的气流。海鸥尾随在船的后面或上空，可借助这股上升的气流毫不费力地托住身子飞翔。也有人说，在浩瀚的大海中，小鱼、小虾之类被破浪前进的船激起的浪花打得晕头转向，漂浮在水面上，很快就会被视力极强的海鸥所发现，轻而易举地把它们吃掉。这种"守株待兔"的觅食方式，是海鸥的聪明之举。还有一种说法，在浩瀚的大海之上，船就是海鸥的家，就是海鸥流动的陆地，为海鸥提供了一个栖息之地。也许对海鸥逐帆的解释还不止这些，或是几种原因兼而有之。

围海公司的这次迁徙，也产生了强烈的耦合效应。从胡陈港山水一隅到宁海城关，围海公司的成立与火热的总部基地建设，自然成为宁海县引人注目的焦点。改革的热潮与蓬勃而起的围海公司相遇时，就像一股新生的、不断上升的气流，在宁海形成强有力的涡旋运动，产生了巨大的吸引力。这时，围海公司敞开胸怀，适时吸纳了不少各界英才。

搬迁到宁海县城后，围海公司也引起越来越多的有志之士的关注，一批优秀人才加入围海。这批人才在不同层面、不同岗位上为围海公司的发展做出了突出贡献，随着公司的快速发展也成长为围海公司的骨干力量，在围海公司以后的发展中，起到了中流砥柱的作用。这一批人中，有的曾担任过领导工作，有着丰富的管理经验，如罗全民、张子和、吴云杰等。有的在专业方面有一定的优势和具备广泛的人脉资源，如徐丽君、张建林等。除了省围垦局每年派来实习的大学生，不少老朋友也纷纷为围海公司举贤荐才，如围海股份副董事长王掌权，围海公司原副总经理陈晖、吴良勇，总工程师俞元洪，子公司宏力阳总经理张志建。

1993年，经浙江省围垦局批准，围海公司先后在舟山等地设立分公司，在上海、温州等地设立办事处。1996年初，围海公司在原温州、上海办事处的基础上，又组建了第二分公司和上海分公司，在石塘项目经理部的基础上组建了第三分公司，在金清项目经理部的基础上组建了第五工程处，并将原舟山分公司改建为第一分公司，吸收了温岭市水利局下属的一家三级水利企业成立了第八工程处。

如果说胡陈港是围海公司的起点，那么宁海就是这艘旗舰的一个重要基地。事实也证明，从1991年正式移师宁海城关，到1997年决定第二次大搬迁，围海公司在6年多的时间里就实现了跨越式发展，完成了自己的成长期。

常言说得好，能看多远，就能走多远。如果机具站在既定的轨道上运行，那么胡陈港有可能成为浙江省围垦事业的装备总基地，至今还保留着车水马龙的繁忙与兴盛。然而，机具站身上所披挂的计划经济时代的盔甲，使它更像是一个古代武士。尽管机具站依旧存在了若干年，但它的最终淡出，则喻示了海洋时代的到来。

1994年，第49届联合国大会向全世界宣布1998年为国际海洋年，以提高人们对海洋重要性的认识，提高地球上每一个人保护海洋及其生态环境的自觉性。而此时，围海公司已经完成了第一次战略大转移，不仅在宁海立稳了脚跟，而且东港工程也度过了最为艰难的岁月。继东港大开发之后，各地沿海大开发的战略举措如雨后春笋般纷纷出台，无异于是奏响了海洋时代的序曲。

3. 从宁海到宁波

从胡陈港到宁海，从宁海到宁波，它所带给人们的不仅仅是地域上的广度，更是围海高度的提升。第二次迁徙更使围海公司登上了围海事业的巅峰。

1997年初，在围海公司的职工代表大会上，围海公司确立了新的奋斗目标——实施第二次战略大转移。

随着围海公司的快速发展和业务领域的不断拓展，宁海的地域局限性日益明显地凸显出来，无论从资金、人才、信息等诸多方面，都成为制约围海公司发展的瓶颈问题。实施驻地战略转移，就成为围海公司发展史上又一战略性抉择。

关于围海公司的第二次战略转移，如何转移，向何处转移，当时有两个备选方案：一个是杭州，另一个是宁波。杭州是浙江省的省会城市，具有政治优势、人才优势和信息优势；宁波是14个沿海开放城市之一，具有良好的围海资源优势和发展潜力。

宁波取自"海定则波宁"，简称"甬"，全市总面积9365平方千米，是浙江省的一个副省级城市、计划单列市和有制定地方性法规权力的较大的市，是文化部批准的全国历史文化名城。宁波与杭州同属浙江的经济中心。

宁波历史悠久，是具有7000多年文明史的"河姆渡文化"的发祥地。唐代，宁波成为"海上丝绸之路"的起点之一，与扬州、广州并称为中国三大对外贸易港口。宋时又与广州、泉州同时列为对外贸易三大港口重镇。鸦片战争后被辟为"五大通商口岸"之一。如今的宁波是浙江省经济最发达的城市和全国14个中央计划单列市（副省级）之一，人均收入居全国第四位，消费水平居全国第二位。

宁波港是上海国际航运枢纽港的重要组成部分，与世界79个国家和地区400多个港口开通了航线。宁波是浙东交通枢纽，陆、海、空、水立体交通发展迅速，尤以"东方大港"之称的北仑港而誉满全球。栎社机场与香港和全国各地主要城市之间架起空中桥梁。铁路、公路、水运以及市内交通四通八达。

目前，宁波经济技术开发区、保税区、出口加工区、大开发区、宁波科技园区等五个国家级开发区，以及一批工业产业园区与工业产业集聚区、特色产业园区，已成为宁波对外开放的重要窗口和招商引资的热土。

宁波是著名的"院士之乡"，宁波籍院士的总数为94名，居全国各城市第一位。

改革开放后,宁波市先后荣获中国综合改革试点城市、国家历史文化名城、全国首批文明城市、中国优秀旅游城市、国家环保模范城市、国家园林城市、国家卫生城市、中国综合竞争力前十强城市、中国品牌之都、中国十大最佳会展城市、全国再就业先进城市、2006年度公众首选宜居城市、2009年中国最具幸福感城市等多项殊荣。

宁波的发展成就,从一个侧面印证了当年在总部基地选择上的正确决策。当时在杭州与宁波这两个城市的选择上,只有一个初步的设想,如何论证和实施,还要有一系列的工作去做。

当时,浙江省水利厅的意见更倾向于围海公司迁至杭州。作为省水利厅的下属企业,如果将总部放在省城,会有很多便利的条件,省水利厅在杭州钱塘江南岸萧山地区有大片地区,可以免费供围海公司总部建设使用。但经过与杭州市有关政府部门接洽,遇到一个很大的问题,人员的户籍关系没有办法随总部迁过来。户籍关系不能随公司迁移,公司就没有家的感觉,员工们的心就不可能安定下来。

这时,时任围海公司党委副书记的罗全民得到了宁波市新建立的科技园区正在招商的信息,便立刻赶了过去。通过接洽,在浙江省水利厅出面帮助下,宁波市政府同意围海公司成建制落户科技园区,并下文批复同意300人的户籍迁移进宁波市区。接着,他们又通过对多家房地产开发商及宁波市甬江新区管委会等单位的调研走访,掌握了大量翔实的有关办公用房、职工住宿和户籍转移、经济政策、人文环境等综合情况,提供了科学、可靠的决策依据。为使决策更加科学和理性,并能得到绝大多数员工的理解和认同,还安排公司办公室对34名干部职工进行了"公司驻地战略转移职工生活安置意向"民意调查。正是这些前期扎实具体的基础工作,为战略转移决策提供了科学依据。

通过综合比较,最终完成了《公司驻地战略转移可行性调查报告》的起草工作,并上报省厅和围垦局,得到了省水利厅、围垦局以及市、县政府和有关单位、部门的支持。

1998年是"国际海洋年",也是围海公司第二次战略大转移的实施之年。

这次迁移,围海公司为员工购住房面积2750平方米,自建了4栋住宅楼,转移75户员工,顺利实现了公司驻地战略转移目标。

1999年1月28日，围海公司正式从宁海城关迁驻宁波市甬江新区，即现今的宁波高新技术开发园区。

就在这一年，围海公司拿下了漩门二期工程。这个工程是围海公司发展史上的一个分水岭，也是围海公司的品牌之战。由此，围海公司在东部沿海打响了自己的品牌，在海洋水利工程建设市场站稳了脚跟。

伴着海洋世纪到来的脚步，迎着新世纪的曙光，围海公司完成了第二次迁徙。这次战略转移在围海公司发展史上具有划时代的意义，它将开启盛世围海的新纪元，标志着一个公众围海新时代的到来！

进入宁波，是围海公司一个新的起点。若将围海公司放之于大围海战略上定位，围海公司则才刚刚完成了自己的创业期，万里长征才走完第一步。

"6"在中国是一个吉祥的数字，对围海公司来说也是一个吉祥的数字。事有巧合，围海公司的发展有4个阶段，每一个阶段大体上都有6年的时间。

从胡陈港建立机具站到宁海城关成立围垦工程处，用了6年的时间成功实现了由事业单位向经营型企业的转制。

从成立浙江围垦工程处到公司驻地实现第二次战略大转移，围海公司用了6年时间完成了自己的创业期。

从公司迁到宁波起到2003年完成股份制改造，围海公司用了6年时间完成了自己的成长期。

从2003年围海股份有限公司实施第一个三年规划到2009年完成第二个三年规划，围海公司用了6年时间进入了自己的成熟期。

在宁波的19年时间里，围海公司见证了自己的光辉历程。

围海公司迁到宁波，一个重要考量就是吸引更多、更高层面的人才，新的发展机遇和平台需要更多的人才加入。1999年7月15日，新分配的12位来自不同院校的毕业生就进入了围海公司。从那以后，围海公司每年都会吸纳一批一批高等人才加入围海团队。这些人才的加入，为围海公司的大发展提供了宝贵的人力资源。

在世纪交替之际，随着中国加入WTO（世贸组织），中国经济发展已经进入全球化时代。进入21世纪，围海公司进入跨越式发展的新阶段，这可以从以下几方面加以佐证。

一是公司的资质由最初的暂定二级施工企业提升到水利水电施工总承包一

级,已经成为我国水利系统规模最大的海洋水利建设——海堤建设专业企业。单标工程由最初的几十万元到几百万元,发展到如今的几亿元的大工程,年中标工程由最初的几百万元到几千万元,再到突破10亿元大关,施工技术与承接能力得到了质的飞跃。

二是经营规模空前发展,由单一的施工企业发展到以围海建设集团为核心,下设有6个子公司的集团化公司运作模式。围海公司由最初的"借船出海"到"造船出海",如今已经发展成为以围海建设集团为母舰的航母舰队。

三是公司的资本实力得到显著增强,由单一的施工企业迈向集勘测、设计、建设为一体的大型总承包企业。按照"规模化经营,全方位开拓,资本式运营,科学化管理,可持续发展"的战略,进入新一轮的跨越式、可持续发展的轨道。

四是公司的人才战略已经由人力资源提升到人力资本的更高层面,全方位、多层面的人力资源为公司的大发展提供了可靠的保障。

五是公司的管理经营模式日臻成熟和完善,建立起了适应围海公司发展需求的、具有围海特色的、符合市场规范的管理构架和运行模式。

六是形成了围海独有的鲜明特色,融合了地域文化、传统文化和时代特征的企业文化,形成了较强的聚集力和向心力。

如果说机具站初期,目光是放在服务于浙江省围垦事业,那么成立围海公司则是将目光放在了专业围垦的视点上;而绕着围海公司团化运作,目光放到了公众围海的大围海视野之中。

事实上,从建立机具站到创建一支专业化的围垦施工队伍,再到围海公司"三海经"战略的实施,进而引申出公众围海的概念,围海公司的每一步,都紧紧扣住了时代的脉搏。

围海公司的发展轨迹,从一个侧面反映出了我国沿海开发的发展史。如果说21世纪是海洋世纪,是我国面临的新一轮大发展的历史性机遇,那么,围海事业无论在中国还是全世界,都将是一个朝阳事业。围海公司在海洋世纪里必将大有作为!

4. 从转机到转制

从1992年底围海公司挂牌成立到1998年底公司驻地迁至宁波,这6年时间是围海公司最艰苦的 6 年创业时期，也是围海公司获得快速发展的 6 年黄金时期。而围海公司的这 6 年大发展，也正是迎合了浙江围垦事业大发展的现实需要，推动了沿海大开发的步伐。也正是经过了这 6 年的创业与发展，围海公司不仅淘到了第一桶金，而且也积蓄了足够的能量来完成生命本质上的第二次飞跃。随着围海公司的快速发展以及改革的不断深入，由"转机"到"转制"就成为水到渠成的一件事情。

1998 年 9 月 3 日，围海公司企业改制领导小组召开第一次会议，传达贯彻省局"关于局属企业转制工作会议"的精神。对省围垦局领导部署的四项任务，计划在本年度内完成三项：认真学习贯彻转制工作会议精神；全面进行资产清理和产权界定；提出改制方案进行认真讨论。

企业改制的目的是建立现代企业制度，解放生产力，发展生产力；改革的突破口是产权制度改革；改革的重点是盘活存量资产，优化资本结构。围海公司的转制工作坚持"四结合"：与经济结构调整和加强企业管理相结合；与建立、完善国有资产管理体制和运营机制相结合；与推进社会保障制度改革相结合；与利用外资嫁接改造国有企业和吸纳社会法人、自然人、本企业职工投资入股相结合。

从这次会议之后，围海公司的转制工作就开始着手准备，并就怎么贯彻省政府和省围垦局会议精神做出了部署。

按照国家有关政策精神，这场改革的核心是产权制度的创新，变国有独资为共同出资，构筑多元投资主体；其次是管理体制创新，实行政企分开，建立健全法人治理结构，使企业真正成为市场经济的主体；再次是运作模式创新，按照《中华人民共和国公司法》规范运作，提高企业的自主决策能力和管理水平，建立现代企业制度。

经过 6 年的创业发展，围海公司在经营管理上已积累了丰富经验，内部管理制度体系日臻完善，外部市场空前拓展，这些都为企业改制创造了良好的现实条件。

公司连年赢利，经营稳健；市场占有率较高，在浙江省海堤工程施工中约占 1/3 的份额；形成一支整体素质较高的队伍，各类工程技术类职称人员有 138 名，占职工总数 85.6%；施工技术、工艺、设备在行业中领先，自主研制开发成功多种施工设备及施工方法，获得过多项国家专利和科技进步奖；制定有16大类91项规章制度，企业管理比较健全；工程质量好，近十年来，竣工工程合格率为100%，优良率平均在85%以上，所有这些都为公司成功改制后，实现可持续发展奠定了坚实基础。

与此同时，领导班子还对公司的现实需求进行了分析：通过企业改制，要实现以下几个目的：首先是发挥体制优势，提高市场知名度，扩大竞争空间；其次是发挥资金优势，通过股份制改造，依法筹集新的发展资金，进一步壮大企业实力；再次是增强企业引力，吸引更多优秀人才加盟到围海公司。

在经过一番缜密的分析研究和大量的前期准备工作后，一个新的改革课题被提到了议事日程：启动公司的改制程序！

然而，由国有企业改制为混合所有制的股份制企业，是一项艰巨、繁杂、系统性的工作，它政策性强，牵涉面广，耗时长，需要各方面的支持和企业的各个部门的配合，既要保证在改制过程中国有资产不流失，又要保证职工的切实利益不受损害，还要保证改制之后企业的发展后劲，实现企业的可持续发展。

2000年是跨世纪的千禧之年。1月18—21日，围海公司召开了年度工作会议暨二届四次职工代表大会，其中浙江省围垦局副局长黄建中和围垦局党组成员、工会主席李骏也应邀出席了会议。这次会议主要围绕公司运行机制等方面进行。大家认为：企业改制是企业生存发展的必由之路，改制一定要彻底；但同时要考虑到职工的现实情况，体现职工的责、权、利，充分调动职工投资参股的积极性。

通过职代会和一系列的座谈会、各种形式的民意调查，在职工认股及股份公司设立后董事会、监事会组成人员等一些重大问题上，形成了广泛的共识。同时，公司按有关政策，对全体职工理顺了劳动关系，完成了用工制度改革。

这次跨世纪的职工代表大会，点燃了每一个围海人心中的激情与梦想。面对即将打开的21世纪崭新的一页，围海人无疑充满豪情且又充满期待。

从1999年的前期准备，2000年加快推进，到2001年酝酿成熟，逐步完善了围海公司改制框架。2001年7月17日，浙江省水利厅正式行文批准了围海公司进行企业改制。

围海公司历史上最大的一次变革，也是浙江水利系统率先一步进行的探索混合所有制改革的大幕已然拉开了。

2001年10月上旬，围海公司又召开了高层领导转制专题会议，讨论审定了公司转制相关政策草案；在专业咨询机构的帮助指导下，草拟和完成了《公司改制方案》等一系列企业改制配套方案；初步确定了新公司组建的组织框架结构，为新公司的有效运转打下了良好的基础；在完成资产自查和清产核资的基础上，通过会计师事务所的资产核查，初步完成了公司转制的资产评估。

从围海公司的档案中查询到，在2001—2003年的3年时间里，几乎每一个工作例会都将企业改制工作列入重要的议事日程，都做出了有针对性的专门部署。

通过大量的前期准备工作，2002年12月，省级国有资产运营机构浙江省水利水电投资集团有限公司正式下达了《关于浙江省围海工程公司改制方案的批复》文件。

2003年，党的十六届三中全会提出了完善社会主义市场经济体制的战略任务，要求以完善社会主义市场经济体制为目标，坚持以人为本，树立全面、协调、可持续的发展观，促进经济社会和人的全面发展。改革进入新的阶段后，党的十八届三中全会历史性地明确了使市场在资源配置中起决定性作用，这是对市场经济的一般规律的认可，也是使市场经济规律为社会主义经济建设服务的起点。

无疑，从计划经济转向社会主义市场经济，是我们党的伟大创举，为发展中国特色社会主义奠定了经济基础。

2003年，在浙江省人民政府、浙江省水利水电投资集团有限公司、宁波市科技园区及省市各部门的支持下，围海公司改制进入最后实施阶段。

这一阶段，围海公司前后完成了四项大的工作。

一是完成了公司资产评估、财务审计、国有资产界定、公司资产剥离、核销、提留的报批等工作，为公司改革理顺了资产关系。

二是公司事业编制、企业编制的职工劳动关系转换，一家公司内同时有两种形式的劳动关系转换，在省属企业中还是第一家。由于公司班子工作做得到位，同时也积极地对历史遗留问题做出了处理，最终不仅使政府各级管理部门满意，而且也使企业员工满意，为公司改制理顺了劳动关系。

三是公司股份的认购，这是改制中难度最大的一项关键性工作。在省级国有资产运营机构浙江省水利水电投资集团有限公司和中国建设银行、中国工商银行、上海浦东发展银行等金融部门的大力支持下，员工与管理骨干都积极主动参与，满足了公司5000万元注册总资本的要求，为公司改制奠定了资金基础。

四是公司改制报批工作有序进行。按照《中华人共和国公司法》的相关规定和省、市人民政府的有关文件规定，向省劳动和社会保障厅、省人事厅报批了职工劳动关系转换，向省财务厅报批了资产提留、剥离、核销方案和公司股份认购方案，由宁波市科技园区管委会主持召开了公司改制可行性论证会，向宁波市人民政府报批了公司改建方案。公司改制的每一个环节、每一道程序，都做到了严格按照国家和省政府的有关法律法规和规定的程序进行。

2003年10月31日，浙江省围海建设股份有限公司经宁波市工商行政管理局核准注册。

自2003年10月改制以来，围海公司在各方面的发展取得了新成就，为今后3年的跨越发展搭起了历史性的新平台。

在改制后的3年里，是围海公司经营能力大提高的3年。公司2004年工程承接合同总额不足5亿元，2006年已突破10亿元大关。工程结算收入2004年为3.28亿元，2006年达到5亿元。经营两大指标都超过了第一个三年发展规划的目标要求，标志着公司经营能力和工程承接能力已经提升到一个新的发展平台。

改制后的3年，是围海公司资产规模大扩展的3年。公司的资产总规模由2003年末的3.75亿元，增加到2006年末的5.92亿元，增长58%；公司的净资产由2003年末的5779万元，增加到2006年末的13588万元，增长135%，公司资产总规模和净资产规模的扩大，不仅增强了企业的综合竞争力，而且也为争取公司上市奠定厚实的基础。

改制后的3年，是围海公司管理水平大提高的3年。公司按照《中华人民共和国公司法》《中华人民共和国证券法》等有关法规，按照股份制公司和上市公司的要求，对原有的102项规章制度进行了全面修订，建立健全了包括法人治理、全面预算管理、经营管理、现场管理、人力资源管理、科技创新、企业文化、精神文明建设、综合行政管理等八大方面新的管理制度体系，并与证券公司、会计师事务所、律师事务所建立捆绑式管理，使公司管理步入现代企业制度建设的轨道，以满足对上市公司的要求。

改制后的 3 年，是围海公司员工队伍素质大提高的 3 年。在过去的 3 年里，公司共引进高中级人才 18 人、大中专院校毕业生 100 多人；接受各类培训 1200 多人次，其中获得中高级技术职称的 62 人，初级职称的 139 人，水利一级建造师 35 人，房建一级建造师 4 人，港航一级建造师 3 人、二级建造师 15 人，各类持证上岗证书 212 本（人）。大中专学历的员工比例占全公司在职在岗职工人数的 80% 以上。公司员工的文化结构、知识结构和技术结构得到显著改善，标志着高素质的员工队伍已基本形成，为围海公司跨越发展提供了强大的人力资源保障。

改制后的 3 年，是围海公司综合竞争力快速提升的 3 年。"双赢""三赢"经营理念，得到社会各方面的广泛认同；"拓展人与自然和谐共存的生态空间"的产业导向，得到各级、各地政府的普遍赞扬；"让围海的服务超越客户的期望"的质量方针，得到全面深入实施，打造出了围海的品牌；围海建设的科技创新能力和现场管理能力，得到业主单位的广泛好评。上海洋山工程先后荣获上海科学技术一等奖、国家级科技进步奖和鲁班奖，标志着公司的工程质量、科技创新迈上了新台阶，大大提升了公司参与工程建筑市场竞争的综合实力。

改制后的 3 年，是围海公司社会信誉大提高的 3 年。公司连续 17 年荣获 AAA 级资信单位，先后荣获省级诚信单位、浙江省文明单位、全国文明单位、全国优秀企业、国家级优秀水利企业和工程建筑施工先进单位等。这些荣誉称号的获得，凝聚了全体员工劳动的成果，反映了公司 3 年发展的辉煌成果，同时也反映出公司的社会声誉得到显著提高。

围海公司用了 6 年时间孵化成功，经过市场洗礼，在改革的春风沐浴中，得以迅速成长；那么，围海公司的改制则标志着它新生的羽毛已经丰满，经过 3 年鹰击长空般的翱翔，已经站在围海事业新的高峰，傲视苍穹。

2007 年，是围海公司第二个三年发展规划的开启之年，也是围海公司全面完成第二次改制工作之年。通过第二次改制，10% 国有股份完全退出，围海公司由混合所有制企业转变为民营企业，并完成了围海建设集团股份有限公司的组建工作，实现了第四次跨进。

在围海公司的基础上，推行母子管控运作模式，成立了围海控股集团公司，将围海公司的优势资产整合集中到围海建设集团股份有限公司，以围海建设集团股份有限公司为主体，开始探索上市之路。

经过2007年的改制，围海公司积极推进一体化发展战略的实施，按照"突出主业、拓展相关产业"的发展思路，依托围海建设集团股份有限公司为主体，着力做强、做大主业，促进相关产业协调发展，走"企业效益与股东利益共长、企业发展与员工发展共长"的具有围海公司特色的发展道路，在围海建设主业、水利水电、房地产开发、围垦产业开拓方面进展顺利，初步完成了产业规模化的结构布局，有力推动了现代企业集团的建设。

由一个单一的事业单位转变为国有企业单位，再由一个单一国有所有制企业转变为混合所有制企业，再由一个混合所有制企业转变为全民营企业，围海公司经历了三次蜕变，三次跨越，终于化蛹为蝶，完成了生命本质的飞跃。

北京时间2011年6月2日上午9时25分，这是一个值得永远铭记和珍存的日子。浙江省围海建设集团股份有限公司在深圳证券交易所上市！

从2003年围海公司以上市为目标奋斗算起，至今已经整整15个年头了，可以说是一场"持久战"。这份执着，是为了追逐心中的那个梦想；这份夙愿，就是为了实现公众围海。

实现国内上市，是从机具站到创立围海公司、完成股份制改造之后，围海公司的第三个重大战略决策，也是围海公司实现的第三次大跨进。这个目标的实现，预示着一个盛世围海的时代即将来到了。

科技围海

科技创新一开始便是围海的立身之本。"人无我有，人有我精"，这是围海公司确立的"科技兴业"战略，并依靠科技创新在东南沿海唱响了围海大品牌。

纵观围海的成长发展史，就是一部围海科技创新史，也是我国围海技术发展的缩影。这部历史，凝聚了冯全宏和陈富强、张志建、朱鸿明等为代表的全体围海人的心血与智慧。这部历史，见证了我国围海事业发展的辉煌与荣耀，也见证了围海公司发展的辉煌与荣耀。

1. 技术引领发展

有专家认为，根据当代科学技术与生产力之间的作用机制，可以将科学技术同生产力各要素的关系，用下列公式表示：

生产力＝科学技术 ×（劳动力＋劳动工具＋劳动对象＋生产管理）

上述公式表明，科学技术不仅是现实的直接生产力，而且在生产力要素中具有特殊地位。科学技术的乘法效应，有力地表达了它在生产力中的首要地位和作用。

围海公司的掌舵人冯全宏在一次接受记者采访时说："靠过去那种人海战术和肩挑手提的落后工艺去实现围垦现代化是不可能的。这些当年需要成千上万人的围海造堤工程，如今，围海公司只要几百人就足够了。这正是现代科技的力量！"

围海公司开创了我国围海造堤工程建设的一个新时代，而其中围海人一系列的技术创新就为这个时代的到来发挥了乘法效应的作用。

早在机具站走向围垦工程领域时，机具站所掌管的浙江省围垦机具就成为当时浙江围垦机械化程度的代表。而在这一时期，机具站的设备进行了革新与改造，并不断研制创新制造了一些机具设备，如首先使用于普陀小郭巨促淤工程的钢制对开驳船。

但是，那时最欠缺的，是专业的理论化的现代围垦学科知识。学科体系建构和科技创新是实现现代围垦的关键技术支点。在海洋水文和软基处理这两门科学的基础上，通过组织大专院校、科研单位联合攻关，开展大量的总结和研究工作，终于形成今日比较规范、系统的现代围垦学科。

围海公司丰富的围垦工程建设实践为这个学科的创新发展提供了大量鲜活的案例。其中最大的突破正是被称为冷门的软基处理，并形成挤密砂桩、深层搅拌、强夯、袋装砂井和塑料板排水预压法、土工布加筋、爆炸挤淤法，其中应用最多、最广泛，也是围海公司拳头产品的则是塑料排水板技术。

早在东港工程之前，围海公司就已经进行了塑料排水板处理软土地基的工艺试验，并取得了初步成功，这种软基处理技术，包括排水和预压两部分。其中，排水系统包括竖向排水的塑料板和作为水平排水通道的砂垫层等。通过围海公司自主研发的插板船可将塑料排水板插进海涂，再配合石料加载预压等技术环节，将海涂里面的水分成功排出加固区外，一块"嫩豆腐"就压成了"豆腐干"，待地基加固之后，就可以筑堤围海施工了。

"科学技术是第一生产力"，既是现代科学技术发展的重要特点，也是科学技术发展的必然成果。科学技术一旦渗透和作用于生产过程中，便成为现实的、直接的生产力。舟山东港工程就是这样一个典范性工程。

围海公司在国内率先将塑料排水板深水施工技术引入围海堵港工程，自主研制成功深水塑料排水板插设作业船，开创了现代化围海的先河。如今，该项技术成果已经在我国东南沿海地区被广泛应用。

而冯全宏以及围海人撰写的大量技术论文，在海内外引起良好反响，被一些论文数据库广为收录。除此之外，冯全宏还通过水利部科技推广办公室制作了科教片在中央电视台（二套）星火科技栏目、钱江电视台等电视媒体和《浙江日报》《台州日报》和《中国海洋报》等多家媒体对公司所取得的科技成果进行多方位宣传报道。国内许多企业甚至包括一些大型企业、国外人士也慕名前来围海公司学习取经，为这项技术的推广起到了积极的推动作用。

1998年10月3日，《中国海洋报》发表了一篇题为《我国最大的海上软基处理作业》的通讯，对围海公司的"浙围16号"软基处理作业船下水典礼进行了详细报道。

9月22日上午10点30分，在一片鼓乐和鞭炮声中，一条目前国内最大的双体门架式海上软基处理作业船，从宁海船舶修造厂船坞下水。

这一作业船总长46.6米，总宽17米，吃水深1.2米。船上装有塑料排水板插设系统、水上定位系统、电脑检测系统等先进设备，是由浙江省围海工程公司陈富强、陶松垒等发明创造、自行设计研制的。这一技术已申请了国家专利并于今年8月在第十届全国发明展览会上荣获新产品金杯奖和发明铜牌奖。

随着国家对开发海洋的迫切需要，围海工程、建设跨海大桥、人工岛、机场、高速公路已向深水发展，该船可在20米深水区作业，塑料排水板可插入35米水深淤泥，并广泛应用于水下土工布铺设、打桩、地质勘探、水下爆破排淤装药等海洋工程的多种作业。

该船具有作业面积大、桩架重心低、稳定性好、准确性高、抗风浪性强和施工速度快的特点。出席下水典礼的浙江大学土木工程系主任龚晓南教授认为，该船科技装置和应用功能已达到国际先进水平。

这艘"浙围16号"软基处理作业船，是围海公司为解决围海工程深水软基处理难题的一项重大科技成果，是公司专门组织科技攻关小组,自行设计研制的双体门架式海上地基处理作业船。

事实上,早在1996年底,围海公司就专门组织成立了科技小组,在总结东港工程时期研制成功的第一条软基处理作业船使用成果的基础上,对该课题进行了全面深入的研究、创新与设计。1997年初,该课题正式被浙江省水利、宁波市科委列为科研项目,同年7月完成整体技术方案,并通过可行性论证。在新型作业船的设计、制造阶段,围海公司还专门设立了深水插板船研制小组,负责新型作业船的技术研究、技术开发和设备制造,并将该船命名为"浙围16号"软基处理作业船。

"浙围16号"作业船设计先进,共分为五部分:一是船体系统;二是塑料排水板插设和土工布铺设系统;三是水上定位系统;四是塑料排水板水下自动剪板、自动装靴系统;五是电脑监测自动记录系统。"浙围16号"作业船的研制成功与投入使用,对我国围海事业的发展具有深远的意义,也标志着围海公司在软基处理技术和设备方面,已经处于国内领先地位。

全国软土地基软基处理协会会长龚晓南高兴地指出,这条船的研制成功,在海上软基处理工程施工方面是个很大的突破,在技术上具有深水作业、一船多用的先进性。

浙江省船检局一位高级工程师评价说,这条船的设计、制造成功,为中国造船业的设计创新提供了科学依据,也为船舶制造业一船具有多种作业功能的先进性提供了经验。

2000年3月24日,《中国海洋报》发表了一篇题为《漩门蓄淡传捷报,深水插板显英豪》的文章,对围海的软基处理作业船进行了跟踪报道。

已有100多处露出海面的一道长千余米的堤坝,把蓝色的海湾与大海拦腰割断。那时,坝外是波涛滚滚的海水,坝内是风平浪静的淡水,这就是玉环30多万人即将变为现实的梦想——壮观的漩门二期蓄淡工程。浙江省围海工程公司的深水塑料排水板插设作业船在这项工程中立了大功。

如果说在漩门二期堵坝工程攻坚战中，围海人依靠自主创新的研发实力最终赢得了这场战役，那么，科技兴围可谓是围海公司多年来一贯遵循并践行的重要战略。为适应日益激烈的市场竞争和大规模围海工程施工建设的需要，围海公司适时大科研投入，在漩门二期工程中投资1000余万元，进行了深水软基处理作业船的科研及技术改造，在1998年成功建造"浙围16号"深水插板船的基础上，又先后研制成功性能更为先进的"浙围28号""浙围17号"2两条深水插板船和1艘GPS卫星定位深水土工布铺设船等一批专业围海工程设备。

"浙围28号"深水插板船于2000年8月9日在漩门二期工地试插成功，8月17日正式投入施工。该船在船体形式、桩架结构、桩机行走方式、桩架高度（高为40米）等方面都比"浙围16号"有较大程度的改进，尤其是可直接调节桩机来控制前后倾斜度，使其可操作性能大大提高。同年10月8日，最新、最好的"浙围17号"插板船进入工地，顶替了"浙围16号"船正式投入生产，创下14天里插设塑料排水板162932米，甚至创下多天日插500多支（1.4万米以上）的高产记录，其施工效率比"浙围16号""浙围28号"作业船提高了16%以上。

浙江围海建设集团股份有限公司自行研制的深水插板船在国内乃至在亚洲都被公认为首屈一指，它在漩门二期堵坝施工中的成功实践经验，已经赢得省内外乃至国内外工程技术界的高度评价和高度关注。这些先进设备的成功制造和应用，为围海公司承接大型深水软基处理工程项目打造了独有的施工设备优势，这批设备在后来的上海洋山工程中就充分发挥了领先优势，为围海公司赢得了卓著声誉，创造了良好的经济效益；也为我国深水软基处理大型机械化施工树立了成功典范。

在温岭石塘防波堤工程中，使用了第一次水下大面积正式爆夯，随着那一阵阵的炮轰声和冲天而起的惊涛，石塘渔港见证了浙江围海水下悬浮爆夯工程第一爆。

水下爆夯可以使基床块石相互间产生挤压移位，错动密实抛石基床。已检验夯沉率为14.15%～20.63%，达到了设计要求，首次采用水下爆夯新工艺取得了圆满成功。

然而在解决了水下爆夯这一难题后，接下来围海公司又遇到了第二个施工技术难题。由此，课题攻关小组在短短的几十天内就自行设计研制成功一台8

吨重的桁架式长臂龙门吊车。长臂龙门吊车结合了路上龙门吊车和起重机吊臂的设计原理，安装在大堤顶面进行施工，不受海潮风浪影响，施工效率比原来提高了四五倍，而且稳定性好，摆放位置准确，不仅保证了工程质量，而且使整个施工工期提前了两个多月。

采用长臂龙门吊车吊装防波堤混凝土预制块，是围海公司首创的又一项新的施工工艺，为我国围海工程技术的进步发挥了重要作用。

围海人走出的每一步，都是在技术的陡壁上攀登；每一次攀越，也都将我国的围海工程技术水平推向一个更高的平台。

围海公司承接的围海工程遍布东南沿海，在每一项工程中都融入了围海人的首创精神。其中，将爆炸挤淤工艺率先成功应用于浙江围海工程领域的也是围海人。

1997年坎门渔港防波堤工程，是围海公司最早采用水下爆炸挤淤填石这一新工艺。该工程是一项投资近1.3亿元的大型工程，其施工难度极大。主要表现在：地质条件差，轴线所在位置淤泥最大厚度达21米，一般也有15~17米；每年受到台风的影响突出且次数多，年均受灾6~7次；浪高波大，最大波高达到7.5米。这几个不利因素叠加组合，使坎门防波堤工程成为全国同类工程中难度最大的一个。

防波堤工程的基础采用爆炸挤淤的工艺，是和专利技术单位连云港港口工程设计研究所合作提出的。爆炸法处理水下地基和基础是一项新的施工技术，它利用药炸释放的能量达到改良地基的目的。

爆炸挤淤填石法的工艺原理：爆炸挤淤填石法是排除淤泥软土换填块石或砾石的置换法。爆炸挤淤填石是在抛石体外缘一定距离和深度的淤泥质软基中投放炸药群，起爆瞬间在淤泥中形成空腔，抛石体随之充填空腔形成"石舌"，从而达到置换的目的。经多次推进爆破，即可达到最终置换要求。

采用爆炸挤淤工艺最关键的技术问题是基础处理能否到位。在施工前，围海人根据丰富的围海工程施工经验，立足本工程特点，充分考虑了各种因素，总结了前期爆炸挤淤的施工经验，对专利单位爆炸挤淤的参数和工艺方法进行了科学大胆的改进。改进后的工艺、方法付诸突施后，大大改善了爆炸挤淤效果，获得了专利单位的称赞。

采用爆炸挤淤工艺成为围海人的又一创举，使围海人成为将这一新工艺成功应用于浙江围海工程的先行者。

早在20世纪80年代，机具站开发研制出一种土方施工专用设备——桥式土方筑堤机，结束了肩挑人拉手推车、土方溜打的落后土方施工方法。

桥式土方筑堤机利用卷扬机工作，单向输送次可以输送1立方米的土方，比人工打溜板输送距离更远，工效提高了3倍。这台桥式筑堤最早应用于乐清胜利塘工程。

但是，就像第一部蒸汽机火车还没有人跑得快一样，桥式土方筑堤机也并非完美无缺。桥式土方筑堤机由于输送距离有限，在工程应用中受到一定的限制。

20世纪90年代，针对桥式土方筑堤机在施工中存在的技术问题，围海公司的技术人员进行了创新改进，在桥式筑堤机的基础上研制出桁架式土方筑堤机，使输送距离最远可达到130米，取土区距离坝脚可延伸到80米。

桁架式土方筑堤机可以说是第二代筑堤机，采取双斗式工作原理，比桥式筑堤机的单斗工作又提高了一倍多的工效。然而，随着浙江围海事业的快速发展，围垦也从高滩向低滩发展，抗台、抗洪、御潮、防浪的标准也相应提高，对施工工期的要求也越来越高。原有的一些机械设备就显得力不从心，难以满足设计、施工的要求；加之桁架式土方筑堤机自身重量较重，达60多吨，施工时移动困难，设备自身太高，抗风能力很低，作业时危险性很大。

20世纪90年代中期，围海公司的技术人员又开发成功气力泥输送泵，并研制成功ST-100型汽力输泥船。该技术成果成功解决了海涂软黏土输送问题，长、短输送距离可在500～1000米范围之内，为低潮位以下海涂围垦、远距离输送软黏土筑堤提供了关键设备。1996年4月12日，国家专利局授予围海公司ST-100型汽力输泥船新型发明专利，同年9月，汽力输泥方法及系统荣获北京国际发明展览会银牌奖。

与此同时，一种适用于围海土方筑堤及中小型河道或湖泊的、挖泥清涂实用性较强的、被列入省水利厅科研项目的30立方米每小时斗轮挖泥船也完成了设计，并于9月20日通过了会审。

至此，海泥输送施工方法经历了由传统的肩挑手拉、人工打溜到桁架式输泥机、桥式输送机、活塞式气送系、砂性土泥浆泵等多种形式和阶段。

虽然历经10多年的不断攻关，海堤土方闭气施工却始终未能解决远距离、高效率、低成本、低含水、软黏土的综合输送设备问题，成了围垦工程建设中难以逾越的拦路虎。

但是，围海人并没有气馁，进一步加大科研投入，继续组织科研攻关，终于在1999年5月成功研发出活塞式淤泥输送泵。新型的活塞式淤泥输送泵不但能满足远距离传输的要求，而且具备输送能力强、输送土方含水量低、回填容易固结、施工速度快等优点，在工程应用中取得了良好的经济效益。该科研项目被列为国家"十五"计划重大技术装备国产化创新研制项目，并申报了国家专利。

1999年9月，围海公司在全国第十二届发明博览会展示的水下塑料排水板加固软基方法及设备、水下清淤泵和活塞式淤泥输送泵等3项专利成果，备受业界关注，其中活塞式淤泥输送泵更是一举摘取本届全国发明展览会新产品金奖。

活塞式淤泥输送泵的研制成功，彻底解决了我国河道疏浚和海涂围垦中的闭气土方、土坝、港口码头等淤泥输送这一难题，同时也大大提高了围海公司在土方施工中的装备实力。

2005年，淤泥运输技术再次取得了重大突破，围海公司成功研制出更为理想的远距离淤泥输送泵。该泵的最大优点主要体现在四方面：一是远距离；二是越堤输送；三是产量高；四是不增加含水量。这是继插板船以后围海公司又一重大创新产品和拳头产品。

随后，围海集团科技公司再传捷报——由围海公司自主创新研发的国内首创的滩涂软基多功能作业车（船）试车成功。

几经开发、几经改进，几次创新、几次跨进，围海公司确立的"科技兴业"战略，成为围海人攀登科技高峰的天梯，而围海团队中一批技术精英所具有的首创精神，则成为围海发展的动力来源，正是这两者的结合，才使围海公司始终站在我国围海事业的最高峰。

2. 技术革新

以企业发展为中心，以改革、创新为双翼，这是围海战舰劈波斩浪、驰骋东海的不二法宝。

在围海公司的发展史上，始终秉承科研先行的理念，坚持科技兴业的指导方针，将先进科技与施工实践紧密结合，与科研单位、大专院校广泛合作，研究和应用新工艺、新技术、新设备，形成了一系列独具围海特色的海堤施工技术自主创新成果。其中具有国际领先水平的新技术成果有2项，具有国内领先水平的新技术成果有5项。

（1）国际先进水平的"深水区排水板插设施工技术"。

人们不会忘记，早在20世纪90年代，围海人自主研制的排水板插设作业船在舟山东港一期工程上首次亮相，锋芒崭露。而在以后的岁月中，围海人凭借着一股子咬定青山不放松的台州式的硬气，对插板作业船和相关施工技术进行了一系列的攻关，形成了完整的、一枝独秀的深水区排水板插设施工技术。

参与该项科技成果鉴定的专家们认为，该技术采用自主研制的双体深水插板船、GPS实时差分定位系统、打设导管和导流片结构，在不高于7级风、2级浪的条件下可精确定位，船体单次定位完成排水板插设数量可达30根，插设深度可达水下55米。该技术具有单次打设面积大、稳定性好、抗风浪能力强、施工速度快等优点，具有国际领先水平。

围海人自行研制的插板作业船及其一系列开创性的施工技术，标志着我国深水软基处理和深水区海堤建设施工技术已经达到了世界领先水平。

（2）国际领先的"软基快速筑堤方法和技术"。

"软基快速筑堤"项目主要研究软弱地基及超软弱地基上的堤坝（围堰、路基、挡土墙）建筑技术，可归纳为：采用塑料排水板、土工织物、板柱和爆炸等方法快速处理地基；采用爆填、爆夯、轻质硬壳堤坝和高效立体筑堤施工等方法快速构筑坝体；采用原状土管道输送和硬壳堤坝等方法，快速形成土方；采用软基快速筑堤的专用机械设备，进行大强度快速施工。"软基快速筑堤方法和技术"与国内外传统的软基筑堤方法和技术相比较，工效提高3~5倍，工期缩短40%以上，造价降低35%左右，可靠性和安全性都有大幅度的提高，多项技术处于国际领先水平，填补了多项国际空白。

2005年5月28日，浙江省教育厅受浙江省科技厅委托在杭州主持召开了"软基快速筑堤方法与技术"科技成果鉴定会，鉴定委员会认为：软基快速筑堤方法与技术是多学科、多种技术交叉结合的成果，其总体技术处于国际先进水平，在软黏土的远距离管道输送技术、塑料排水板和土工布深水作业技术等方面处于国际领先水平。

（3）国际先进水平的"深水塑料排水板插设作业船"。

围海公司自行研制的深水塑料排水板插设作业船是我国，也是世界上第一艘深水插设塑料排水板的专业用船。据悉，在当时国内外已有较多的陆上专用设备，但还没有与该船相类同的专业设备。该船最大的特点是功能齐全、工作效率高、插设深度可达水面以下55米，并在以下关键技术问题上实现了技术创新：一是引进高精度全球卫星定位系统，实现了深水施工中的精确定位；二是首创深水条件下的水下自动剪板和自动装靴装置；三是采用自航式双体结构船及桁架式结构，使整船工作稳定性好、抗风浪强，确保平稳、施工垂直度，其垂直偏斜率能控制在1%左右，满足了施工要求；四是施工操作、记录已基本实现了微机自动控制，达到了数据自动记录及处理；五是首创了排水板的双向自动检测控制装置，确保了排水板的插设深度。

除此之外，该船不仅能在深水中作业，也适合于沿海中、浅滩作业；实现了一船多用，不仅可插设塑料排水板，还可以进行土工布铺设、打桩、地质勘探、爆破挤淤装药、钻孔等作业，工作范围广，适用性强。经专家组实际考核，该船的生产效率达到每日1.4万米，其速度之快、效率之高，令专家们甚为惊叹。鉴定委员会出具的鉴定意见为："该成果（产品）填补了国内深水塑料排水板施工的空白，其技术水平已达到国际先进水平。"

（4）国内领先水平的"深水区土工布铺设施工技术"

该技术自主研发设计了专用土工布铺设船和计算机控制软件，通过水下测深仪与GPS实时差分定位系统，消除定位误差；土工布铺设采用陆上拼接卷布、水下描钩固定、在工控机及GPS精确定位实时监控下的移船铺设等多项技术，在不高于7级风、2级浪、25米水深等条件下作业，实现了深水中大幅土工布一次性铺设；自主设计土工布卷滚筒结构，实现了自动卷布。鉴定委员会形成的鉴定意见认为，该技术具有国内领先水平。

（5）国内领先水平的"箱涵式水闸浮运安装施工技术"。

该技术自主设计钢筋混凝土整体箱涵式中空密闭水闸闸室结构，形成浮体，便于浮运；箱涵式水闸采用在平板驳船上预制、浮运、沉放的施工工艺，与常规施工方法相比，具有成本低、效率高、便于质量控制等优点，对于合适潮差和土质条件的中小型规模水闸工程具有较好的推广价值，社会经济效益显著。参与科技成果鉴定的专家们一致认为,该技术具有国内领先水平。

(6)国内领先水平的"桁架式土方筑堤机施工技术"。

该技术采用平底浮体来支撑钢桁架梁结构,通过梁上的两台抓斗往复作业进行土方集料与布料,可在浮水搁涂等各种环境下进行软黏土的土方筑堤施工,实现挖填并进、土方薄层布料、分层加高和自然干燥,具有土体扰动少、强度高、动作迅速准确、布料面积大、生产效率高、拆装运输方便等特点。围海公司自主研发的"桁架式土方筑堤机施工技术"彻底结束了"土方溜板打"的传统施工方法,在洋山深水港区一期工程东海大桥、温州半岛浅滩灵霓海堤一期、椒江区十一塘围垦等工程中广泛应用,取得了良好的经济效益和社会效益。鉴定专家们认为,该技术适用于海涂、沼泽、浅水等环境条件下软土输送和筑堤,具有国内领先水平。

(7)具有国内领先水平的"活塞式土方输送船筑堤技术"。

该技术采用减摩润滑理论,使管壁与物料之间产生一层悬浮膜,物料内摩擦力大于管壁摩擦力,减少黏滞阻力,达到软黏土远距离高效输送,同时分层填筑,满足设计要求。该技术适用于输送大土方量、远距离的软黏土筑堤工程,极大地提高了软黏土筑堤的施工效率。科技成果鉴定委员会认为,该技术具有国内领先水平。

此外还有活塞式土方输送船筑堤施工技术、箱涵式水闸浮运安装施工技术、海上驳船抛石技术、复杂软基爆破挤淤筑堤技术等。

从围海公司的科技成果年谱中可以看出,每隔两三年就会有一项新技术成果诞生,而一项技术成果的研究与开发有的竟持续了长达十几年的时间。作为生产力重要标志的生产工具的发展是人类文明进程中的根本动力。它既是一种物质文化,又是一种精神文化。正是由于围海人的一系列创新成为我国围海事业发展的积极动力,由以往传统的二十几年缩短为几年甚至一两年建设一条海堤大坝。围海公司形成的一系列独具围海特色的围海施工技术自主创新成果,既承载了围海人的创新精神,同时也开创了我国围海事业的一个崭新时代。

绿色围海

1. "围海"新定义

精卫填海已不再是传说，沧海变桑田已不再是神话，人类已经有能力在海岸边缘通过围填海开辟新的农业用地、养殖用地、水利用地、工业用地和城市建设用地。

然而，围填海在给人类带来巨大的社会经济效益的同时，也会给环境带来一定影响。为此，国家出台了一系列的限制性政策。《中华人民共和国防洪法》明确提出，要加强海堤（海塘）、挡潮潮闸和沿海防护林等防御风暴潮工程体系建设。国家发展和改革委员会《产业结构调整指导目录》（2005年本）将海堤防维护及建设列入鼓励类产业。2002年1月1日，《中华人民共和国海域使用管理法》正式颁布实施，将海域使用纳入法制化管理轨道。2008年国家海洋局印发《关于改进围填海造地平面设计的若干意见》和《关于为扩大内需促进经济平稳发展做好服务工作的通知》（简称"双十条"），对围填海从规划、设计、管理等层面做出规定。2009年11月，国家发展和改革委员会、国家海洋局联合下发《关于加强围填海规划计划管理的通知》，第一次将围填海列入国家产业政策。

21世纪是海洋世纪。发展海洋经济，是党的"十七大"和国家"十一五"规划确立的重大战略，在《中共中央关于制定十二五规划的建议》中，将"发展海洋经济"提到了一个新的战略高度。国务院制定并出台了一系列沿海经济和海洋经济发展的鼓励政策。先后批复了福建海西、江苏沿海、辽宁"五点一线"海南国际游岛、长三角、黄三角等11个区域发展规划，并上升为国家战略。"十二五"规划期间，全国性的新一轮50年一遇以上标准防护体系的建设也拉开了序幕，仅此类高标准海堤建设项目预计投入500亿～600亿元。国家这些战略的确立、规划的实施，为整个海堤工程建设行业提供广阔的发展空间。

事实上，早在许多年以前，围海就有"绿色围海"的理念，在围海工程的施工中十分注重对海洋环境和海洋资源的保护。近年，又将其进一步升华为"拓展人类与自然和谐生存的生态空间"。无论人们如何认识海洋，如何开发利用海洋，最终不能也不应脱离人与自然和谐生存这一宗旨，都不能破坏海洋所特有的自然属性。

有一点人们应该坚信：在21世纪海洋经济时代，围海公司将会有大宏图、大作为。

围海，早已不是传统意义上的围垦。现代意义上的围海，无论是它的工程内容还是它的功能目的，都早已超越了围海造田的传统范畴。

我们今天所定义的围海工程，包括了沿岸海堤、海口海堤、岛屿海堤、湿地保护海堤、港口海岸海堤、海港防波堤、陆岛连接海堤、围海海堤和填海造地海堤等。它的功能与目的也由最早的单一农业水利，延伸到了防御风暴潮"民生线"工程，拓展到了水产养殖、工业用地、城市建设用地等"经济线"工程，涉及了港口城镇临江滨海风景区旅游观光、生态环境保护、湿地保护等"生态线"工程。如今，拓展人类与自然和谐共存的生态空间作为其最高宗旨的围海，已日益被人们所认可并践行。

2. 生态战略

新中国成立以来，我国围海事业取得了飞跃发展，海堤工程已逐步兼具"民生线""经济线"和"生态线"等重要特征。国家"十二五"规划纲要提出，发展海洋经济，制定和实施海洋发展战略，科学规划海洋经济发展规划，合理开发利用海洋资源，加强渔港建设，保护海岛、海岸带和海洋生态环境。

围海公司在制定新三年（2010—2012）发展规划中，旗帜鲜明地提出了"绿色围海"战略，以科学发展观统领公司发展全局，积极探索有利于合理开发海洋资源与海洋生态保护相统一的新领域、新技术、新工艺和新设备。

作为"民生线"的防护性海堤，是防御风、暴、潮安保体系的第一道屏障，对保护沿海人民生命财产安全、减少城市经济发展不稳定性具有重大意义。

经过多年建设，沿海重点省市基本形成了防御20年一遇以上风暴潮的抗灾保障体系，重点堤段防御标准提高到50年甚至100年一遇以上，沿海地区排涝标准和工程防御能力得到明显提升。但是，面对近年气候变化，极端气候频发所带来的严峻挑战，防护性海堤建设还存在诸多薄弱环节。

一是工程体系不完善。按照《中国沿海地区防风暴潮规划》要求，全国海堤还有 1750 千米堤防需要加高加固，800 千米海堤需要修建，以完善全国性的 20 年一遇风暴潮抗灾保障体系。

二是防御标准偏低。据统计，全国约有一半海堤未能达到防御风暴潮目标要求的标准，迫切需要提高海堤建设标准，将 20 年一遇提高至 50 年一遇标准，50 年一遇提高至 100 年一遇甚至以上标准，以提高防御风暴潮的能力。

三是工程隐患多。由于建设年代较早或历年加培而成，工程质量难以达到规范要求，特别是抗风浪、抗冲刷能力较差。在遇到风暴潮时，难以抵挡风暴潮的袭击，极易溃堤。

四是防潮排涝建筑物老化严重。现有的水闸、穿堤建筑物等防潮排涝建筑物大部分老化，排涝标准低，失修严重，存在不同程度的质量问题和隐患。其已不能正常发挥排涝防潮的设计效益，不能满足海堤保护区对防潮排涝的要求。

依照党中央及水利部下一步的堤防建设要求，"十二五"期间将形成全国范围内新一轮的风暴潮抗灾保障体系升级建设时段。建设期末，全国沿海省市将最终构筑起 50 年甚至 100 年一遇的高标准防御系统，有效保障沿海地区经济发展与社会和谐稳定。

作为"经济线"的围海（含填海造地）海堤，沿海各省市相继出台区域性海洋经济发展规划，有的已经上升到国家战略，在"十二五"期间，大力发展海洋经济，科学开发利用海洋资源方面，还会进一步加大开发力度。

作为"生态线"的促淤海堤，其生态修复功能成为海堤建设不可或缺的重要特征，对海洋生态建设具有十分重要的意义。

围海公司经过产业梳理和结构调整，形成了"民生线""经济线""生态线"海堤建设主线业务，公司主业更加突出。具体包括为海口岸、沿海岸、岛屿岸、近岸海岸海堤修筑建造工程及相配套的水闸工程，部分水库建造和水库除险加固工程。上述工程合同承接额和工程结算收入，占公司财务收入 90% 以上。公司主业在国家"十五""十一五"计划产业目录单中属于"鼓励"产业，完全符合国家产业政策，是国家所鼓励发展的产业。

在围海公司制定的新三年规划里，还明确提出要全面提升环境保护管理创新，全面实施"三合一"管理体系，认真深化环境管理。要按照环境管理体系要求，编制环境管理规划，制定年度环境管理目标和相应的环保管理方案，有效地控制环境因素。在规划期内，要整体提升从业人员环保意识、环保素质，建立有效的环保管理激励机制，实现环保管理体系横到边、竖到底。

公司创导"拓展人和自然和谐生存空间"的理念，在主业施工过程中十分注重环保工作，严格履行每个项目的环境评估报告书规定，严格履行项目合同规定，实施"三合一"规范管理，严格控制施工过程中爆破声音、机械操作声音、建筑和生活垃圾。每个工地按文明工地标准进行管理，确保施工过程符合环保要求，建设优质环保工程，从而赢得了客户的广泛赞誉。

加大"绿色围海"科技投入。围海公司正在全力推进的"淤泥固化"科研项目，就是一个绿色环保项目。这个项目的研究成功，不但是对软基质黏土海堤施工技术装备、工艺的变革，而且海堤主体材料——土石方也将被固化的淤泥所替代，有效地保护海岸、海岛山体生态环境和海洋生态环境。

砥砺奋进

党的十八大报告提出，提高海洋资源开发能力，发展海洋经济，保护海洋生态环境，坚决维护国家海洋权益，建设海洋强国。海洋资源开发、海洋经济发展、海洋科技创新、海洋生态文明建设、海洋权益维护等方面是推动海洋强国的建成着力点。党的十八大以来，围海集团牢固树立稳中求进的工作总基调，迎难而上、砥砺前行，经济运行呈现稳中有进、稳中有好、稳中有优的态势，产业发展亮点纷呈。

卅载磨砺、以就素业，百年围海，再谱华章。围海集团肩负起打造百年围海的神圣使命，团结一致、务实进取。

十八大以来，围海集团实现计划目标、开拓多元化领域，续写业绩的辉煌、实现了新一轮大发展！

围海集团在聚焦经营的基础上，强化市值管理，深化产融互动，以多元化、灵活性的性格形成投资、建设、文创三大板块，加快企业的转型升级，呈现出经营效益稳步增长、工程管理有序推进、资本运作规范有效的良好态势。

1. 业务拓展，坐稳龙头地位

为了贯彻"狠抓海洋经营的龙头地位"的战略思想，围海集团充分利用自有平台，打造多层次、全方位、立体化经营格局，开拓了新的市场，提升了经营理念，优化了工程管理，得到了社会及业界同行的认可。

在经营上，以计划目标为导向，以签订落实责任书为抓手，以计划落实结果论英雄，净利润、工程结算收入、承接业务合同额这三大项计划指标逐年攀高。如舟山BT单项4.2亿，标志着BT项目新的突破；宁海颜公河河道改造1.1亿，标志着大水利工程项目新的突破；杭州湾新区建塘江两侧围涂项目中标价高达27.5亿元，创公司单体项目合同额承接历年之最；台州湾现代农业湿地水处理PPP项目，为公司拓展"投资—建设—运营"一体化运营商模式打开了新局面。

围海集团聚焦"三大市场"，不仅积极拓展省内外的市场，实现省内市场巩固式发展、省外市场布点式发展，而且还主动响应国家"走出去"的号召，积极开拓国际市场，以东南亚市场为横向主攻市场，以围填海、水利水电工程、港口与航道建设等优势领域为纵向专攻领域，组织参与了澳门国际基础设施高峰论坛、浙江—安哥拉投资贸易洽谈会等，先后接洽、考察了马来西亚、柬埔寨、新加坡等地项目，与驻外经商处及国内外承包企业建立联系，为国际项目蓄积了多方面资源优势。

此外，围海集团围绕上市融资平台，围绕"海洋经济发展战略、大水利战略"，创新特色经营模式，积极创造新的利润增长点。在深入研究BT、BOT、PPP等模式的基础上，围海集团努力探索经营拓展新模式，按照投融资建设一体化思路，做到专案专攻、准时准点、全面立体。天台PPP项目成为公司PPP模式的首标，为今后公司PPP模式业务拓展提供了实践参考。

在生产上，众多QC小组获得了国家水利行业的奖项，"深水爆破挤淤"等5项工法获部级工法，承建的舟山东港工程更是荣获了我国水利方面的最高奖——大禹奖。

2014年，围海股份以水利建设行业第一名的好成绩获评"省级企业技术中心"。

同年，围海集团举办了"软土地基处理新技术交流会"，公司的科技拳头产品——淤泥固化技术一炮打响。神话中的"精卫填海"映照进现实，围海集团投入两千多万专项资金研究的淤泥固化技术，解决了围垦领域土方回填的世界性难题，实现了变废为宝，避免了开山采石，有效地保护了生态，拓展人与自然和谐共存的生态空间。因此，这项技术斩获了许多奖项，并被列入宁波市五水共治适用技术目录。

2015年，围海集团获得了"水利安全生产标准化一级企业"荣誉；宁海下洋涂围垦工程、永嘉三塘隧洞分洪应急工程获得了"浙江省安全文明标准化工地"的称号；梅山水道南段北段清淤整治工程获得"全国水利建设施工文明工地"的称号。

成立至今，围海集团在中国沿海完成了近400项项目，围垦面积120余万亩，累计建筑高标准海堤700多千米，占新中国成立以来全国达标海堤总长度的10%，将漫长的海岸线筑成沿海人民的生命线、经济线与生态线，惠及亿万民众，成为当之无愧的我国海堤建设领军企业。

2. 资本运作，撬动利益杠杆

在海洋领域取得了成绩的围海集团，在资本投资领域更是如鱼得水。围绕以投资助推产业，以产业撬动投资这个宗旨，围海集团积极探索推进经营模式与盈利模式的转变，希冀通过资本投资与资本运作，拓展公司发展空间和盈利空间。

2011年6月2日，有"中国海堤建设第一股"之称的围海股份（股票代码002586）在深圳证券交易所上市，正式亮相中国资本市场。此后，围海集团根据产融结合的战略要求，深化资本运作规则的探索，积极开展收购兼并工作，加强与银行等金融机构的合作，使得市值稳步上升，企业走上新的高度。

2013年，围海集团成功发行公司债券，实际发行数量为3亿元；同年，围海集团股价于11月26日达到了历史最高价的14.35元，比上市初价格上涨115.26%。围海集团先后被表彰为"最具成长性上市公司""十佳创新成长上市公司""最佳管理团队上市公司"。

2014年，为了获取新的投资机会和利润增长点，围海集团与其他十位投资人共同出资设立"杭州链反应投资合伙企业（有限合伙）"。围海集团股票市值增加约为20亿元，总市值约为50亿元，并且与中国信达正式达成战略合作伙伴关系，荣获"中国资本'新桥奖'最具投资价值上市公司"。

同时，围海集团也在继续开展收购兼并工作。一年来，已经对搜集的30余家标的公司资料进行分析、判断，并有选择性地实地调研了其中几家标的公司。

2016年为了满足投资项目管理需要,围海集团专门成立了投资建管部,对承接的台州、宁海两个PPP项目,相继成立了投资公司。而此时,公司市值增幅和市盈率均高于同行企业平均水平,并且,围海集团收购了坤承投资股权及围海文化、合方投资、星方投资财产份额,作为公司今后资本运作的重要平台,实现了"投资—产业—资本"良性互动、协同发展。

围海集团根据产融结合的战略要求,深化资本运作规则的探索,积极开展收购兼并工作,加强与银行等金融机构的合作,使得公司市值稳步上升,走上了新的高度。

3. 产业延伸,推进第二主业

"投资引领"正在成为围海集团的核心战略,以投资为载体,发展新兴产业。

2016年,围海集团先后出资3250万元设立北京橙乐新娱文化传媒有限公司;又出资11112.9万元收购并增资北京聚光绘影科技有限公司,出资1500万元增资深圳市豪霆赛车文化发展有限公司。

围海集团对于文化传媒公司、科技公司这一次次的大手笔,无不说明它对文娱产业的着眼长远发展的战略。作为一家高水准、跨行业、多元化的综合性集团,围海集团逐渐开始部署属于自己的商业帝国,以集团早已布局的文化娱乐产业为突破口,在夯实巩固第一主业的基础上,积极打造第二主业,加快推进第二主业做大做强,两大主业相互协调发展。

为此,围海集团专门成立了第二主业事业部,发布了第二主业战略发展;聚焦目前商业模式最成熟并可带来稳定现金流的手机游戏、视频动漫、网络传媒等三大文化产业的细分领域,投资了相关影视作品,还在影视、游戏等领域储备了大量有潜力的优质标的项目,逐步打造集团的文化板块,培养新的利润增长点。

围海集团近年来重点选择和政府当前重点发展的战略性新兴产业的几个关联点,搭建科技平台,打造高新产业孵化器,培养科技类种子项目,催生科技新产业,打造集团科技产业板块。发展的清洁能源产业,以低碳环保为导向,目前已有四川龙凤、贵州铺田两个水电站建成并投入运营,经济、社会和生态效益良好。

4. 管理升级，保障高效新发展

强化内部管理，是围海集团屹立于行业龙头的秘诀。公司犹如一部庞大的机器，每一个微小的零件都有可能改变这个机器的运转。围海集团一直以来根据时代发展、公司自身情况来激发"零件"的潜力，在人力资源、财务管理、企业管理等方面有计划、有思路地进行，踏实走好每一步，为公司发展积蓄力量。

围海集团以人为本，善用人，也善留人。以"共创、共赢、共长"的核心价值观，以精准清晰的人才理念与人才观，稳步推进入才培育与发展、流程管理等工作，使得人力资源优化配置，项目班子力量加强。专业化的人才反哺公司，为公司发展提供了人才保障，公司也因优异的人力资源管理成绩，多次蝉联"中国最佳雇主"，成为同行业人力资源体系和雇主品牌建设的佼佼者。

同时，企业创新平台持续不断强化升级，与浙江大学联合成立"滨海岩土工程研究中心"，搭建宁波市"院士工作站"，联合科研院所成立了固化土研究中心，推动围海集团进一步研发新技术、整合信息资源、开展产学研合作、培育创新技术队伍。

2014年，围海集团获得了"宁波市人力资源管理杰出企业""宁波市大学生实践基地"与"高新区大学生实践基地"等称号。2016年年初，围海集团总部首次实行全员竞聘上岗，人员队伍进一步精减，人力资源供求基本平衡。

围海集团以全面预算和资金管理为重点，全面推行了会计电算化；严格执行《项目成本管理规定》，严格成本核算。资金使用效率明显提高。

围海集团陆续出台了《薪酬管理制度》《车辆管理制度》等20多项制度，不断健全完善企业制度体系。

与此同时，在资信信用方面，围海集团十多年来连续取得AAA级资信信用等级，2014年又取得了远东资信评估有限公司AAA级资信等级。审计工作得到了浙江省审计专家委的好评。

在制度和流程建设上，围海集团印发了《规章制度汇编》，并上线启用76项OA新流程；此外，在合同管理上，围海集团还加强了合同管理，妥善应对各类纠纷，保障和维护了企业的合法权益。

在资质建设上,围海集团努力提升自己,努力申报房建一级、市政二级、地基一级、水利特级等资质;2016年,围海集团成功取得了浙江省环境污染防治设计、总承包(三个专业甲级)、宁波市水利工程运维单位、宁波市总承包试点企业等资质;还获得全国优秀施工企业、浙江省优秀建筑业企业、宁波最具竞争力企业20强等荣誉。

5. 文化引领,提升企业软实力

围海集团因海而生,与海为伴,依海而长。海的秉性、精神已深深地扎根围海集团,并指引围海集团健康持续发展,海文化是围海集团企业文化的本源。而围海文化是企业生存发展的"DNA"。

围海集团紧紧围绕服务经营生产这个中心,以党群工作为抓手,以企业文化体系和内容落地为重点,进一步提升了围海集团的"软实力",为企业发展提供强大的精神动力。

围海集团也因此多次蝉联全国文明单位。

2013年,围海集团积极开展群众路线教育实践活动,工会荣获了"浙江省模范职工之家"称号。

2014年,在围海集团成立三十周年之际,以"海文化"为核心的围海企业文化体系及内容正式形成。以围海使命、愿景和核心价值观为内涵的企业文化建设,挖掘和树立了一批践行围海文化的典型,使得围海文化渗透到各项制度建设中,渗透到各级组织建设中,渗透到公司的经营和生产活动中,以围海集团的文化建设促进生产经营活动,以生产经营反哺文化建设,打造围海文化软实力,推进围海集团进一步的发展。

为了强化企业文化建设,提高企业凝聚力,围海集团专门编纂发行了企业杂志《新拓》,成为围海集团品牌文化内外传播的第一载体,并在三十周年纪念成功发布原创诗集《诗画围海》。

围海集团还充分发挥党群组织"凝聚、保障"作用,大力构建围海集团员工精神家园,组织了趣味运动会、户外踏青、健康体检、高温慰问等各项活动,为广大员工谋取福利、分享企业发展成果。

围海文化的建设与宣传不仅对内,而且也对外。围海集团通过系统性、针对性的外宣来提升公司在社会上特别是在证券市场的知名度和美誉度,打造企业品牌形象，提升品牌影响和价值。

围海集团作为社会组织上的一员，时刻密切关注民生，积极参与捐资助学、扶危济困、抢险救灾等慈善公益活动，承担社会责任，树立了良好的社会形象，促进了企业健康持续的发展。

2015 年，围海集团由工会牵头，与宁波市慈善总会联合成立了"围海集团助学基金"；为北京百年职校捐助 20 万；为抗战老兵基金会捐助 100 万。11 月 19 日，丽水莲都区东村发生山体滑坡，围海集团克服自身工期紧张的情况，在短时间内调集精兵强将及最佳装备赶赴抢险，获得了社会与群众的一致好评。当年，围海集团被评为"宁波市企业文化建设先进单位"。

6. 矢志不渝，推进多元化新跨越

企业未来，首先是要确立自己的发展愿景。围海的愿景是"蓝色经济，百年围海"。

愿景，是围海的百年目标。要实现这个目标，需要阶段性的目标去支撑愿景，"双百"征程，构建"围海系"，这两个阶段性目标，分别对应近期和中期目标，这三个阶段目标，构成了未来的发展方向。

围海集团目前的产业涵盖工程建设、房地产开发、清洁能源，以及文化、贸易、健康、科技等多个产业，我们称之为"3+X"的产业架构。

其中主业子公司围海股份，是在原浙江省水利厅下属国有企业基础上改制设立的民营企业，主要从事围海工程、水利工程施工，30 多年来，共计围垦土地 120 万亩，建造高标准海堤 759 千米，项目遍布天津、山东、江苏、上海、浙江、福建、广东、香港等地。2011 年，以"中国海堤建设第一股"的身份登陆资本市场，股票代码 002586。

房地产板块。2006 年开始介入，在宁波、舟山等地，有多个楼盘项目开发中，大多为中小盘。

清洁能源板块。在四川和贵州，已有两个水电站建成运营发电，总装机 6 万千瓦；目前，水电项目、风电等其他清洁能源也在积极探索。

文化产业方面。围海投资了上海乐卓科技，这是一家以手机游戏为起点，向动漫、微电影、其他网络产品开发投资的公司，在 A 轮融资中已获盛大资本跟投。

贸易板块。已在香港、新加坡搭建了国际业务平台。

健康产业。已经对健康体检、康复医疗、养老等项目做了前期研究，并明确了国医馆的切入方向，开始了前期运作。

科技板块。以围海股份下属科技公司为平台，自行研发了淤泥固化、污水处理等新技术，建立创新基地、培育创新项目。

过去的成功与失败、经验与教训都将成为珍贵的财富。展望未来，围海集团以"精诚，超越，务实"的精神，以"共创、共赢、共长"的价值观，以"科技围海，绿色围海，品牌围海，智慧围海"的发展战略，必能实现"蓝色经济，百年围海"的愿景。

编者后记

七载心血注海湾

宁波市奉化区政府公管中心主任　沈海松

时间过得真快!

2010年11月11日到2017年10月,我从莼湖镇政府调到阳光海湾指挥部工作,在阳光海湾工作了整整7年零5天,共计2560天。

虽已分别,我想说的话还有很多。千言万语汇聚成三个词:感谢、希望、祝福。

这七载的春夏秋冬,我深深地感到,能在不惑之年成为阳光海湾项目的一员,是我人生之幸。阳光海湾是个干事业的好地方,也是个能干成事业的好地方。组织上让我与总指挥一起来负责这个宏伟的蓝图,给了我施展人生抱负的大舞台,也是我人生的幸运。虽然因体制、机制及其他原因,使得项目按规划蓝图推进中有曲折,但我们扎实地完成了各项基础性工作,完成了2万多亩土地、山林、海域的征收和补偿,完成了200多池鱼塘的清退,完成了1500多座坟墓的迁移,完成了部分拆迁,完成了避风锚地项目的审批,完成了约3000亩土地的农转用工作,初步完成了7平方千米的基础设施建设工作,完成了约25亿元的投资,同时通过强化管理优化工艺最终节约2亿元完成了避风锚地项目的建设,形成了漂亮的天妃湖,让一个不毛之地初具旅游景区规模,同时也弥补了宁波滨海休闲旅游功能板块的空白。

七年来，我有幸参与和见证了项目从无到有到初具规模的变化。2006—2007年与新加坡阳光集团的沟通，2008年的与新加坡阳光集团签约，2009年的项目奠基，2010年的启动区基础设施项目建设和避风锚地项目前期审批的启动，2011年上半年的停工和下半年与龙元合作开发协议的签约，2012年的阳光小镇基础设施项目建设开工，2013年历时3年多走完审批流程后的围海大坝开工，2014年宝能的签约和龙元的停工，2015年和2016年的曲折前行，2017年的大坝完工、天妃湖的形成和产业项目的落地，2018年美好曙光的到来。

2560天的日日夜夜，我深深地感到，能在这片充满希望的热土上与大家一起耕耘、一起收获，是我一生之福。这些年来，为了项目，付出了一切智慧和力量，冷落了家庭，倾注了自己全部感情和心血，融入了所有甘苦与忧乐。忘不了：大家一道，走村入户，解决土地征收和拆迁，养殖塘的清理和坟墓的迁移，有时还动用各方力量来推进基础设施项目建设。忘不了：大家一道，与规划设计单位一起谈规划、聊方案、谈项目推进。忘不了：大家一道，与国际休闲旅游顶级学院法国昂热大学一起组织举办了世界性的学术论坛，全国旅游专业的教授全数参加，并由昂热大学酒店管理学院院长魏烈普教授和北京大学吴必虎教授一起对项目的发展前景和发展路径做了充分的研讨。忘不了：大家一道，为提早拿到望台山料场批文和争取土地指标那种誓不罢休的豪迈壮志。忘不了：带领大家，一往无前、义无反顾地跑上级部门，历时3年多亲力亲为地攻克了海底测绘、海洋环评、海域论证、数学模型、物理模型、水体交换、通航安全、水土保持等技术和政策壁垒，为项目合法合规地建设提供了科学依据，使项目从不可能到可能最终建成奠定了基础。为此，要非常感谢宁波市发改委、宁波市交通委、港航局、海洋局、水利局、海事局、国土局、规划局、林业局，国家海洋二所、水利部南京水科院、华师大等相关单位的领导和相关处室对我、对这项工作的大力支持，终于完成了避风锚地的审批，最后又历时4年参与建设管理工作，总共历时7年多终于建成。忘不了：带领大家，会同相关职能部门一起想方设法，充分利用各类政策利好，不占用建设用地指标合规地完成了7平方千米的基础设施建设，为目前的顺利招商和产业项目供地及开工建设创造了条件。忘不了：大家一道，飞北京、跑上海、赴深圳谈项目的日日夜夜，累计接待洽谈过近300批次的世界各地的客商；忘不了：大家一道，与龙元谈合作开发，经历过无数个不眠之夜谈条款、谈政策、谈方案，合作协议历经35稿。忘不了：大家一道，带领6个部门赴深圳与宝能集团连续30小时洽谈合同条款，在奉化通宵达旦地谈签约前的优惠政策。忘不了：大家一道，与发改、旅游委等部门一起为争取列入省重点项目及省领导联系的全省六个重大旅游项目之一而做出的不懈努力。这些年，我们朝夕相处、风雨同舟，成了好同事、好朋友，是我一生中宝贵的财富。

我深信，在区委、区政府的正确领导下，在胡书记、董主任的带领下，在同志们的共同努力下，秉持宁波湾精神，不忘初心、干在实处、走在前列、勇立潮头，一定会开创滨海旅游各项事业的新辉煌！

组织上关心我，调我回城区去了。但我的心对这一片热土有无限的深情厚谊，希望这批热土灿烂的明天更加美好。

宁波湾，永远是我的娘家！

情系海洋　保护中求发展

宁波市奉化区发展改革局调研员　吴望星

习近平总书记在浙江提出了"绿水青山就是金山银山"的发展理论。这一发展理论，精辟阐述了保护生态与发展经济的辩证关系，凝练诠释了生态文明建设在现代化建设中的重要作用，为我们实现生产发展、生活富裕、生态良好提供了科学的理论指导和实践指南。

党的十八届五中全会把绿色发展作为我国全面建成小康社会的内在要求与动力之源。党的十九大报告强调：加快生态文明体制改革，建设美丽中国。我们要建设的现代化是人与自然和谐共生的现代化，既要创造更多物质财富和精神财富以满足人民日益增长的美好生活需要，也要提供更多优质生态产品以满足人民日益增长的优美生态环境需要。必须坚持节约优先、保护优先、自然恢复为主的方针，形成节约资源和保护环境的空间格局、产业结构、生产方式、生活方式，还自然以宁静、和谐、美丽。

2016年9月，宁波奉化市撤市设区。新一届奉化区委、区政府全面实施"五倍速五提升"战略决策，立足大招商、大开放、大平台，着力推动经济总量、城乡品质、民生水平、文化实力、内生动力跨越提升，加快建设经济繁荣、功能齐全、环境优美、文明和谐、富有活力、辐射带动力强的现代化健康美丽新城区，在更高水平上全面建成小康社会。这些年来，宁波市奉化区始终以"两山"理论为指引，坚定不移地推进生态绿色化。尽管地处长三角南翼，东海之滨，生态环境优美，旅游资源丰富，历届市委市政府一直把绿色发展理念贯穿于整个工作决策中。

全域旅游作为一个绿色、生态的富民产业，越来越成为城市软实力建设的重要助推器和传感器。如何实现旅游业与综合产业、创意产业、绿色产业、幸福产业、开放共享型产业和战略支柱性产业的高度融合，推进旅游产业向深度与广度空间拓展，奉化区委、区政府决定开发"滨海旅游休闲区"，打造具有独特魅力的国际文化旅游胜地。

从2006年开始，时任奉化市委书记的戎雪海，为了加快滨海的开发，亲自南下北上向国内外招商。经过多轮的磋商，原奉化市委市政府于2008年决定由新加坡阳光海湾投资有限公司开发裘村、莼湖一片沿海土地，在总体规划中提出了悬山岛、南沙山岛以及凤凰岛附近海域建设连岛海堤、水闸和船闸的海洋景观项目策划方案，得到了宁波市政府的肯定。2009年3月，原奉化市政府成立了开发领导小组，由原市长张文杰任组长，方国波任总指挥，全面开始项目的前期和建设工作。

阳光海湾项目的启动关键在于把南沙岛、悬山岛与大陆通过海堤的形式连接在一起。当时我还在原奉化市海洋与渔业局工作，提出这个工程时，觉得需要非常仔细认真地评估，因为对从事海洋工作的人员来说，坚持维护海洋的原生态，让成千上万年形成的自然状态给我们以一个生息的空间是一个基本的底线。

当年，原奉化市政府组织相关人员到上海南汇参观了围海项目，围了1.7平方千米，通过虹吸管进出水的控制，保持围区内的水质清澈，原海涂上铺上洁白的细砂，成了上海及周边人亲近自然、亲近海洋的一块热土。参观后深受启发。如何启动这项目的海洋使用论证及报批和完成海洋环境影响评估，成了这个工程能否启动的钥匙。阳光海湾区域尽管坐北朝南，面向大海，植被丰富，有着非常优越的自然环境，但有一个致命的缺点，就是象山港潮差有2米之多，退潮后露出几百米的泥涂，潮涨潮落，形成混浊的海水，对人们亲近海洋带来巨大的失落感。要将阳光海湾的自然和区域优势得到充分发挥，首先要将该区域面向大海的部分，通过人为的干预，形成碧水的港湾，但人工干预对自然生态的破坏或影响又有多少呢。这些都是未知数，必须通过上述的海域使用论证和海洋环评来完成。

为此，我们与国家海洋局第二研究所进行了沟通，该所专家们认为在象山港如此敏感的区域进行围堤，难度很大，在科学论证的基础上，还必须得到官方的认可，直接开展论证和环评风险比较大，建议先搞个初步意见，得到宁波市政府相关部门的认可，再全面开展论证与环评。海洋二所权威专家通过手头掌握的材料和对现场的调查，初步搞了个项目工程的可行性分析，报宁波市政府相关部门，邀请行内专家开展了初步的论证，同时开展了水文测绘及潮流冲淤数字模型的试验，专家认为项目影响较小且可控制，提出处理好围边相关利益者的关系和解决围堤后的淤积是项目的关键。

不久，我因工作需要调任到奉化区发展改革局工作，随后兼任了阳光海湾副总指挥，正式参与到这个项目的前期工作中来，特别是项目涉及海洋与渔业方面的工作。通过沿海各乡镇，尤其是裘村、莼湖各沿海九个村的努力，完成了海域滩涂的征收工作，拆迁和征收海水网箱2.13万只，海带1652亩，处理好了周边的土地、山林、坟墓等相关者的利益。接下来就是工程淤积的问题。通过南京水利科学研究院对水文测验及潮流冲淤的物理模型和数字模型的权威研究，基本肯定围海工程对港区的淤积和对航道影响不大。同时，指挥部负责前期的工作人员马不停蹄，陆续委托相关单位开展了水体交换研究，水文水质测验及水系专题研究。通过这些前期的研究成果，原奉化市政府主要领导多次专题向宁波市政府和相关的主管部门做了汇报，并拟定该项目名称为《象山港避风锚地建设项目》。2010年11月，当时的奉化市政府正式向宁波市政府提出了项目建设的请示，得到了时任副市长陈炳水的批示；随后，宁波市发改委向宁波市政府提交了"关于市政府领导象山港避风锚地项目批示办理情况的汇报"，得到了当时宁波市政府副市长徐明夫的"拟同意发改委意见"批示认可，项目建议书得到了批复，此后相关的各项工作后期得到了相关部门的支持认可。先后完成了数模研究、物模研究，海洋环境影响评价，海域使用论证，水土保持方案，通航安全评估，完成了项目所需的各项前期报批工作。

前期报批完成后，当年的奉化市政府与浙江围海股份公司签订了项目建设的BT合作协议。通过四年的工程建设，项目基本完成。这个项目在奉化海洋工程中是最大项目之一，也是国内比较先进美丽壮观的围海工程之一。

让这项工程前期工作和工程建设成果的浓彩重墨留下一笔纪念，觉得很有必要。在2017年年中，邀请了围海项目经理殷航俊、指挥部副总指挥沈海松、项目水利顾问亓德顺等人员对此事进行第一次商讨，大家都觉得很有意义。为此，向围海公司的高层做了一次专题报告，得到了张子和副董事长，尤其是冯全宏董事长的认可。冯董事长还提出要把这个项目的总结提升到奉化区委区政府高瞻远瞩，宏观超前谋划的角度，提升到人与自然、休闲旅游、和谐共处，体现项目的生态、旅游和特色，突破单一围海工程的框架，成为百年经典工程，并初步商定书名为《情擎一湾天》。

　　正值我国改革开放四十周年，《情擎一湾天》的出版发行，是与此项工程相关的所有人员的一件幸事，也是从事海洋工作相关人员的一件幸事。总结成果、经验、得失，为海滨生态文明建设和绿色发展提供借鉴，更是造福于人类的一件幸事。同时，也从一个侧面展现该项目的建设单位——围海集团在改革开放进程中，改革创新、转型升级、发展壮大的历程，展现我国改革开放的伟大成就。

　　谨以此文作为专题策划后记。

围海人：以海为魂　与海共生

白向东

最是那大海的壮美，动人心魄——
鸥鹭翔集，渔歌唱晚
看那片蓝与远天衔接，海天一色
浩无际涯，雄浑而苍茫
犹如一块缓缓隆起的蓝色大陆
闪耀着远古洪荒般的琉璃瓦的光泽
亿万斯年，亘古流淌

最是那大海的性情，难以揣摩——
时而风轻云淡，浪花轻轻爱抚着沙滩
和你漫步的脚踝，此时的大海
宛若娴静的少女，令人心醉
忽而狂风怒号，浊浪滔天
所过之处，房塌地陷，墙摧桅折
葱绿的稻田，瞬间变成沼泽

眼见着生灵涂炭,美好的家园化为梦魇
此时的大海,犹如发怒的雄狮
更像嗜血的魔鬼,令人心惊,心碎……

大海是一匹烈马
野性未化,狂飙不羁
需要真正能够驾驭它的骑手——
唯有海纳百川的胸怀,才能听懂大海的召唤
唯有深沉笃定的灵魂,才能把握大海的脉搏
唯有激越超拔的梦想,才能与大海共同飞翔
唯有气吞万里的雄心,才能与大海心灵对话
…………
围海人,正是这样的骑手!

因为有围海人
惊涛裂岸,不再是最有力量的力量
乌云中的雷电,也不再是最铿锵的铿锵
因为有围海人
雄鹰盘踞之断崖,腥风咸雨之孤岛
从此战鼓起,风雷动
焕发了勃勃生机
多少无悔的梦里,驻扎着奔腾的青春
无论春阳普照,还是暴雨滂沱
是赤日炎炎,还是刺骨寒风
围海建设团队
永远是海岸线上一方坚定的钤印

君不见,体格庞大的围海插板船
恰如蛟龙遨游东海
任凭风吹浪打,我自岿然不动

一条条排水板直插地心
泥石顿时斩断了狂澜
围海舰队,从胡陈港扬帆起航
一路高歌,一路猛进
三十年坎坷路
一万八千里海岸线
北至渤海,南至广东
西至巴蜀,东至舟山
到处都有围海人奋战的身影
到处挺立着围海人浇筑的不朽丰碑
到处传扬着围海人的英雄故事:

舟山东港,围海人一战成名
本是大海一片,茫茫如烟
如今却已崛起一座滨海新城
车水马龙,高楼林立
成为舟山人新的家园

漩门湾,曾是玉环人
谈之色变的"鬼门关"
如今的漩门,波光潋滟,风平浪静
蓄淡水库,如一座海上长城
守卫着玉环人的生命之源——
拧开水龙头,自有涓涓活水来

洋山港,风大浪急
大雾漫漫,20多米的水深
即使让上帝去施工,恐怕也会犯难
而围海人接受了挑战
敢揽瓷器活,必有金刚钻

围海人的自信,来自
经受住了实践考验的塑料排水板
三军用命,围海人众志成城
一场漂亮的战役,捷报频传
人民大会堂,见证了围海人的坚毅和果敢

还有那灵霓海堤,
一堤飞跨海陆,天堑变通途
洞头人,从此不必再大浪里飘摇
孤岛上兴叹
还有那金塘,还有那瓯飞滩
一个个围垦工程
让漫漫滩涂,变成万顷良田
变成美好家园
还有那一个个防潮海塘
让惊涛骇浪中颠簸的渔民
从此有了安全的港湾
还有那一个个水库
高峡出平湖,源源电流
带给千万个家庭光亮与温暖
············
一个个围海人的工程,
仿佛颗颗钻石,镶嵌在漫长的海岸线上
那是大地上最雄伟的画卷
那是大海边最壮美的诗篇!
围海之梦
渡越了无数的羁困与艰辛
百年围海的宏伟蓝图
正随着稳健的围海长堤
向大海延伸,向未来拓展……

项目成果组

(一) 围海集团

参建功勋人员：王掌权、邱春方、付裕、戈明亮、吴良勇、陈晖、胡寿胜、俞元洪、何宝安、孙东生、仇志清、殷航俊、曹英、赖泽华、魏津利、李城

(二) 宁波滨海旅游休闲区管理委员会

宁波滨海旅游休闲区管理委员会为区政府直属正局级事业单位，主要承担宁波滨海旅游休闲区的综合开发建设及管理职责，其前身是奉化市阳光海湾开发建设指挥部。

奉化市阳光海湾开发建设指挥部成立于2009年3月（奉政办发〔2009〕27号），是奉化市委市政府临时协调机构，负责阳光海湾区域的项目前期工作、招商引资、开发建设和区域管理工作。市长张文杰任奉化市阳光海湾开发建设领导小组组长，周世君、何剑波、方国波任副组长，方国波同志兼任阳光海湾开发建设总指挥，李雷杰、余磊、袁丽华兼任副总指挥。几经换址最后设在莼湖镇桐照小学林崇云楼，2014年3月根据市委的意见迁移至现址即裘村镇应家棚村阳光海湾展示中心。2016年11月，因奉化市撤市设区工作，奉化市阳光海湾开发建设指挥部改名为宁波市奉化区阳光海湾开发建设指挥部。

2017年7月，成立宁波滨海旅游休闲区管理委员会。单位人员变动情况：

机构名称	职务	姓名	任职起止时间
宁波市奉化区阳光海湾开发建设指挥部	总指挥	方国波	2009.03—2016.07
		胡荣	2016.07—2017.07
	常务副总指挥	朱正天（市委、市政府办公室副主任）	2012.04—2016.05
		夏勇（松岙镇党委副书记）	2016.05—2017.07
	副总指挥	李雷杰（专职）（市政府办公室副主任）	2009.03—2010.10
		余磊（兼职）	2009.03—2011.06
		袁丽华（兼职）	2009.03—2010.08
		沈海松（专职）（市政府办公室副主任）	2010.10—2017.07
		吴望星（兼职）	2010.05—2016.07
		李士华（专职）	2012.10—2017.07
		陆炯（兼职）	2013.07—2014.05
	顾问	亓德顺	2012.07—2017.07
宁波滨海旅游休闲区管理委员会	党工委书记	胡荣	2017.07至今
	党工委副书记、管委会主任	董志松	2017.07至今
	党工委委员、管委会副主任	沈海松	2017.07至今
	党工委委员、管委会副主任	李士华	2017.07至今
	党工委委员、管委会副主任	李琳	2017.07至今
	顾问	吴望星	2017.11至今
		亓德顺	2012.07至今

编者后记

名称	职务	姓名	任职起止时间	备注
宁波市奉化区阳光海湾开发建设指挥部	综合办公室	孙光	2009.03—2009.12	莼湖镇政府挂职
		丁盛	2012.05—2013.06	莼湖镇政府挂职
		汪巧妮	2016.01—2017.07	松岙镇政府挂职
	招商引资及计划财务科	任腾兴	2009.03—2015.05	旅游局挂职
		竺义芳	2009.03—2009.11	溪口旅游集团挂职
		范晓敏	2009.12—2014.02	溪口旅游集团挂职
		应建玉	2009.10—2015.10	国资局委派
		竺桂香	2015.10—2017.07	国资局委派
	工程技术建设规划科	马本达	2009.03—2013.04	发改局挂职
		施明芳	2009.03—2010.09	规划局挂职
		谢世峰	2010.10—2012.04	规划局挂职
		吴京	2009.03—2014.02	国土局挂职
		沈孟	2012.04—2013.05	规划局挂职
		亓德顺	2012.07—2017.07	避风锚地技术顾问
		林建芳	2013.02—2017.07	水利局挂职
		顾继军	2013.05—2014.04	规划局挂职
		何志明	2014.05—2015.02	规划局挂职
		宋卡佳	2015.02—2015.10	规划局挂职
	政策处理及社会事务科	宋承申	2009.03—2013.06	农林局挂职
		李鹏宏	2011.04—2017.07	
	服务中心	刘薇	2014.10—2017.07	
宁波滨海旅游休闲区管理委员会	办公室	汪巧妮	2017.07至今	松岙镇政府挂职
		竺桂香	2017.07至今	国资局委派
	招商服务科	刘薇	2017.07至今	
	建设管理科	亓德顺	2017.07至今	避风锚地技术顾问
		林建芳	2017.07至今	水利局挂职
		黄宇宙	2017.07至今	建设局挂职
		周益平	2017.07至今	农林局挂职
	统筹协调科	李鹏宏	2017.07至今	

(三)项目成果科研组

（1）项目潮流冲淤数学模型试验

国家海洋局第二海洋研究所　许雪峰、聂源、谢鸣

（2）项目工程物理模型试验

南京水利科学院河流海洋研究所

朱立俊、孙林云、王建中、范红霞、孙波、肖立敏、陈诚、杨江浩、王志寰

（3）项目海域使用论证

国家海洋局第二研究所　陈荣华、赵庆英、许雪峰、张在秀、沈远

（4）项目海洋环境影响评估

国家海洋局第二研究所　曾江宁、寿鹿、徐晓群、刘晶晶、薛斌、于培松、潘建明、陈金根、周青松、施青松

（5）项目水土保持方案

浙江省钱塘江管理局勘测设计院　沈跃军、郭宪艳

（6）项目通航安全影响论证

大连海事学院　戴冉、吴学兵

（7）项目初步设计报告

浙江省广川工程咨询有限公司、湖州南太湖水利水电勘测设计院有限公司

汤德意、熊波、吴益、潘海平、严杰、王素慧、常永凯、于海兵、王冠、席锐超、谷宇、张晴、周军、宋涛、赵茜垠、徐皖生、孙东生、鲍优绒

编辑组推荐语

新时代,"创新、协调、绿色、开放、共享"的发展理念引领我国经济以创新驱动向高质量发展。

《国务院关于进一步促进旅游投资和消费的若干意见》提出"鼓励社会资本大力开发温泉、滑雪、滨海、海岛、山地、养生等休闲度假旅游产品";《国务院关于加快发展旅游业的意见》提出"积极支持利用边远海岛等开发旅游项目"。国家的政策促进了我国滨海旅游业发展。

宁波市奉化区坚持以发展全域旅游为方向,全力打造"宁波滨海旅游休闲区"旅游业发展升级版,加快把奉化建成"休闲度假目的地"。

改革开放40年,巨变中华绽喜颜。40年来,改革开放波澜壮阔的伟大历史进程中,企业家见证了改革开放的历史进程,演绎了改革开放的风云故事,解读了改革开放的思想动力,聚焦了新时代改革探路者的使命和全新实践。

唯改革者进,唯创新者强。情,系于民生;情,倾于发展。为此,课题组编辑这本《情擎一湾天》,为绿色发展、改革开放40周年奉献一首赞歌!

补 记

2018年6月28日,贵州省。在此开展扶贫工作的张子和同志,清晨起床时感觉头晕心闷,同事们获悉后都劝他去医院检查并休息一天,但张子和同志说:"任务重,工作要紧。"他吃了一些药后,就带领同事们上车直赴扶贫地点。行在路程中,张子和同志疾病突发,抢救无效,倒在了工作旅程上。

宁波市人大、宁波市知识产权保护协会这样评价:张子和同志一生厚道纯朴,勤勉踏实,为人热心,认真履行人大代表职责,工作负责,为宁波市知识产权保护、为中国建筑业发展、为经济社会发展,做出了贡献。

本书起编于2017年5月,张子和同志作为主编,付注了大量心血。经多次编审,在定稿之际,张子和主编却倒在了工作行程的征途中,将生命献给了奋斗一生的事业。

我们对张子和同志满怀无限的敬意和无尽的思念,也以此书来纪念张子和同志。

发展规划

　　回首昨天，雄关漫道真如铁；审视今天，人间正道是沧桑；展望未来，长风破浪会有时。

　　百年的追梦，百年的执着。

　　新时代，在以习近平总书记为核心的党中央领导下，建设中国特色的社会主义的前进道路上，我们坚定信仰，脚踏实地，苦干实干，铸就伟大的中国梦想！

同心、同向、同力　共创、共赢、共长

——围海集团 2016—2020 年发展规划

前　言

围海集团第三个三年（2013—2015）发展规划已顺利收官，集团营业收入稳定增长；围海股份新模式有效突破，市值逐步提升；置业快速去化；在清洁能源、文化、健康等领域积极探索，并着手布局；为集团未来发展奠定了坚实的基础，集团跨入了新的历史发展阶段。

新常态、新起点、新市场、新机遇。为认清发展形势，抢抓发展先机，把握发展节奏，充分认识新态势带来的机遇和风险，贯彻执行健康持续发展的理念，特编制《围海集团 2016—2020 年发展规划纲要》，明确集团未来五年的发展战略和发展目标，作为各项工作的指导性文件和行动指南。

一、发展环境

1. 宏观环境

未来五年，世界经济将在深度调整中曲折复苏，我国经济发展面临诸多矛盾叠加、风险隐患增多的严峻挑战，但仍处于经济换挡升级、大有作为的重要战略机遇期，"十三五"期间我国经济将保持中高速增长，供给侧的制度变革、结构优化、要素升级、创新发展将成为经济增长的主要动力。

未来五年，行政改革、国企改革、税务改革、金融改革将塑造一个更加开放的市场环境；开放、包容的多层次资本市场将带来更加迅猛的产业优化与重组；区域融合和区域经济一体化将使产业合作与产业转移进一步加深；互联网与社会经济深度融合，并对传统行业带来持续的影响和冲击；"跨界"思维将使竞争更加多元。综上，"开放、整合、创新"将是未来企业发展的原动力。

2. 产业环境

十三五期间，国家将消除制度性障碍，扩大服务业对外开放程度；培育战略新兴产业；重点发展代表着技术突破和市场需求的产业，如生态环保、文化健康、高端装备制造、新能源、新材料等。这些产业我们应积极关注，并适时发展。

（1）主业

绿色成为发展的主旋律，"美丽中国"战略将生态环境要求提高到前所未有的高度。随着"大气十条""水十条"的落地实施，以及"土十条"的预期出台，将进一步扩大生态、环保产业的市场需求，政府投入和社会资本相继涌入。山水林田湖生态保护和修复、江河流域系统整治，土地整治，蓝色海湾整治，以及民生水利现代化的大规模推进，为生态环境领域的发展提供了新的空间。

在基础设施建设上，国家将实施重大公共设施和基础设施工程，加快完善水利、公路、管道等基础设施网络，加强城市公共交通、防洪防涝等设施建设，实施城市地下管网改造工程，开放市政公用工程。同时随着PPP模式的推进以及金融体制改革，将为广大民营资本进入基础设施建设及开发运营领域扫清障碍。公司有机会参与到更广泛的市场竞争中。

（2）能源

随着世界各国对能源需求的不断增长和环境保护的日益加强，清洁能源的推广应用已成必然趋势。在低碳减排和环保压力倒逼下，政府将更加支持清洁能源发展，并成为政府调整能源消费结构的重要抓手。此外，电力体制改革将按照"管中间、放两头"的体制架构，放开输配以外的竞争性环节电价，开放配售电业务。电改的持续深入，将对包括水电在内的低发电成本的清洁能源发展起到极大的推动作用。

电力体制改革落地，促进"市场化"，重塑产业链，迎来能源互联网时代。

能源互联网强调以用户需求为核心,从全国、区域、城市、家庭逐级延伸,将带动微网、储能、分布式能源、充电桩大发展,能源平台前景巨大。

(3)其他产业

房地产的趋势性发展机遇期已经过去,未来将进入降速换挡的"淘汰赛",当前国内房地产市场结构性及产品错配矛盾显著,转型升级势在必行。

贸易方面,大宗商品大幅下行,贸易摩擦形势依然严峻复杂,风险和不确定因素较为突出。但在国家金融体制开放的大背景下,贸易金融仍有发展机会。

健康产业方面,随着人口结构的变迁、健康观念的转变,消费结构升级步伐加快,"健康中国"上升为国家战略,将带来10万亿的产业规模,健康产业正在以前所未有的速度、广度和深度,成为国家的基础性产业、支柱性产业和战略性产业。

文化产业方面,政府不断出台利好政策。国内中产阶级群体逐渐扩大,基本的物质需求已经满足,文化需求不断增长,未来十年,文化产业蕴藏着诸多发展机会。

新材料产业发展迅速,政策资金积极扶持,已成为支撑中国高端制造的基础行业,也将是未来资本市场投资的重点。

3. 内部环境

过去三年,集团在各产业领域取得了一定的成绩:围海股份三大指标稳中有升,项目承接在新模式和多元化方面取得突破,资质提升与增项工作有所进展,资本运作按计划推进,市值逐步提升;围海置业在房地产行业整体不景气的情况下,顺利实现润和园清盘,海洲一品快速去化,以及新项目有序推进;围海能源电站安全平稳运行,探索智慧云电,并已搭建清洁能源产业运作平台,谋求滚动发展与产业上市;文化产业方面,乐卓股份成功登陆新三板,围海教育试点布局;贸易板块已在香港、新加坡搭建了国际业务平台;健康产业进行多方探索等。

集团逐步树立以投资为龙头的整体意识,在组织调整、项目激励方面做了大量基础性工作,特别是以GP和LP的形式参股了一些国内知名投资机构,为今后打造专业投资平台打下基础。

在肯定成绩的同时,我们也清醒地认识到:集团在投融结合、产融结合、特别是对上市平台有效利用方面仍有很大的提升空间；部分产业仍处于产业链竞争激烈、附加值不高的位置；相对于多变的市场，我们的决策效率亟待提升；集团平台的整合优势发挥不足，组织执行力偏弱，集中力量办事的协同性，管理配合和支撑都不够到位等。

二、发展战略

1. 愿景、使命、战略

愿景：蓝色经济　百年围海

使命：拓展人与自然和谐共存的生态空间

战略：科技围海、绿色围海、品牌围海、智慧围海

2. 五年发展战略

未来五年，公司将围绕价值创造与价值实现，通过投融结合、产融结合，提高资本运营效率，实现重资产轻资产化运营，形成"投资—产业—资本运作"一体化的发展模式。

依托上市公司平台，嫁接优质资源，构建一体化服务运营商，通过"产业+资本"双轮驱动，做强做大主业；抓住电改机遇，运用资本力量，撬动重资产，滚动开发，并介入能源互联网，轻重结合发展能源产业；整合资源，创新模式，探索发展文化、健康、新材料等新产业。

3. 发展路径

（1）创新发展

创新是企业的灵魂，是持续发展的保证。在当前"大众创业、万众创新"的大环境下，新事物不断涌现，商业模式层出不穷。集团必须紧跟时代的步伐，通过模式创新、科技创新，以变应变，实现集团的转型升级。

模式创新。对公司来讲，就是要整合资源，探索建立适应市场潮流的商业模式和赢利模式，提高企业竞争力，为顾客创造价值。

科技创新。要充分发挥科技引领作用，推动科技成果转化为生产力。当前科技发展一日千里，一项技术的突破可能重构一个产业。

（2）产业优化

集团现有"一体两翼"（围海股份、房地产+清洁能源）的产业结构，重资产倾向明显，需要密集的资金支持，且投资回报周期长，受经济周期影响显著，不利于集团产业持续健康地发展。房地产更是已处于明显的产业下行通道，自身实力较弱又无特色，发展遇到瓶颈。因此，未来集团在产业结构上要做适度调整，形成"轻重资产结合、强弱周期结合"的产业布局。从原有"一体两翼"向"1+X"产业方向发展。

一方面，现有产业子公司从集团"断奶"，独立经营，通过"股份制"改造倒逼子公司转型升级，降低对集团的依赖程度，塑造子公司经营能力。另一方面，大力培育新产业和开拓已有产业的新领域：围海股份重点向投资、运营两端发展，发展生态环保领域，积极拓展第二主业；能源产业以重资产介入，通过资产证券化等手段，重资产轻资产化运营，并适时介入能源高科技、能源互联网等服务领域，最终形成以服务为主的能源互联网平台公司；新产业重点关注健康、文化等弱周期产业，以整合资源的发展思路，轻资产化运作，共同搭建起"百年围海"的产业基石。

（3）投资驱动

投融资是企业进一步做强做大的关键。未来，集团将以资本平台为中心，以实业为根基，发挥资金杠杆优势撬动实业发展，高效实现资产证券化和资产滚动循环发展。

短期内，集团投资以服务现有产业为主，帮助股份和能源开展项目融资，实施并购重组，快速做强做大；其次利用投资介入、孵化新产业，支撑集团五年发展规划的落地；中期，由内向外，逐步将业务向集团外部企业拓展，为其他企业开展融资、并购业务，实现价值增值；未来，将以集团外部业务为主，内部业务为辅，构建资本化的运作平台，使投资成为整个集团健康持续发展的原动力。

三、产业规划

1. 围海股份

（1）总体规划

未来五年，公司将充分发挥上市公司平台优势，投资+产业双轮驱动，形成"投资—建设—运营"为核心的业务发展模式。

公司围绕"水、土"两大核心概念，通过产业链的延伸（上游投资设计、下游运营管理）和资源整合（人才、资金、平台等综合资源），打造集投资、设计、建设、运营一体化的水利水电特级总承包企业。通过参股、并购、合作等多种方式构建港航、水利、市政园林、生态环保四大专业板块；打通产业链的各个层级，逐步成为"水、土、生态"领域一体化服务运营商。总部着重投资、运营，产业板块着重工程建设，双向拓展，协同发展。投资上，跨界整合，兼并重组，打造第二主业。

（2）实施路径：

①延伸产业链，构建"投资—建设—运营"一体化的产业运作平台。

②以经营促发展，夯实业务基础，快速占领市场；

③以资本驱动产业规模化扩张

2. 围海能源

（1）总体规划

以水电投资开发为基础，风电、光伏等多种能源为补充，从能源高新技术应用切入能源互联网，打造集能源领域的投资开发、运营维护、平台服务于一体的能源上市公司。

（2）发展路径

从发电侧起步，以水电为主，结合其他清洁能源，通过产业基金、BT、EPC、银行直接融资等手段，采取收购、自建相结合的方式，发挥集团内部整合协调效应，并通过资产证券化，支撑滚动发展，不断壮大发电侧规模。

重资产轻资产化。能源公司发起设立能源产业基金，集团搭建专业化投资团队，建立市场化的运作机制，帮助能源公司开展资本运作，相互协同，发挥基金杠杆优势，通过产业证券化、绿色债券等途径落实资金匹配需求，多渠道对接资本市场。

通过对发电侧重资产产业的轻资产化运作，实现规模的扩张，以此为基础，实现产业链上下游的全面介入，打造发电、运营、高科技、平台服务相融合的一体化模式。前期通过发电侧的规模化发展带动运营、高科技、能源互联网等轻资产的发展，未来通过轻资产反哺发电侧的进一步发展。

3. 围海置业

（1）总体规划

面对市场，顺势而为。现有业务以项目滚存的方式开展，加快资金周转，追求投资回报；积极探索新业务、新模式。若未转型，选择退出。

（2）发展路径

①立足本省重点发展宁波本区域市场，继续维持以刚需和改善型"小而精"为主的普通住宅开发，控制投资总量，实现项目短平快。

②结合公司自身开发能力和品牌影响力，联合专业经营管理公司，采用资源绑定、股权众筹等多种合作混合经营模式，从开发端向运营端转型。

③经营机制改革，推动落实项目责任制。

④组织变革。以项目制推动组织结构扁平化，根据项目需要，整合人力资源，对接市场。

4. 贸易

（1）发展思路

以国内外实体贸易发展为基础带动公司规模的高速增长，联合集团其他产业子公司，开展大宗商品采购，开展供应链管理。

通过规模与利润的双通道发展，打造围海产业集群背景下的国际化贸易平台，满足集团的低成本融资需求与海外投资拓展需求。

（2）发展路径

①贸易金融。以实体贸易作为支撑，降低贸易金融类业务开展的自身风险，贸易金融维持现有的市场规模与利润率。

②实体贸易。着眼于新能源、新材料与高端装备制造等战略性产业，筛选出符合公司发展方向并且在自身能力可承受范围内的行业，针对该行业的制造商进行突破，为其提供原材料的供应以及产业链的价值服务。配比一定的有色金属，矿产，塑料等大宗商品行业，开展长期的多元化业务，促进其他业务的利润最大化与融资规模最大化。

③建立贸易发展模式，并进行复制拓展，扩展企业的原材料供应版图，实现产业规模的扩张。

5. 新产业

发展思路：抓住时代机遇，积极探索文化、健康、新材料等产业，以轻资产为主，找准项目，采用参股、合作、收购等方式快速切入，通过产业基金进行培育壮大，树立品牌，在有条件时考虑对接资本市场，进一步做强做大。

健康产业，探索以 O2O+B2B2C 模式介入智慧养护等细分领域。轻资产运营，产融结合，打造专业化、社区化、品牌化、连锁化养护服务平台运营商。

文化产业，把握大文化的机遇，聚焦商业模式成熟的网络文化领域，像现在比较成熟并可带来稳定现金流的手机游戏、视频动漫、网络传媒、教育等细分领域，探索跨界与互动。

其他产业，紧跟国家政策、时代发展轨迹，选择具有广阔市场前景、综合效益好的产业领域进行重点跟进，如新材料、节能环保、新能源、智慧农业、智能制造等领域。

四、投资规划

1. 总体规划

充分利用资金杠杆，通过并购、整合和孵化，发挥协同效应，多层次推进资本与产业融资的有效互动，多渠道对接资产证券化（如借壳上市，IPO 上市，定增置换已上市公司股份等）。实现集团"投资—产业—资本"良性互动、协同发展。

2. 发展路径

组建集团投资公司，采用三级管理的组织架构，下设投资管理公司：并购资管公司、产业股权资管公司。每个资管公司下设多支基金，开展项目投融资和收并购业务。

并购资管公司，发起设立环保等产业并购基金，服务于集团内部产业升级。计划先后与外部 2～3 家在环保等行业有优势的投资公司合作设立双 GP 产业并购基金，发挥并购基金的资金杠杆优势，共享合作伙伴的优质项目获取能力、谈判议价能力，以及项目整合和资源嫁接能力，提升项目的估值空间，对接资本市场。通过资产循环进退，壮大产业规模及实现高额股权增值效益。

产业股权资管公司前期主要通过设立基金，参股或收购处于早、中期或有较大发展潜力的项目；通过导入集团资金支持，孵化培育壮大。后期对于已经形成规模优势的产业可考虑发起设立产业并购基金，发挥基金并购整合及协同效应，实现"投资—产业—资本运营"深度互动。适时考虑引入战略投资者及对接资本市场，高效实现资产证券化。

五、保障措施

1. 组织变革

根据集团"投资、产业、资本运作"的职能定位，通过组织变革，建立适应集团发展战略、业务布局的管理体系。通过机构改革和职能调整，厘清边界，高效协同，建立责权明确、执行有力的扁平化组织，提高集团决策运营效率，增强集团组织决策和执行能力。

组织形态上朝扁平、灵活、一体化的平台型组织发展。各产业子公司将积极稳健地进行股份制改造，建立经营班子与公司紧密相关的利益捆绑机制，集团公司决策下移，子公司自主经营。新产业公司将探索建立合伙人制度，使创业团队和公司结成"共创、共赢、共长"的事业共同体。

集团将精简机构，管理重心下移。强化投资龙头地位，成立投资公司。整合职能，设立综合管理（行政、人事、文化、党群）、企业运营（战略、机制、运营）、资财管理（资金、财务）、风控（风控、审计、监督）等职能条线。

2. 人才强企

围绕五年发展战略和目标，集团将加大团队打造和核心人才培养引进工作，以人才驱动产业。同时，根据"吸引人才、用好人才、留住人才"的理念，加强集团人力资源体系建设，优化人力资源配置，构建集团的人才选拔机制，包括集团人才梯队建设、相马机制、育马机制、赛马机制。

通过人才梯队建设将集团的人才储备与集团的中长期战略有前瞻性的结合，进一步实现人才驱动产业的人才战略；建立、完善三级梯队人才库，结合岗位的胜任力模型，建立梯队人才入库标准，通过培育，让人才快速成长。

3. 资金保障

结合公司投资经营的实际需要，利用资本市场，扩大银行间业务，采用短融、超短融、中期票据、私募等方式拓展融资渠道；通过同金融机构等合作成立产业基金、并购基金以及资产证券化等方式优化融资结构；建立以银行间业务为主，其他金融机构业务合作、银行融资为辅的多元化、短中长期相结合的融资模式；为集团公司的运营提供充足安全的资金保障。

落实全面预算制度的贯彻实施，加强事前预算、事中监督控制、事后考核改善，高效充分利用资金，有效降低成本。

4. 激励约束

以集团五年发展目标为导向，进一步激发各级人员内生动力，促进目标达成，建立与发展战略相匹配的竞争激励约束体系，主要包括股权激励、业绩考核、文化激励。坚持增量激励、短期与长期结合、公开公平公正和奖惩分明的原则，建立有效的激励约束机制。

股权激励方面，上市公司可择机定向增发限制性股票，与业绩指标挂钩；非上市公司从股权设计入手，经营班子与核心人员参股，推行合伙人机制。业绩考核方面，以成果说话，增量激励的总体思路，人员薪酬增长与集团业绩增长挂钩。前台业务人员采用业务提成制，后台职能人员采用业务导向的绩效奖金制；重大管理项目，推行项目奖金制。文化激励方面，分类设立多种奖项，采用各种形式表彰先进，激发个人荣誉感和团队进取意识。约束机制方面，要建立经营管理失职问责制和重大原则性问题一票否决制，对工作不能胜任、业绩不能达标的员工，采取培训转岗、降职降薪、解除劳动关系等措施，通过严格的惩戒鞭策，增强员工敬业精神，保持公司健康向上的经营活力。

5. 风险管控

随着集团规模的不断扩大，和外部经济波动不确定因素的增多，我们必须从战略高度重视风险管控，风险红线不可逾越。

要建立风险管控长效机制，坚持风险管理与业务管理融为一体的理念，大力推进"两个结合"，即风险管理与投资经营相结合，风险管理与制度建设相结合，构建投资经营单位—风控部门—公司决策层"三道"风险管理防线，为决策机构提供依据。

建立风控体系，收集识别风险源、评估风险级别、实施风险管理、进行责任追究。对于战略、财务、运营和法律风险要采用风险承担、规避、转移、分散、控制及对冲的策略，并将风险补偿机制融入公司发展中。强化风控职能，为战略执行保驾护航，实现企业经营战略与风险控制的有机统一。

6. 文化聚力

百年围海，文化引领。围海文化是企业生存发展的"DNA"。以围海使命、愿景和核心价值观为内涵加强企业文化建设，挖掘和树立一批践行围海文化的典型，以点带面促进文化落地，并转化为生产力。加强文化宣传，将围海文化渗透到各项制度建设中，渗透到各级组织建设中，渗透到公司的经营和生产活动中，以围海的文化建设促进生产经营活动，以生产经营反哺文化建设。要做好品牌建设工作，打造围海文化软实力。

充分发挥党群组织"凝聚、保障"作用，继续推进"三型"党组织、"三型"工会建设以及青年培养工作；发挥党群组织的战斗堡垒和先锋模范作用；大力构建围海员工精神家园，积极开展各类文明创建、文化体育等活动。关注民生，适时成立企业慈善公益基金，积极参与捐资助学、扶危济困、抢险救灾等慈善公益活动，承担社会责任，树立良好社会形象，促进企业健康持续发展。

六、结语

未来五年，是一个风云变幻的五年，是一个充满挑战的五年，更是一个超越自我的五年。新规划、新起点、新征程、新动力，胸怀百年愿景，拥抱2020，我们坚守客户导向、价值创造，顺势而为、因势而发。对确定的发展规划，要围绕目标落实举措，制订详细的实施计划，坚定不移地执行到位，不达目标，决不罢休！

宁波滨海旅游休闲区功能分区规划图
STRATEGIC PLANNING OF NINGBO COASTAL TOURISM AND RECREATION AREA

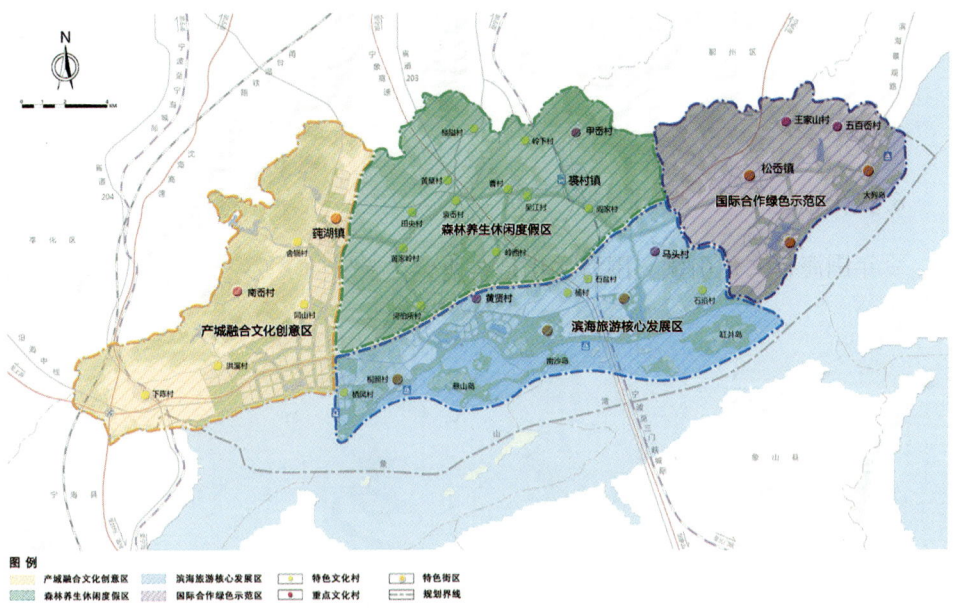

宁波滨海旅游休闲区功能板块示意
FUNCTIONAL STRUCTURE OF NINGBO COASTAL TOURISM & RECREATION AREA

279

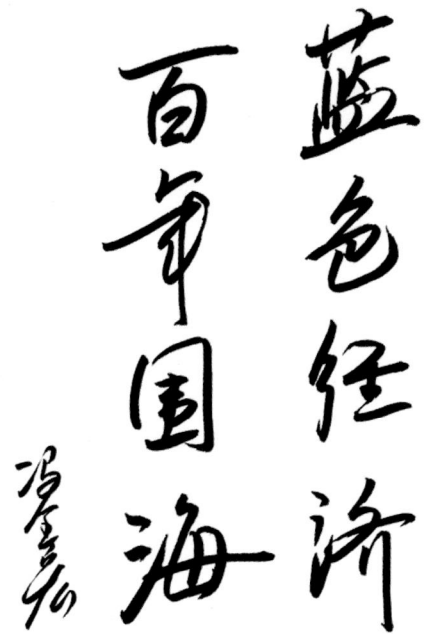

创新、改革；改造、感化。
围海，对大海的科学改造，给人类带来安宁的生活；
围海，对水文环境的科学改造，为人类带来自然能源的感恩；
围海，对生活方式的科学改造，给人类宜居生活美好的环境。

围海三十四载 激情燃烧的岁月

改革开放四十年,是中华民族复兴史上浓墨重彩的四十年。

2012年12月2日农历十月十九,在一阵阵隆隆的鞭炮声中,冯全宏董事长带领围海员工昂首阔步迈进位于宁波市高新区科技广场的新办公大楼——围海大厦。这次乔迁是围海历史上第三次总部搬迁,从浙东一隅胡陈港到人文县城宁海城关、再到东方大港宁波,围海的每一次转移都步履铿锵。回首围海的发展变迁,从无到有、从小到大。

围海的发展,从一个侧面反映了四十年来,我国波澜壮阔的伟大历史进程。让我们穿越时空,追根溯源,一同回到围海的发源地,看看这个而立壮年的成长之路。

第1章
起锚胡陈港：1984年，浙江省围垦开荒机具管理站成立。

1984年，注定是个让人铭记的年份。这一年5月，中共中央、国务院做出决定，全面开放包括上海、广州、宁波、温州在内的14个大中港口城市，逐步兴办经济技术开发区，加快利用外资、引进先进技术的步伐。这一年10月，十二届三中全会在北京召开，会议通过了《中共中央关于经济体制改革的决定》，阐明了以城市为重点的整个经济体制改革的必要性、紧迫性，提出了社会主义经济是以公有制为基础的有计划的商品经济。此次会议的决定在许多问题上，特别是在商品经济、价值规律这些重大问题上，冲破"左"的思想束缚，澄清了在许多人中间存在的模糊认识。同年12月，围海的前身——浙江省围垦开荒机具管理站，这个孕育在春天里的蓓蕾，在改革开放的春风催生下，终于开花结果了。

1984年初，为加强全省围垦开荒机具设备的统一管理，减少重复投资，加快围海建设施工的现代化建设步伐，浙江省水利厅决定筹建省水利厅围垦开荒机具管理站。经浙江省编制委员会批准成立后，省厅围垦处决定即进行了对机具管理站的选址工作。冯全宏当时担任宁海县围垦公司副经理，组织安排他陪同省水利厅围垦处的领导对胡陈港进行考察的任务。

正是此次胡陈港之行，开启了围海的历史。经过实地考察，在宁海县领导以及浙江省水利厅钟世杰的大力支持下，浙江省围垦开荒机具管理站基地终于在胡陈港落户。

珍藏在宁海县档案局的一张老照片，冯全宏（左一）

当时胡陈港工程指挥部有关领导和胡陈港水利技术人员一起在堵港地段船上勘察。

尽管照片上留下的岁月之痕已经无法修补，但它却真实地记录了那段难忘的历史，再现了当年建设者们的英姿和风采。

忘年之交

30年前

1984年,为了一个共同的目标、共同的事业、共同的信念,钟世杰(左)、王希明(右)和冯全宏(中)成了忘年之交。

30年后

2014年,三人以及冯全宏妻子陈美秋,来到宁海胡陈港故地重游,老友欢聚叙情谊。

1974年,胡陈港堵港工程工地上,小推车成为使用最多的运输工具。

第2章
摸着石头过河：1985年，事业单位企业化管理。

机具站的最后选址确定在胡陈港水库最南端的一个山头之下，而在这一片荒坡上一砖一瓦建设却是极其不易的。在最初半年时间里，冯总几乎一人料理了所有事情，虽然担子很重，但在他看来却是一项充实而又富有挑战性和开创性的工作。在抓紧建站施工的同时，冯总把人才的引进和使用作为今后发展的头等大事，并专门向浙江省围垦开发中心递交报告提出了自己的建议，对围垦开荒中的设备他也提出了自己的想法。

机具站组建初期，国家对水利系统的投资体制进行了重大战略调整，而这也是机具站遇到的第一个难题，无米下锅。机具站的发展如果困在区区有限的经费上，那是远远解决不了问题的，冯总想，与其要经费，不如要政策。在当时改革新形势下，围垦事业急需发展，但归拢起来的机械设备数量有限，技术设备又比较落后，而浙江省的围垦急需专业化的队伍，这对手里掌握着全省围垦开荒机具设备的冯总来说是个极大的机遇，让自身的围垦设备投入市场上去，既能解决经费问题，又能带出一支机械化作战的大兵团。

经过与钟世杰和王希明等省厅领导的认真研讨，冯总的大胆设想和思路被采纳：机具站采取两条腿走路的发展模式，一方面继续按照事业单位编制，另一方面对围垦工程建设施工实行企业化管理，既能发挥对全省围垦开荒机具的管理，又能发挥市场对资源的配置功能。从此，这个不起眼的小小机具站为以后的发展打开另外无限的空间。

1985年，由13人组成的浙江省水利厅围垦开荒机具管理站成立，围海公司就此诞生。

"五虎将"

胡陈港旧址

门牌

宿舍

仓库

桔园

第❸章
打破铁饭碗：
1991年，机具站改制"浙江省围垦工程处"，法人资格的全民所有制企业单位。
1992年，成立"浙江省围海工程公司"国有独资企业。

虽然在6年的时间里，机具站获得了极大的发展，但却始终只是一个"三无"企业，随着浙江省水利水电工程承包开发公司不再对外承接业务，机具站面临着极大的危机，市场的大门正在徐徐关闭。外部环境的变化使得冯总决定开始一场"突围战"。然而，冯总提交的《关于要求建立"浙江省围垦工程公司"的报告》一直没有得到明确答复，经其再三催促，以及王希明的坚定支持，这份报告终于被提上省厅的议事日程。1991年4月27日上午，王厅长亲自召集了要求成立"浙江省围垦工程公司"的会议，从会议的召开到会上的讨论，王厅长都做了大量的工作，起了关键性的作用。又是一番周折、漫长的等待后，冯总终于"跑"下来一纸公文，虽然那份文件将"围垦工程公司"改成了"围垦工程处"，这始终也是一个好的开始。

一切都在冯总的计划中进行着，"一套班子、两块牌子"下的"围垦工程处"这部机器正式开始运转，而它在围海公司的历史上也留下了重要的一页。王厅长对新成立的围垦工程处非常重视，寄予了极大的期待和信任。随着进入市场的深度和广度，1992年邓小平的南方谈话让冯总看到了成立专业公司的希望，对公司的名字也有了新的认识，从"围垦"到"围海"，一字之差，却反映了不同的境界，不同的胸怀，不同的目标。同时，冯总邀请闵龙佑到围海公司担任总工程师，并与他一连聊了三个通宵，终于打动闵龙佑。

经过王希明的一番工作，浙江省厅同意闵龙佑担任围海公司的总工程师，而后冯总递交了《关于要求更改企业名称的报告》的文件，终于上级有关部门正式批准了"浙江省围垦工程处"更名为"浙江围海工程公司"，围海公司历史上新的一页就此揭开了。

冯全宏依托胡陈港这个码头，从只有十几个的机具站开始，逐步打造出了我国第一支专业围海施工队伍。

澉门二期堵坝胜利合龙现场

玉环县里墩水库开工典礼

东港一期工程是围海走向深海的第一战役，它的成功在我国的东部沿海唱响了围海品牌。

第❹章
隔断脐血谋自强：

2003年，改制为"浙江省围海建设股份有限公司"混合所有制企业。
2007年，国有股退出，全民营企业。

围海建设股份有限公司

改革，始终贯穿于冯总的创业过程，贯穿于围海的发展史。机具站建站的最初6年，冯总对机具站进行了一系列的改革，才孕育诞生了围海公司，而这也是第一阶段的改革。

从1992年底围海公司挂牌成立到1998年底公司驻地迁至宁波，这6年时间是围海公司最艰苦的创业时期，也是围海公司获得快速发展的6年黄金时期。正是在这6年里围海公司的快速发展与改革的不断深入，使得围海公司由"转机"到"转制"成为水到渠成的一件事情。1998年9月3日围海公司改制领导小组关于传达贯彻省局"关于局属企业转制工作会议"的精神的会议召开后，围海公司开始着手准备其转制工作。面对一个拥有十多年创业历史，既有事业编制又有企业化经营这样一个特殊背景的国有企业，冯总是任重而道远。

改制是一项繁杂而艰巨的工作，不可能一蹴而就；而企业要改制成功，就必须充分调动职工群众参与的积极性和主动性。为此，冯总深入到群众中去，同改制领导小组做了大量扎实而细致的准备工作。这些准备工作为围海公司改制营造了良好的氛围，提供了有利的条件。2000年围海公司职工代表大会的召开，点燃了每一个围海人心中的激情与梦想。从前期准备到加快推进，直至酝酿成熟，围海公司用了三年的时间，企业改制终于在2001年得到了浙江省水利厅正式的批准。

然而，由国有企业改制为混合所有制的股份

1999年，围海公司正式从宁海城关迁驻宁波高新区。

却是一项艰巨、繁杂、系统性的工作。在整个改制过程中，冯总始终坚持走群众路线，广泛征求和吸取干部职工的改制意见，为改制的顺利进行提供了决策保障。凭借着坚定的改革意志和创新智慧，对群众意愿的充分尊重以及依法依规的科学实施，冯总终于找到了企业改制的正确道路。2003年10月31日，浙江省围海建设股份有限公司经宁波市工商行政管理局核准注册，围海公司历经三次蜕变、三次跨越，终于化蛹成蝶，完成了生命本质的飞跃。

围海公司的发展前景是鼓舞人心的，但落实起来必须有切实可行的战略保证。公司首届董事会二次会议审议通过的第一个三年发展规划，为实现企业的经营思路和经营目标提供了具体脉络。在这三年里，围海公司的经营能力的提高，资产规模的扩展，管理水平以及员工队伍素质的提高，综合竞争力的提升以及社会信誉的提高，都意味着围海站在了事业新的高峰。2007年是围海公司第二个三年发展规划开启之年，也是围海公司全面完成第二次改制工作之年。通过第二次改制，10%国有股份完全退出，围海公司由混合所有制企业转变为民营企业，并完成了围海建设集团股份有限公司的组建工作，实现了新的跨进。

三次改制

1.1991年，机具站改制"浙江省国垦工程处"，法人资格的全民所有制企业单位，注册资金扩大到1400万元。宁海城关举行挂牌仪式。一套班子、两块牌子。

2.1992年"浙江省国垦工程处"更名为"浙江省围海工程公司"。国有独资企业，二级施工企业。1992年，宁海城关举行了"浙江省围海工程公司"挂牌仪式。2003年改制为"浙江省围海建设股份有限公司"混合所有制企业，围海完成了成长期，从而进入成熟期。

3.2007年10%国有股退出，全民营企业。

三次搬迁

1.1991年，胡陈港搬迁到宁海城关。

2.1999年，围海公司正式从宁海城关迁驻宁波高新区。

3.2012年，高新区科技大厦进驻围海大厦。

三次蜕变

1.从机具站到创立围海公司：1984年，机具站仅有209.8万元代管设备、15名职工。固定资产510万元，4支专业施工队，在水利建设领域小有名气。1991年，机具站改制"浙江省国垦工程处"，1992年，更名为"浙江省围海工程公司"。国有独资企业，二级施工企业。1992年，宁海城关举行了"浙江省围海工程公司"挂牌仪式。自此，冯全宏和他的围海团队开启了出师有名、所向披靡的新征程。

2.完成股份制改造（第一个三年发展规划2004-2006）：2003年末净资产5779万元；2006年末扩展到13588万元，增长135%，围海资产规模，实现翻一番。

3.实现上市（第三个三年发展规划10-12）：2011年6月2日深交所成功上市。围海注册资本10700万元，总资产超过15亿元，员工2298人。

第5章
叩开资本市场的大门：

2011 年6月2日，深交所成功上市，成功登录中小板。

早在2003年围海公司改制过程中，围海就确定了以上市为目标。公司编制的第一、第二个三年发展规划都是以上市作为发展的基本坐标，围绕上市目标制定。这一目标从确立以来，始终如一坚定不变，始终如一为此努力。在跨越两个三年发展规划的发展中，围海已经得到了全面提升，具备了极为有利的上市条件。

作为围海人心中8年的梦想，"上市"凝聚了无数的心智和心血，历经了无数的曲折和坎坷。围海公司的上市工作可以说经历了3个阶段：从2003年提出上市目标到2007年为夯实基础阶段，为公司上市打下了坚实的基础；2008年以后是全面提升阶段，在这一时期实现了报告期内全面符合上市公司的所有要求和条件；2009年1月19日以进入上市辅导为标志，开始步入实质性运作阶段，2010年9月正式进入上市审核程序，开始为公司上市做最后的冲刺。2010年10月18日是围海面对中国证监会考官进行"大考"的一天，在会议为围海预留的仅有十分钟时间里，冯总全面地阐述了围海突出的竞争优势，上交了一份合格答卷，自此，围海的上市工作驶入到高速公路快车道，2011年4月13日，围海股份IPO首发过会的捷报使得围海瞬间走进了社会公众视野，成为中国围海行业的一颗明星。

随着围海股份在上海、深圳以及北京举行的推介会的圆满成功，以及耗时极短的定价会的结束，2011年6月2日，围海股份上市仪式终于在深圳证券交易所上市仪式大厅隆重举行，这一刻预示着一个现代海堤建设新时代的到来，围海新一轮大发展的历史帷幕已经红红火火拉开了。

冯总说，上市，只是围海公司几十年创业征程中的一个节点，而不是终点。未来，我们将要拥抱的是蔚蓝的海洋时代，我们将要开创的是盛世围海的新纪元，我们的目标是在蓝色国土上打造百年围海！

2012年，围海总部由科技大厦迁驻围海大厦，图为围海大厦大厅浮雕"精卫传人"

国海股份上市深圳答谢酒会。

2011年，董事长冯全宏在深圳交易所敲响国海股份上市第一声。

34th
1984—2018

一腔热血 百川归海
一幅蓝图 志在四海

搬迁、改制、蜕变，飞跃，化蛹成蝶。
心怀梦想，一路前行，永不停歇！
为实现目标，围海矢志追求，坚韧奋斗，创造着不朽的传奇！

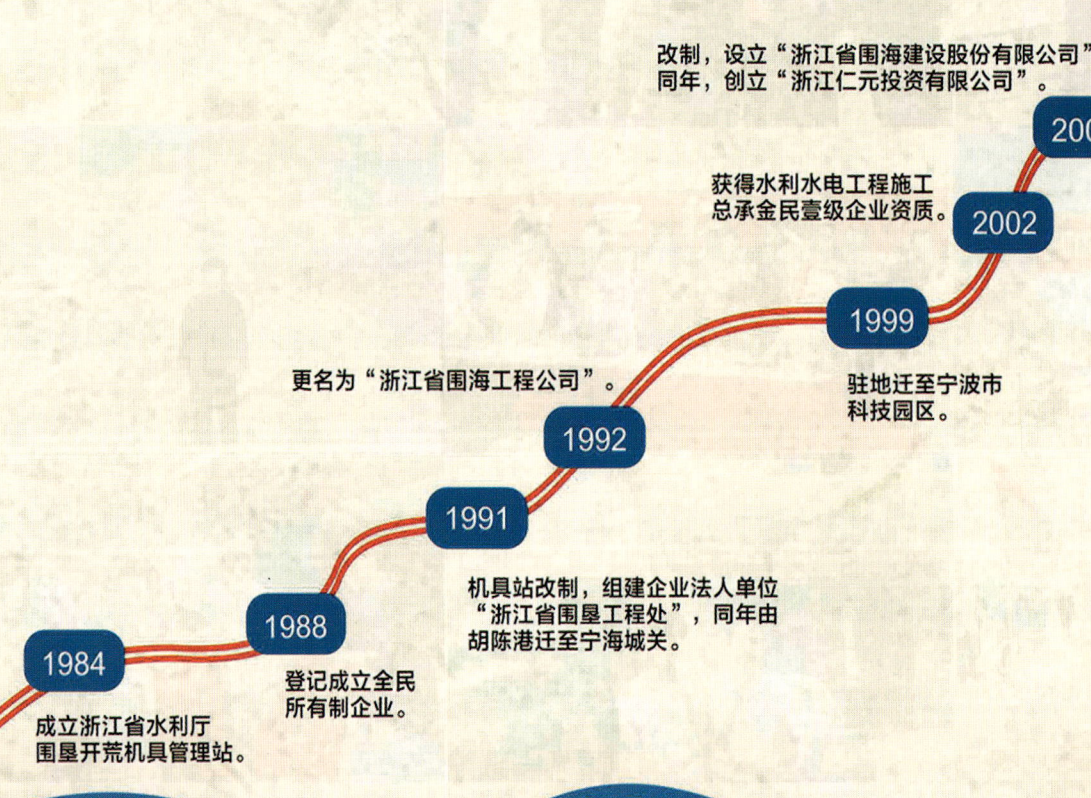

1984 成立浙江省水利厅围垦开荒机具管理站。

1988 登记成立全民所有制企业。

1991 机具站改制，组建企业法人单位"浙江省围垦工程处"，同年由胡陈港迁至宁海城关。

1992 更名为"浙江省围海工程公司"。

1999 驻地迁至宁波市科技园区。

2002 获得水利水电工程施工总承包民壹级企业资质。

2003 改制，设立"浙江省围海建设股份有限公司"。同年，创立"浙江仁元投资有限公司"。

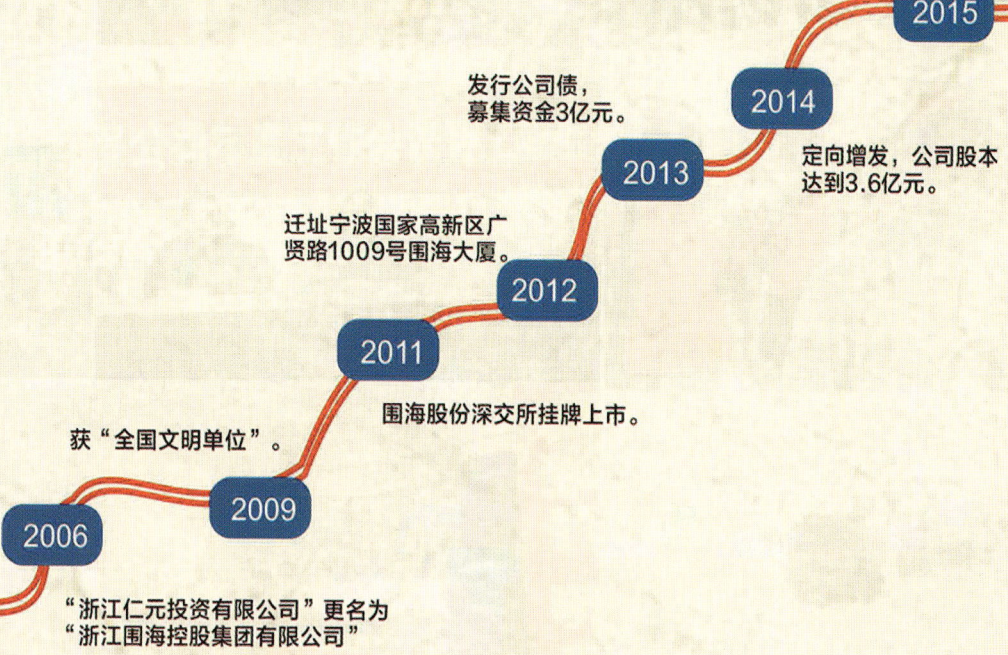

岁月悠悠，弹指三十四年。
80年代，当事业单位仍是"旱涝保收"的"香饽饽"的时候，围海不甘平庸，开始了企业化探索；90年代，当市场经济逐步深入人心，鱼龙混杂的施工企业都去接工程、抢业务的时候，围海不惜重金，着力研发新设备、新技术；进入新世纪，当大多数企业都在权衡纠结改制的利弊时，围海不拘于时，悄然踏上了上市之路；"新常态"时期，当大多数企业争先恐后地上主板、新三板，以融资为第一要务的时候，围海不反常态，力推PPP模式，走一体化路径，引领着市场潮流。
今天的围海，产业格局已涵盖海堤建设、地产开发、清洁能源等多个领域。
沧海桑田，因梦而变。在这激情燃烧的岁月，在中国的海洋经济发展史上，一直有这样一群人，始终致力于拓展人与自然和谐共存的生态空间，这就是百年围海的事业与使命！

如今围海

企业谈到未来,首先是要确立自己的发展愿景。围海的愿景是"蓝色经济,百年围海"。

愿景,是围海的百年目标,要实现这个目标,需要阶段性的目标去支撑愿景,"双百"征程,构建"围海系",这两个阶段性目标,分别对应近期和中期目标,这三个阶段目标,构成了未来的发展方向。

围海集团目前的产业涵盖工程建设、房地产开发、清洁能源,以及文化、贸易、健康、科技等多个产业,我们称之为"3+X"的产业架构。

围海集团 RECLAIM GROUP

- **科技**
  - 科技类公司
- **贸易**
  - 贸易类公司
  - 新加坡公司
  - 香港公司
  - 围海贸易公司
- **围海置业**
  - 子公司
  - 项目公司
  - 参股公司
- **围海股份**
  - 子公司
  - 分公司
  - 项目公司
  - 参股公司
  - 项目部
- **清洁能源**
  - 能源类公司
  - 龙凤电站
  - 铺田电站
- **文化**
  - 网络文化类公司
  - 乐卓科技
- **健康**
  - 大健康类公司
  - 国医馆

其中主业子公司围海股份,是在原浙江省水利厅下属国有企业基础上改制设立的民营企业,主要从事围海工程、水利工程施工,30年来,共计围垦土地120万亩,建造高标准海堤759千米,项目遍布天津、山东、江苏、上海、浙江、福建、广东、香港等地,2011年,以"中国海堤建设第一股"的身份登陆资本市场,股票代码002586。

房地产板块,2006年开始介入,在宁波、舟山等地,有多个楼盘项目正在开发中,大多为中小盘。

清洁能源板块,在四川和贵州,已有两个水电站建成运营发电,总装机6万千瓦;目前正积极跟踪云贵川等地一批小水电项目,对风电等其他清洁能源也在积极探索。

文化产业方面,围海投资了上海乐卓科技,这是一家以手机游戏为起点,向动漫、微电影、其他网络产品开发投资的公司,在A轮融资中已获盛大资本跟投;贸易板块,已在香港、新加坡搭建了国际业务平台。

健康产业已经对健康体检、康复医疗、养老等项目做了前期研究,目前明确了国医馆的切入方向,并开始了前期运作。

科技板块以围海股份下属科技公司为平台,自行研发了淤泥固化、污水处理等新技术,建立创新基地、培育创新项目。

挑战与机遇并存,这是围海对经济大环境的判断。

主业围海股份,挑战在哪里?

地方政府负债高企,政府的投资力度受到限制。但从另一个角度看,政府在引导民营资本进入基础设施建设及开发运营方面,会有更大的积极性,这就给围海带来新的机会;从近期出台的文件来看,建筑行业政策可能有重大调整,原有的资质壁垒、地域壁垒、关系壁垒将逐步被打破,常规施工领域竞争将更为激烈,这形成一个倒逼机制,促使企业更多地考虑产业链延伸,提升产业综合竞争力;海洋、海岸环保力度不断加强,虽然现阶段对现有有些项目进行了限制,从长远来看,以后会更加规范,提升环保要求,有要求就有市场。

机遇在哪里?
1. 大趋势——气候变暖,海平面上升,台风等自然灾害频发,对于拥有1.8万千米漫长的海岸线的国家,海堤始终是造福人民的重要民生工程;人口增长,经济发展,沿海土地稀缺,开发滩涂资源始终是一项惠及国计民生的长期事业。2. 大海洋——海洋经济时代已经到来,"十三五"规划将海洋经济提到了国家战略高度。3. 大水利——水利设施相对落后的现状,不断暴露的,日益严重的水问题,使得水资源、水安全的重要性日趋显现;因此,未来水利建设的规模将不断扩大——要建立水利投入稳定增长机制,未来10年全社会水利平均投入预计要比2010年高出一倍。

其次是房地板块。

房地产的黄金时代已经过去,将回归市场本身;非"房"涉"房"企业风险高,它们缺乏核心竞争力,今后必须找出自身独有的竞争优势,

走差异化路线。但房地产的机会仍然存在,因为"居者有其屋"的目标远没有实现,城镇化进程带来的人口导入和升级换代的需求,仍然会平稳逐步释放。特别是在一些小城市,小城镇,本地农民的城市化和外来务工人员的城市化,所带来的金字塔底部基座的刚性需求仍然存在。而另一方面,改善居住环境的需求不断升级,在建筑品质、居住的环境、生活的模式上会有新的要求,带来新的发展空间。

第三是清洁能源板块。

从联合国气候大会可以看出,现在全世界对治理环境污染的要求日益迫切,中国也一样。国家清洁能源占整个能源的比例还很低,还有很大的发展空间。在碳减排和环保压力倒逼下,清洁能源发展受到更多地支持,政府也出台了很多政策扶持该产业。当然,民营企业发展清洁能源也存在一些制约。1. 优质资源稀缺,民企获取障碍大,国字号有先天优势;2. 电网建设滞后,特高压输电通道建设需要时间,现在西部的清洁能源送不出来,弃水、弃风、弃光时有发生;3. 行业重资产特点,对资金要求高;4. 现在电价补贴较高的风电等,政策上有一定的不确定性。

围海未来五年的目标是"双百"——营业收入和总资产均达百亿。
产业优化、模式创新、产融结合、科技引领、管理变革这五大举措涵盖了转型升级的核心内容。

举措 1 产业优化

从整个集团产业布局的视角来考量，分两部分：一是现有的产业升级，二是新产业的切入。

首先是三大产业升级，它们优化的原则和思路是：有效整合，因势而变，做优做强，实现效率、效益的最大化。

新产业切入的指导思想，是结构上轻资产化，且发展前景好，成长性好。

新产业切入的思路是：结构上，轻资产化；方式上，采取参股产业基金，实施收购兼并手段等。

举措 2 模式创新

模式创新，对于围海股份来讲，是指运营商模式和特许经营模式的创新，它们的核心都是共同经营、共同赢利，与产业链上的供应商、合作伙伴共同经营，与政府共同盈利。

举措 3 产融结合

产融结合的含义很广，举其中最简单的一种方式来表达围海的操作思路——就是做乘法："融资——并购——再融资——再进行更大的并购"。

举措 4 科技引领

三十多年来，围海始终把"科技围海"作为公司发展的核心战略，今天的围海就是靠科技创新发展起来的。所以，围海今后会继续坚持这个核心战略。

举措 5 管理变革

变革的出发点是围绕投资经营的龙头，尽可能地去简化，去保证高效。从产业布局到管理协同，都强调一个业务导向，有针对性地去建设团队，再辅之以相对健全的激励约束机制，打造一个兼具标准化、流程化和信息化的管理体系，这样形成一个有机整体，去更好地支撑、服务、促进投资经营。

五大举措

未来15年,围海提出了三个目标,分别是:围海系,民企500强,以及受人信赖和尊敬的公众企业。
对于围海系,15年后的围海,应该成为一家具备相当规模的企业集团,旗下控股三家或者更多的上市公司,具备优秀的产业整合能力和资本驾驭能力。民企500强,是围海在中期一个更为具体的目标。受人尊敬企业,则是从品牌角度考量15年后的围海,除了继续要在产业经营上继续做强做大外,还需要在管理提升和文化驱动方面有举措。

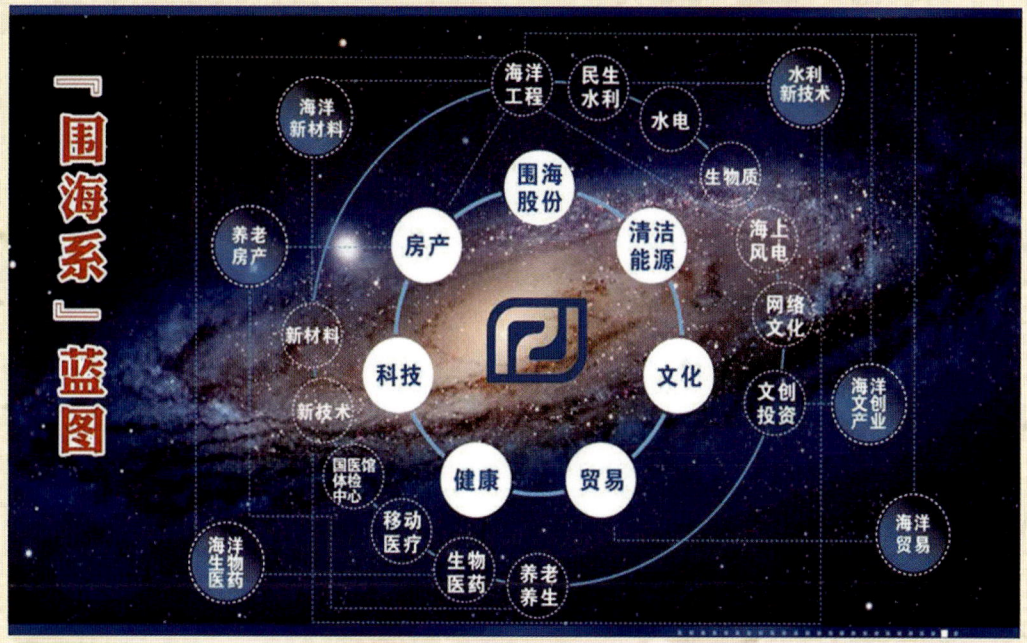

总结过去三十多年,最让围海人自豪的是两件事,一件是选择了正确的事业;另一件就是沉淀了围海的文化。
围海的愿景:蓝色经济、百年围海。围海的使命:拓展人与自然和谐共存的生态空间。环绕使命的,就是围海的DNA,它承载着健康持续发展的遗传信息——代代传承,自我复制,自我更新。
围海的经营理念、发展战略、企业精神,包括围海在践行使命过程中,需要始终坚持的核心价值观——共创、共赢、共长。
通过精耕细作的产业布局和产业拓展,加上良性运营管理系统,强大的文化力驱动,我们相信,围海就能够不断地转型升级,实现健康持续发展。围海的中期目标"围海系"一定会实现——这就是围海设想的"围海系"蓝图。
遵循主业聚焦,相关多元化、国际化的产业拓展思路,今后的围海集团的产业布局就像浩瀚宇宙中一个星系结构,各个产业围绕蓝色经济这个中心去铺开,有点有面,自成一脉,又在整个体系之中闪耀璀璨,健康持续发展。
这样一个星系,就是围海发展的广阔舞台。围海要成就百年事业,实现百年梦想!

宁波滨海旅游休闲区（风貌）

漩门堵港蓄淡工程：
当时国内最大的深水堵港工程，现已发展成为集现代与生态农业示范、农业科学研究、观光休闲于一体的综合型生态湿地，被授予"中国最佳生态旅游示范区"称号，同时也是我国最大的蓄淡水库（面积相当于6个杭州西湖）工程。

舟山东港海堤：
国内第一个采用深水区排水板插设、箱涵式水闸浮运安装、活塞式土方输送船筑堤等现代施工技术手段建设，所围区域已发展成为全国唯一不占用一分耕地的省级经济开发区。

精品工程
Engineering

⬆ 洞头状元岙海堤工程

精品工程
Engineering

温岭东海塘石板殿港堵坝工程

平湖乍浦港区围垦工程

⬅ **东海大桥海堤：**
世界上第一条高速公路海堤，创造了高速公路海堤施工水下最深（35米）、堤身最高（44米）、堤顶最宽（55米）的"三项世界纪录"。

⬆ **温州半岛灵霓海堤：**
国内最长的跨海大堤，实现了温州和洞头间"陆岛连接"的千年梦想。

⬆ **泉州外走马埭围海工程**

特色文旅板块 Distinctive Cultural Tourism Sector

围海股份特色文旅板块是企业的重点发展方向。依托上市公司资本平台、行业内深耕细作的经验积累和影视、动漫、游戏等文化娱乐产业提供创意、制作、分发、运营等关键节点的专业服务能力，全面布局多种形态的文旅特色小镇，从梳理资源禀赋到产业策划规划，从制定投资策略到实施项目开发，从品牌建设营销到商旅运营管理，整合重点投资领域产业链上下游、线上线下的各种资源要素，逐步形成了为文旅产业项目提供系统性服务的"一站式"服务商。目前，已有包括湖北十堰、浙江宁海、江西上饶等多个特色小镇项目开工建设，在开创文旅产业新格局上已经迈出了坚实的一步。

The distinctive cultural tourism is the focus of development of Reclaim Construction. Relying on the capital platform as a listed company, the accumulative experience in the industry and the capabilities of film and television, animation, game and other cultural and entertainment industries of providing creativity, production, distribution, operation and other professional services, it has comprehensively laid out many types of cultural tourism featured towns. From sorting out resources endowment to industrial planning, from developing investment strategies to implementing project development, and from brand establishment and marketing to business trip operation and management, it has integrated all kinds of upstream, downstream, online and offline resource elements of the industrial chain it mainly invests in and has gradually formed a "one-stop" service provider that provides systematic services for cultural tourism projects. By now, it has several distinctive towns under construction in Shiyan of Hubei Province, Ninghai of Zhejiang Province and Shangrao of Jiangxi Province, making solid progresses in creating a new pattern for the cultural tourism industry.

经典项目介绍
Classic Projects

台州路桥汽车小镇
Taizhou Luqiao Automobile Town

项目特色
1.吉利沃尔沃现代化整车生产基地
2.汽车零部件产业集群
3.北欧风情SOHO区
①创意园区：汽车竞技广场、零售、餐饮、酒吧、医疗
②商业街区：汽车研发、办公、创意研发
③骑士岛：主题广场、汽车金融、汽车模型展示

南通空港特色小镇
Nantong Airport Characteristic Town

"三化融合" "特色风情" "美丽宜居" 产业化、信息化、城镇化，生产、生活、生态美丽经济新趋势

用地规模：规划面积3.4平方公里
编制时间：2017
项目特色：
1.产业特色。南通辐射区域、产城融合的空港特色产业小镇
2.空间特色。南通美丽生态、城乡统筹的生态特色宜居小镇
3.文化特色。南通航空文化、江海文化的水乡特色文化小镇

安溪藤艺小镇
Anxi Tengyi town

山水绿谷、依山傍水的创业家园；时尚智原、安溪西南的创新标杆

用地规模：800亩
编制时间：2016
项目特色：
1.创新型产业。从藤铁产业与城市发展的角度，聚焦四大产业，智能研究、展示推广、总部办公、休闲旅游
2.三生型结构。突出山水禀赋、对应创业创新需求、集聚创业创新人才，构建生产、生活、生态三生融合的功能结构
3.景区型环境。山水环绕，构建高速入城门户景观区、与城市公园对接的中央景观主轴，以及贯穿社区的滨水休闲长廊。

经典PPP项目 Typical PPP Projects

宁海智能汽车小镇PPP项目
PPP Project in Ninghai Intelligent Automobile Town

项目位于宁东新城核心区内，小镇规划面积3.47平方千米，核心区面积1.5平方千米。

本项目是宁波最早实施的特色小镇项目，是浙江省首批十个特色小镇项目之一。项目以新能源汽车产业为核心，以智能化为特色，通过建设工业参观廊道、汽车主题公园、科技文化中心、特色街区以及慢行系统等功能区块，增强新能源汽车的辐射和集聚功能。特色项目是统筹城乡发展的重要载体，建成进入运维阶段后，可以推动宁海产业结构转型升级、提高城市品位。

台州湾生态农业湿地PPP项目
PPP Project in Taizhou Bay ecological Agriculture Wetland

项目作为台州湾集聚区东部新区水环境系统中的重要一环，是实现现代农业园区、月湖及其周边水环境稳定纯净的重要保障工程，使其水质保持在IV类地表水。该项目是一个集合湿地净化、生态保育、科普游览、自然体验、滨水游憩、亲子活动等多功能于一体的水处理项目。

洱河总干渠（九里沟-青龙堰）东部新城段水利综合治理工程PPP项目
PPP Project of Water Conservancy Comprehensive Control in Pihe River General Main Canal (Jiuligou-Qinglongyan) East New Town Section

项目包括河道综合治理工程（防洪整治、入河污染控制、河道及滨岸带生态治理、景观文化提升）、洪水截蓄工程（截洪沟、排涝工程）、渠系完善工程（堤防加高加固、渠道整治、险工段治理、涵闸改造等）、生态修复工程（污水分散处理、面源污染控制工程、人工湿地、天然湿地）、景观工程（水系连通及控制工程、蓄水工程、补水和景观壅水工程、绿化和园建工程等）等五大类工程，是国家第三批PPP示范项目。